见识城邦

更新知识地图 拓展认知边界

Technology *in* World Civilization

A Thousand-Year History

Arnold Pacey
Francesca Bray

世界文明中的技术

[英] 阿诺德·佩西
[英] 白馥兰 著
朱峒樾 译

中信出版集团 | 北京

图书在版编目（CIP）数据

世界文明中的技术 /（英）阿诺德·佩西，（英）白馥兰著；朱峒樾译 . -- 北京：中信出版社，2023.1（2023.6 重印）
书名原文：Technology in World Civilization : A Thousand-Year History
ISBN 978-7-5217-4953-3

I.①世… II.①阿… ②白… ③朱… III.①技术史－研究－世界 IV.① N091

中国版本图书馆 CIP 数据核字（2022）210758 号

世界文明中的技术
著者： 　[英]阿诺德·佩西 　[英]白馥兰
译者： 　朱峒樾
出版发行：中信出版集团股份有限公司
　　　　　（北京市朝阳区东三环北路 27 号嘉铭中心　邮编　100020）
承印者：嘉业印刷（天津）有限公司

开本：787mm×1092mm　1/16　　　印张：28.75　　　字数：293 千字
版次：2023 年 1 月第 1 版　　　　　印次：2023 年 6 月第 3 次印刷
京权图字：01-2021-5987　　　　　　书号：ISBN 978-7-5217-4953-3
审图号：GS 京（2022）1403 号　　本书插图系原文插图
定价：88.00 元

纪念我的父亲莱斯利·佩西与他"天下一家"的愿景

目 录

第一章
CHAPTER
ONE

亚洲技术的时代，700—1100 年

第二章
CHAPTER
TWO

基础技术的差异与杂合，1100—1260 年

第三章
CHAPTER
THREE

西方的动向，1150—1490 年

修订版前言

PREFACE TO THE REVISED EDITION

本书概述了自公元 1000 年起、横跨千年的世界技术发展传播史。这场讨论围绕着三个关键概念展开：技术对话（technological dialogue）、环境制约（environmental constraints）、工业革命（industrial revolution）。

"技术对话"一词在此用于描述不同民族和社群面对陌生技术时的反应。某个地区的人接触新技术时，往往会改动该技术的原始设计，或者做出进一步的创新。本书提到的许多例子中，最明显的就是与热兵器有关的发明，包括第三章与第八章中讨论的手枪与火炮。其中一些技术最早发明于千百年前的中国，但之后的很多技术改进出现在欧洲、土耳其及印度。

一个更近代但本书未详论的例子，是北极地区因纽特人社群初次面对机动雪橇——雪地摩托——的反应。尽管因纽特人并无使用机械技术生活的传统，但他们还是很快地掌握了维护这种设备的技巧，甚至改进了原本的维护规程，使拆装引擎的流程更加简便。起初，观察者们觉得这种快速的技术掌握和积极主动的技术参与难以理解，直到一项数理民族志的调查显示，对空间关系的特殊辨别能力是因纽特文化的一部分，这点在其雕刻和雕塑中也有体现。[1]这个例子强有力地说明了一个民族的文化将如何影响其接受新技术的方式。

而一个 1929 年的例子则展示了另一种情况，当时一家英国公司本欲将新式的动力纺织机销售到日本纺织厂，但最终采用了日本技术人员在本土工厂对纺织机进行的改进（见第九章关于丰田纺织机的内容）。在这个例子中，英国生产方与日本改进者之间存在着一种真正的双向对话。

* * *

本书详述的第二个概念，便是自然环境对技术的限制或制约（以及其为技术升级准备的种种机遇），还有发明者、技术人员及企业人员面对环境制约时的举措。

其中一种在历史上反复出现的限制条件，就是某种关键材料的短缺，比如造船所需的木料。当中国在 14 世纪末 15 世纪初经历木材短缺时，其应对措施之一是在造船过程中使用更多种类的木料；

---

1 Ascher, *Mathematics Elsewhere*.

另一项举措是从东南亚进口更多木料来弥补当地供应之不足（见第三章）。在英国，橡木是造船的首选材料，但当 18 世纪本土橡木供应量见底时，其应对措施之一也是使用不同种类的木材，同时加大进口量，包括进口波罗的海国家的软木。另一项措施是将一部分造船工程外包给木料充足的地区，如使用柚木的北美东海岸地区及印度（见第七章）。在不久后的 19 世纪初，人们可以用铁造船了，木料的紧缺就无关紧要了。

至于能源方面的制约，本书一至六章讨论的大部分技术运转都依赖基本的自然资源，比如，以木柴或煤炭为燃料，以人力或畜力为动力，以风力驱动船和磨坊，以流水来转动转轮。这些能源可提供的能量都相对有限，这成了发展的制约因素，但在 18 世纪，蒸汽机的发明克服了这些限制，燃煤锅炉产生的蒸汽提供了大量动力。蒸汽机最早是被用于取代马力和水车的，人们发现后者已无法提供足够的动力。大约在同一时间，人们发现了利用煤炭制成焦炭炼铁的方法（见第七章）。

不过，煤炭的使用也有制约因素，包括供应量的有限、煤烟对大气的影响等。起初这些局限只是地方性的，但在 19 世纪，煤烟成为危害健康的首要因素，也是重度工业化城市地区的雾霾及各类恶劣天气情况的一种诱因（见第十二章）。

然而，木材一类的建筑材料，木柴、煤炭一类的燃料并不是仅有的自然资源。生物类的资源同样被用以生产食物、纤维及药品。正如蒸汽机的发明带动了工业发展的突破，生物资源的发现和传播也会引领人类发展突破各种壁垒。在哥伦布远航，美洲写入世界历史时，欧洲人巧遇的新生物资源便展示了这个道理。马铃薯和玉米这一类的高产作物很快被人们接纳，不仅在欧洲，还在菲律宾、中国等世界各地缓解了食物供应的短缺，使人口得以增长。第四章讨论了这一世界历史上极为重要却未被重视的阶段，第十一章中有更多关于生物资源的探讨。

* * *

中国早期曾有限地使用煤炭冶铁（见第一章），18 世纪开发的以煤为燃料的动力技术则是后世所谓工业革命的重要特征，这种技术兴起于英国和欧洲，很快便席卷世界。后来还出现了一系列的工业革命，不过有关工业革命这一主题的解读主要取决于其定义如何。如果工业革命主要是指源于新技术引进的经济发展，那么确实有进一步的工业革命一说，比如与 19 世纪铁路发展紧密相连的工业革命（见第九章），与再后来化学工业的发展或电灯使用有关的工业革命（见第十章）。在 20 世纪和 21 世纪，还有更多类似的由不同领域革新催化而出的革命，包括石油化工、航天航空、电子科技，以及种种新能源动力（见第十二章）。换一种视角看，如果工业革命的定义是基于社会变动及与之相随的生产组织的变动，比如18 世纪的工厂系统，那么近年来自动化、机器人技术和新信息技术的发展则毫无疑问地构成了新式的工业革命。

但是对革命的谈论可能会分散我们对历史宏大连续性的注意力。从 19 世纪、20 世纪至今，确实有一些所谓"创新浪潮"（见第十二章），但其中到底有多少带来了可以算得上不容小觑、至关重要的变革呢？这个问题依然存疑。特别醒目的一点是，到今天（2020 年）为止，这些所谓的工业革命都没有从根本上改变工业文明以煤炭和其他化石燃料为主的能源基础，即便其他能源——如核能和可再生能源——已得到开发。

* * *

本书第一版写于 20 世纪 80 年代，彼时社会争议围绕着技术转移和国际发展，这让我们感到有必要倡导人们更好地理解技术对话，而这也成了本书的核心主题。30 年后再次修订本书，我们不禁想再多加一章，将叙述拓展到 21 世纪，但这也不可避免地带来与创新浪潮和新工业革命（取决于每个人的视角）相关的问题，同时，关于制约和局限性的问题也在当下变得更加重要了。虽然本书大部分内容维持不变，新添章节中提到的问题还是促使我们对早前的部分章节做了一些修改润色。

在处理这些宏大的主题时，我只尝试勾勒出大致的纲要，相信这些大纲有时更能帮助读者领略观点和看法。有关这些主题的更多信息可参见注释中标注的来源，这部分内容在本次修订版中也有所扩充。

　　我不仅得益于注释中提到的所有书籍，也得益于博物馆藏品，以及偶尔去工厂车间参观的机会。其中有在英国伦敦的维多利亚和阿尔伯特博物馆（Victoria and Albert Museum）、英国国家航海博物馆（National Maritime Museum）、英国国家军事博物馆（National Army Museum），位于美国华盛顿特区的史密森尼学会（Smithsonian），英国施洛普郡的铁桥谷博物馆（Ironbridge Gorge Museum），以及中国的北京古观象台和成都蜀锦厂。

　　我很有幸曾在其中几个机构工作过，我个人更是感激许多朋友和同事在其间对我的帮助。这些在本书初版中已详尽写过了，但其中我最要感谢我已逝的父亲，他教会了我关于世界文明的概念，曾时常用中文和英文反复说起本书题献页的那行小字"天下一家"，这句话出自中国经典《礼记》，一部描述周代社会形态和祭典礼仪的文集。

　　关于本修订版的出版，我还需深深感谢我的出版人凯蒂·黑尔克（Katie Helke），以及我的合著者白馥兰（Francesca Bray），她们两人给予了我莫大的鼓励。

合著者说明

我很高兴阿诺德·佩西能邀请我来帮他一同准备《世界文明中的技术》的修订版。我第一次读到这本书还是在 1992 年，彼时初版刚问世不过两年，而我一读倾心，立刻化身粉丝。李约瑟（Joseph Needham）曾编纂《中国科学技术史》一书，旨在挑战彼时的主流观点，即视科学为西方的独特产物，而作为那本书的写作者之一，我更是由衷钦佩佩西打破传统、四海一家的写作方式。

与其他同时期的科技通史不同，佩西并未描写西方文明看似不可避免的崛起，而是将他的千年史呈现为一场持续不断的、全球化的对话与交流。这本书也不曾将非洲、亚洲和美洲写成边缘文化，将欧洲写成历史转折和重大革新的中心点，反而是以技术对话的研究案例生动地描绘出人、制度机构，技能、知识、材料、风尚、市场如何同世界各地的技术系统错落交织，而这往往引发技术中心迁移，联系重塑，各系统以意想不到的形态、在意想不到的地方再现，比如 11 世纪中国与西亚间的交流，稍晚近一些的非洲和伊斯兰国家的对话，1700 年后印度和英国的互动……初版的《世界文明中的技术》领先一步，预示着多个重大转变。

自始至终，该书都为彼时全球史学家提出的欧洲地方化（provincialization of Europe）或西方文明的去中心化（decentering of Western civilization）提供了有力的论据。它挑战了关于工业革命的根源和资源的标准故事线，承认了在那个历史时刻帮助欧洲在技术创新和组织变革方面取得进展的具体因素，同时也强调了世界各地在技能和知识方面不可或缺的贡献，这些贡献塑造了新出现的机器时代。同样，关于铁路帝国的章节也未将重点放在大英帝国或美国西部的开发上，而是强调了俄国和日本的情况，展示了这些充满抱负的世界大国如何利用铁路来扩大其影响范围。最后几章呈现了电子和能源、航空和农林的现代历史，并将之写为跨国对话的故事——参与对话的不仅有物理学家和工程师，还有林农和智能手机用户。

今时今日，技术史已然是一个与 1990 年《世界文明中的技术》首次出版时截然不同的领域。全球史、环境史和后殖民主义历史一起促成了这种变化。对不同社会之间特殊技术遭遇、技术纠缠或混杂化的具体案例的研究比比皆是——所有这些方法都与佩西的技术对话探索密切相关。[1] 以往衡量进步的标准是技术革新的速度有多快、创造产出及利润的效率提升了多少，而当下，过去、现在和未来的技术对环境的影响，如佩西的研究中提到的，已成为最主要的问题。换句话说，《世界文明中的技术》的主题一如既往地具有现实意义，该书具有宽广的地理和历史视阈，仍然是对现代世界形成史的独特而宝贵的总览。[2]

综上，我激动地接受邀请，帮助编写《世界文明中的技术》修订版，而这次合作也使我收获颇丰。我的主要贡献是更新和扩展参考文献，将最新的文献纳入论证——但在那么一两个地方，我忍不住加入了新的案例研究或额外的线索，我觉得这些也为论证增加了一些有趣的角度。

---

[1] 纠缠的技术史（entangled histories of technologies）分析不同地方之间的交流如何改变技术知识、技术材料、技术实践和技术意义（见 Smith, "Nodes of Convergence, Material Complexes, and Entangled Itineraries"，第 5 页）。混杂化（creolization）所强调的是，社会从来不是技术转让的被动接受者。"混杂化技术的一个重要方面是，基本的进口技术在贫穷的世界获得了新的生命力"。（Edgerton, *The Shock of the New*, p. 43）

[2] 近年来，关于技术交锋和知识流动的历史著作，无论内容多么丰富，都很少会尝试着像本书那样进行广泛的历史和地理概览。有两个雄心勃勃、引人注目的例外，其组织原则不同于佩西的书：海德里克（《技术》）和卡尔森（《世界历史中的技术》）撰写的关于石器时代至今世界历史中的技术的图书，搭配了丰富的插图；弗里德尔（Friedel）的《改进的文化》（*A Culture of Improvement*）涵盖了与《世界文明中的技术》相同的时间跨度，但专门讨论"西方千年"（the Western millennium）。

第一章

亚洲技术的时代，700—1100 年

世界历史的平衡

距今大约一千年前，世界上的某些地区在许多领域 —— 包括金属冶炼、农业、工程和机械发明 —— 进入了一个惊人的发明和技术变革阶段。这种发展在中国最为明显，同时也体现在亚洲的另一端，那些当时刚归于伊斯兰势力统治不久的国家中，包括如今的伊朗、伊拉克和叙利亚，并向西延伸到欧洲。至于南北美洲，虽然与这些地方远隔重洋，在创新方面与亚欧的差别却并没有一开始看来的那么大（见第四章论述）。

可以说，人口的增长往往会推动技术的革新，特别是需要在固定面积土地上产出更多食物和其他必需品的情况下。这很可能就是在 700—1100 年左右影响技术革新的一个因素：某些地区的人口增长加快了，而我们也能在那一时段的中国、西亚和欧洲的农业实践中，发现耕种模式、农具和（除欧洲外）灌溉方法改进的证据。

另一个推动技术变革的因素则与带来粮食生产进步的压力完全不同，那就是中国和西亚之间的奢侈品贸易。很明显，中国的丝绸出口刺激了东亚以西的纺织业发展，中国的造纸技术也得益于贸易路线上的交流（及军事远征）而广泛传播。至于自西向东的影响，波斯（今伊朗）的风车在中国为人熟知，最终刺激中国发明了另一种衍生于斯却又截然不同的风车。这就像是一场渐入佳境的对话，其间人工制品的交换和思想的交流激励着人们不断发明并改进技术。

贸易的联结，意味着一个地区的商业繁荣可以影响到非常遥远地区的经济状况和技术实践。历史学家麦克尼尔（W. H. McNeill）认为，在公元 1000 年前后的几个世纪中，中国商业繁荣发展的势头如此迅猛，以至于"使世界历史的关键平衡发生了变化"。[1] 在本章所描述的经济扩张和技术创新时段中，一个广阔深远的亚洲网络得以成形。我们会重点着眼于中国及西亚和南亚的部分地区，特别是美索不达米亚（现今的伊拉克），以及印度洋上的贸易和航运路线。

麦克尼尔将宋朝（960—1279 年）的冶铁业作为商业驱动发展的主要研究案例。早在公元前 300 年，中国的冶铁业就初具规模，主要依靠燃烧木炭的大型鼓风炉来熔炼矿石。经过鼓风炉加工的生

---

[1] McNeill, *The Pursuit of Power*, p. 25.

铁，之后在一个较小的化铁炉中被重新加热、碳化以制造铸铁，或者人们会把熔化的铁水倒入一个露天炉中，与精矿混合以生产锻铁。[2] 铸铁这一中国发明可以进行大规模生产，只要将铁水倒入一组相同的模具即可。这样的做法降低了成本，也有利于标准化（这一点很重要，比如保证了弓弩部件的更换更加快捷高效）。铸铁是一种较脆但非常坚硬的产品，适合用于铸造烹饪锅、轴承、雕像和钟，但不适合制作刀片或工具。然而，中国早期的铁匠开发了退火工艺，用于制造可塑性强的铸铁，这种铸铁又可由铁匠加工成更有韧性的锻铁；此外，中国还发明了合炼技术（co-fusion），将锻铁和铸铁一起加热以制造高品质的钢。

在汉代（公元前 206—公元 220 年），冶铁业是由国家垄断控制的，这有利于集中的大规模生产。但在中古政治分裂时代，国家控制的生产模式似乎已大多消失了，人均可支配的铁量也下降了。公元 1000 年左右，国家对军事装备、基础设施以及商业、制造业和改善生活水平的投资激增，这便更需要中国及其周边国家生产更多各种类型的铁制品。铁的产量迅速增长：在有的地区，一些铸造厂的工人可达数百名；还有的地方，则是农民在农耕淡季经营小规模的冶炼业。而限制扩张的因素并非铁矿石不够或劳动力不足，而是燃料的供应有限。

2　Wagner, *Ferrous Metallurgy*; Wagner, *The Traditional Chinese Iron Industry*.

山西等偏西北的省份的森林曾是传统的冶铁业中心，但彼时它们能产出的木炭数量已无法满足冶炼的新需求。一个对策是在中国南方森林茂密的地区建立新的冶铁中心，另一个则是采用不同的燃料。河北和河南交界处有现成的煤炭，但含有的杂质使其不适合用于鼓风炉。将煤加热制成焦炭（提纯后的煤）提供了一个解决方案。彼时生产的铁只适合做铸铁，但市场偏好已转向更昂贵但耐用的锻铁。不过，焦炭炉还是在关键时刻为铸铁弥补了不足：用焦炭炉生产的铸铁非常适合制作炒锅、机器轴承、雕像等一系列物品。至 1070 年，官方记录显示，铁的生产量可能已经达到了每年人均可支配 1.2 千克的水平，其中大部分为宋朝朝廷征收。

从后世的图绘看来，一个典型的宋代鼓风炉有 3 到 4 米高，或为桶状，或为顶部收口状，木炭、铁矿石由顶部放入，可能还会放一些石灰石（图 1.1）。维持炉内化学反应所需的气流通常由两个巨大的铰链式风箱交替吹送。这些风箱有时由水车驱动，但通常是人工驱动，4 到 6 个人轮班工作。当炉子被敲击时，白热的熔融金属便会从其底部附近的开口处流出来。这些熔融金属可能被直接引向模具以凝固为生铁，也可能被引向一个用砖围成的方形容器，在那个容器中人们会对其进行初步的搅炼，将生铁转化为可塑性更强的锻铁。

包括河北-河南在内的几个主要炼铁地区，运河将它们与都城开封和更南边的人口密集地区相连（图 1.2）。在这个铁器加工区的北面不远处是辽国的边界，辽国控制着图 1.2 所示的中国北部地

图 1.1 河北地区冶铁鼓风炉还原图，四个人用风箱鼓风。这幅画是根据 1334 年中国已知最早的鼓风炉图片绘制的，并根据更早期的书面描述修改了细节［绘者：克莱尔·海姆斯托克（Clare Hemstock）］

区，还包括现在蒙古的大部分地区和俄罗斯远东地区。其人口包含许多游牧群体，他们是强大的战士和骑兵，经常跨越边境劫掠宋朝腹地。

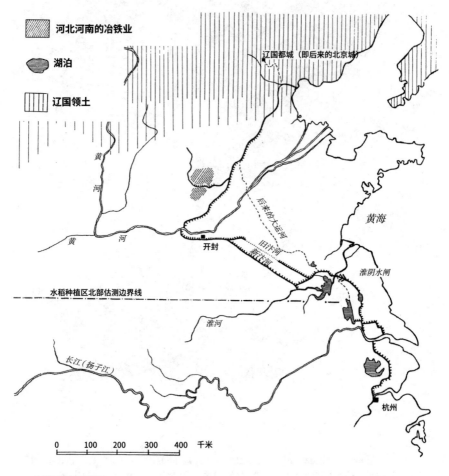

河北河南的冶铁业

湖泊

辽国领土

辽国都城（即后来的北京城）

黄河

黄海

黄河

后来的大运河

旧汴河

新汴河

开封

淮阴水闸

水稻种植区北部估测边界线

淮河

长江（扬子江）

杭州

0 100 200 300 400 千米

本书插图系原文插图

图1.2 中国北部，图示为河北及河南的冶铁业与运河系统和宋朝首都开封的地理关系。公元983年，淮阴地区
建造了一套复闸，这在当时是先锋性的。在其他地方，水位的变化由双船道或单门船闸（又名半船闸）
来管控。大运河后期建成于13世纪末，当时首都为大都（今北京）（地图由作者绘制）

面对这种威胁，到 1040 年，宋朝统治者召集了一支庞大的军队。士兵们使用的最重要的武器是弓弩，不过军队也使用含火药的燃烧武器。[3]有一些工厂每年会制造数百套盔甲和数万支铁箭头。但这些军事准备工作在某种程度上是徒劳的。1125 年，另一批游牧战士占领了北方的辽国领土，并很快开始入侵宋朝领土。运河被切断，冶铁工作被打乱，然后在 1126 年，开封城破，朝廷不得不南迁，后定都临安（今浙江杭州）。

虽然军火工业是冶铁业最大的消费方，但河北的鼓风炉也同时服务着许多其他行业，包括佛教寺庙，在那里铸铁多用于建造高耸的建筑、巨大的雕像和钟。[4]有时庙宇屋顶会用铁制瓦，甚至层叠的宝塔有时也是由铁制成的。不过铁更重要的用途在于制作犁和其他农具。早期的中国文明主要在北部的黄河沿岸发展（图 1.2）。这片地区气候凉爽，经济上依赖黍类和小麦作物，而非水稻。早期，例如在汉朝，国家大量生产铁制的犁铧、犁板、锄头和条播机，它们被广泛应用于北方的农业耕作。

公元 700 年，农民开始向更温暖湿润的地区迁移；公元 900 年后，由于北方时局动荡，这一过程加快了。到公元 1000 年，黄河流域已不再是中国最主要的人口聚集地。而恰是在南方，虽然土地面积更小，却需要以农作物哺育比北方多一倍的人。结果便是水稻

---

3 Lorge, *The Asian Military Revolution*.

4 Rostoker, Bronson, and Dvorak, "The Cast-Iron Bells of China."

种植区出现了一系列惊人的创新，人们利用有限的土地资源产出了相对而言非常多的粮食。

朝廷官员们积极鼓励提高粮食产量。他们的一个策略是通过启动土地开垦计划，抽干沼泽地及建造海堤、堤坝和灌溉工程来扩大耕地面积。也许官方项目中最有效的一项，是他们在 1012 年向长江下游地区引进的一种来自占婆（Champa，位于现在的越南）的新稻种（占城稻）。这种快速生长的水稻可以在一年内提早种植，收获后农民还有时间在同一块地里播种第二茬作物。朝廷遍地分发这种新种子，新水稻也很快就在中国南方流行起来。在中国南方亚热带地区，农民每年可以种植两茬水稻；在更北的地方，第二茬作物通常是冬小麦、大麦或豆类。新的水稻品种的引进，加上插秧等技术的推广，以及铁钉耙等水稻种植专用工具的使用，使农作物产量大幅提高，甚至有些历史学家称之为"宋朝的绿色革命"[5]。

水利工程

中国的运河系统也在这一时期出现了改进的苗头。联结中国南北方河流系统的运河有着悠久的历史。大约从公元 580 年起，许多

5　Elvin, *The Pattern of the Chinese Past*; Bray, *Agriculture*.

古老的运河经过了一系列改造而得以相连，比如人们就联结起汴河的各段支流，以便将南方丰饶的耕作地区与位于北方的首都，以及受到游牧民族敌人威胁的边疆地区联系到一起。这个水利网络——大运河——于公元605年完工。[6] 国家打算用运河来运送税粮、军队和军需品，但在和平时期，河道更多用于商业航运。到1000年左右，随着农业产出的增加以及熔炉改进带来的炼铁、运铁量的增大，运河的交通量也不可避免地增长着。

北宋都城开封在汴河与黄河交汇处附近。很久以后，在13世纪70年代元朝的统治下，新的首都定在北京（大都）。毕竟都城在北方，朝廷就有必要建造一条新的大运河分支，以联结北京和南方地区。许多运河河段其实也不过是稍稍改进过的河道，但那些联结一个河谷和另一个河谷的运河是最重要的。由于这些运河要建在交错的山间，要能够先把船运上山，然后再运下山，这些"山顶运河"（summit-level canals）在建造、维护和规划方面更具挑战性。在大运河的山间部分建成之前，想要让船从一个水平面移动到另一个水平面或高度，则需要将船拖过两个船道。也就是说，一段运河的尽头是一个向上的斜坡（堰），人们会用绳索和绞盘将船拖出水面。坡道的顶部通向另一个船道，在那里船可以被放入另一段不同高度的运河中。

6　Needham, Wang, and Lu, *Civil Engineering and Nautics*, pp. 306–320.

有时候船只会在船道上因拖曳而受损，而且在有延误的情况下，船上的货物也很容易被盗。受此困扰，983 年，一位名叫乔维岳的转运使下令，将一条通向淮河的运河（见图 1.2）上的堰改为复闸[7]，设立在总长约为 50 米的河段两端。这样一来，好几艘船便可以同时从一个水平面浮到另一个高度：通过开闭闸门放水蓄水，船闸中的水位可以提高到上段的水平，或降低到船闸下段的水平。[8]

这些是世界上最早的复闸。但它们蓄水速度缓慢，用水量又大，所以尽管在 1023 年至 1031 年期间，朝廷在新汴河上建造了更多的复闸以取代以前的双船道，许多其他地方依然选择使用船道。

与引进占城稻一样，乔维岳发明的复闸显示出帝国机关的官员在地方上积极地进行创新。在宋朝统治开封的年代（960—1126 年），还有其他许多由官僚机构发起或推动的技术创新的例子，比如有些与钟表有关，有些与军事装备有关。国家和商人在冶金、纺织、建筑和其他技术领域的创新，使这一时期在后世看来格外有创造力。

1100 年的时候，中国无疑是世界上技术最先进的国家，尤其是在冶铁、河运和农具制造方面。桥梁设计和纺织机械（见图 1.3—1.5）也在迅速发展。在上述这些领域，直到 1700 年左右，欧洲的技术才堪与 11 世纪的中国匹敌。

7　时人称之为"二斗门"。——译者注

8　Needham, Wang, and Lu, *Civil Engineering and Nautics*, pp. 320, 350–352.

尽管技术的发展在接下来更迭的朝代中不曾间断，但宋代早期促进创新的社会和经济力量的平衡还是无法维持——1126年靖康之变使开封沦陷，打断了宋朝欣欣向荣的发展，一个多世纪后，蒙古人的铁骑再次给其带来了毁灭性的打击。

　　然而，如果把宋代中国视为一个技术原始时代中的创新辉煌的孤岛，那就错了。中国与波斯和波斯湾地区有着积极的贸易联系，陆上丝绸之路穿越中亚各王国，海上贸易也如火如荼。此外，彼时中国还与东南亚和印度交流密切。中国的出口贸易推动了这些地方的创新，而它们也为中国带来了农业和其他技术方面的进步，比如从南方诸国引进的占城稻和柑橘类水果。棉花引入中国的经历得益于两波时代浪潮：早在公元600年，印度的棉花植物就已经到达中国南方的海南岛，但直到1250年左右，蒙古统治者将其种子和种植方法从西方的伊斯兰地区引入中国北方后，棉花纺织品才受到重视。从海南引进的（可能是南亚的）加工方法随后促使中国南方地区的人更多地使用棉花；到1500年左右，每个中国村庄都在使用棉花纺纱织布，无论是富是穷，人们身上都穿着这种新式纺织品制成的衣装。[9]

　　关于技术理念的传播，有一个案例非常具有启发性，是关于原油产地的人如何蒸馏原油的。大概在公元7世纪，拜占庭希腊人第

9　Bray, *Technology, Gender and History in Imperial China*, chap. 5.

第一章　亚洲技术的时代，700—1100年　　011

一次将这种物质用于军事用途，即制造"希腊火"。然后，阿拉伯海上的商人将这一创意引入马来半岛和印度尼西亚，由于苏门答腊岛上的地表渗漏物中含有许多石油，这项技术很快就在那里得到了开发。中国在公元 917 年或更早之前就在与东南亚的交流中了解到了"希腊火"，并很快开始在自己的燃烧武器中使用火油。

上述这些例子表明，研究亚洲不同地区之间的历史互动，对于我们理解技术对话或发明交流大有裨益。技术并不是简单地从一个地方转移到另一个地方：一个技术的引进往往会促进当地发明新技术。印度在纺织品、农作物和矿物方面的交流中有着至关重要的地位。而在水利工程和机械方面，最重要的交互过程则是发生在中国和波斯（或整个伊斯兰世界）之间。

美索不达米亚平原上的新城

在今伊朗和伊拉克，水利工程作为技术的一个独立分支，早在 11 世纪前就已经很发达了。当这个地区还是原先波斯帝国的一部分时，水坝、运河和灌溉工程就得到了大力发展，还曾受到罗马工程知识的影响。

然而，在那以后，整个地区的管理因伊斯兰力量的崛起而发生了变化。先知穆罕默德于公元 632 年去世后，伊斯兰军队开始从阿拉伯半岛向北和向东移动，到 636 年攻克了叙利亚，649 年战胜了波斯帝国。接下来，他们进一步征服了整个北非、西班牙大部分地区和西西里岛，直到统治了从北非的大西洋海岸到印度西北边缘的大片地区。

由于这些地方的气候都相对而言比较干旱，因此在人口稠密的地方，灌溉农业极为重要。人们依然沿用着波斯帝国时期建造的旧水坝和灌溉渠，有的人甚至认为水利工程在伊斯兰统治时期几乎没有进展。不过更全面的说法是，这些伊斯兰文明的子民调整了他们所继承的古老建设成果，以满足新的需求，并在这样做的过程中，拓展了机械和水利技术的应用范围。[10]

有段时间里，那些被伊斯兰军队征服的地区听命于大马士革的倭马亚王朝的哈里发们，但一场内战后，这个政权被推翻了，新掌权的阿拔斯王朝决定建立一个新都城。新都择定于伊拉克内，离底格里斯河西岸的波斯古城泰西封（Ctesiphon）不远。这个建于762年的帝国首都就是巴格达，帝国向西跨越北非、向东延伸至伊朗最远的边界。巴格达吸引了来自所有这些地区的居民和旅行者，成为技术、医学和早期科学几种传统融合的中心，特别是吸纳了印度、波斯和希腊传统的精华。

彼时战火未熄，于是这座城市被规划为军事总部，而非平民社区。它的整体城市布局被规划为一个圆形，这可能是中央集权的

---

10 al-Hassan and Hill, *Islamic Technology*; Hill, *Studies in Medieval Islamic Technology*; Burke, "Islam at the Center"; Wulff, *The Traditional Crafts of Persia*.

象征，但也可能反映了对欧几里得几何学的兴趣。这个圆形城市的直径为 2 千米，中心是哈里发的住所及一座清真寺。军营和官员的房屋占据着最好的位置，而其他城市服务的空间则很少。这便意味着，如果城市进一步发展，城市机能进一步完善，那么最初的圆形布局便会逐渐被侵蚀，城内的布局和功能也会更加灵活。

762 年，巴格达的建设动工，数千人参与劳动，建设进度如飞，一直持续到 766 年。然后，随着城市建成，人们开始定居，这里便形成了一个拥有多元文化的社会，其中使用的三种主要语言是阿拉伯语（宫廷和军队）、叙利亚语（犹太和基督教社区）和中古波斯语或巴列维语（Pahlavi，原本住在该地区的波斯人使用的语言，建城后许多官员和行政人员也仍在使用）。

由此演变而来的就是古塔斯所说的"翻译文化"（culture of translation）。[11] 不仅行政部门不断地将指令、法规和档案从波斯语翻译成阿拉伯语或反过来，而且学者们也在翻译来自不同文化、使用不同语言的学术书籍。当时已经有一些波斯语的天文学和医学著作，也有一些希腊语著作已被翻译成叙利亚语和波斯语。但现在阿拉伯语是官方语言，人们便将波斯语、希腊语、叙利亚语和梵语写就的书籍翻译成阿拉伯语。被长期忽视的数学和医学著作在新的阿拉伯语译本中获得了新的生命力，它们在巴格达的图书馆中被阅

---

11 Gutas, *Greek Thought, Arabic Culture*, pp. 26, 51–52.

览，学者们抄写它们，收藏家们也热衷于购买。

巴格达各色文化中最重要的部分之一，就是我们今天使用的 0 到 9 的数字系统。这些十进制数字极大地促进了计算、测量和其他实用艺术的发展，可算是有史以来最伟大的发明之一。中世纪的欧洲人把它们称为阿拉伯数字，因为他们最早在阿拉伯文本中见到了它们，但阿拉伯作者们却一度称它们为印度数字，因为他们认为这些数字与印度教的学术传统有关。

世界上最早也最著名的数学家之一就曾于 813 年至 833 年间在巴格达工作。他就是花剌子米（al-Khwarizmi），当其著作在 12 世纪被翻译成拉丁文供欧洲读者阅读时，他的名字被翻译成 Algorizmus，这个名字也是"算法"（algorithm）一词的由来。他其中一本书的标题提到了阿拉伯文术语 al-Jabra，转录成拉丁文后就有了"algebra"（代数）一词（这也正是该书的主题）。[12]

巴格达坐落于底格里斯河旁，下游不远处有两座大坝，将河水引向拿赫鲁宛运河（Nahrawan Canal）。这条运河向东绕过巴格达后重新汇入底格里斯河，灌溉了一片绵延 200 千米的田地，这里种植着该城市所需的大部分粮食。拿赫鲁宛运河最初建于公元 530 年至 580 年，是古波斯帝国最大的工程成就之一。762 年后，穆斯林工程师们不仅修复了水坝，清除了运河的淤泥，还在支流乌赛姆

---

12 V. Katz, *A History of Mathematics*.

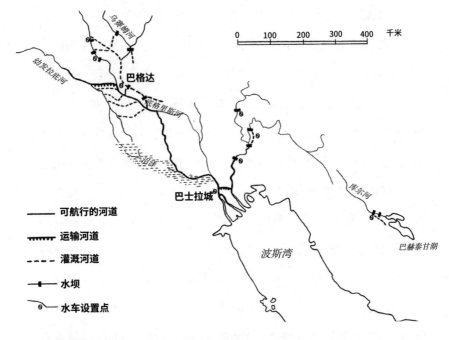

图1.3 图为伊拉克南部和伊朗西部10世纪的几个主要水利工程。其中一些建于更早的波斯帝国时期。拿赫鲁宛运河从巴格达北部的底格里斯河分流而来，在城市南部重新汇入底格里斯河。在图示的水车设置点曾有带水平轮的谷物磨坊，也可能有图1.4中的那种提水水车 [本图参考如下资料中的数据和地图：希尔《工程史》（Hill, A History of Engineering），伍尔夫《波斯传统工艺》（Wulff, The Traditional Crafts of Persia），哈桑和希尔《伊斯兰技术史》（al-Hassan and Hill, Islamic Technology）]

河（Uzaym River）上建造了一座新的水坝，以提供更多的水（见图
1.3）。这座大坝由砖石构筑，长170多米，坝顶高于河床最低点15
米。与该地区的其他大坝一样，精心切割的石块是由铁制暗榫和凝
固的铅连接固定的（铅被熔化并倒入装暗榫的孔中）。

　　另一个著名的大坝是在伊朗的库尔河（Kur River）上，大约在
960年重建。与乌赛姆河上的大坝一样，它的建造方式是用灌铅的

铁暗榫将石块锁住。实际上，此地可能还有以同样的方式建造的更古老的堤坝。从这个大坝放出的水灌溉了下游的一大片地区，那里种植了甘蔗、水稻和棉花。[13]

灌溉用水也由提水水车提供，其中有些靠牛或驴来拉动，有些则由河水的水流驱动，以从河中提水（图 1.4）。这种提水装置很早就在印度使用，后来在罗马帝国和中国的历史中也占据一席之地。

伊朗和伊拉克有碾压甘蔗以提取糖浆、制造结晶糖的水力磨坊，而这里还有其他各种各样的磨制小麦以制造面粉的机器，其中就包括风车这一重大发明。显然，这是干旱地区的一项创举，毕竟那里缺乏可驱动水磨的河流。有关风车的最确切的记录来自伊朗东部的锡斯坦（Sistan）地区，最早在公元 950 年有所记载，而且到 20 世纪中期，那里仍有一些风车运转不休。

这些波斯风车与后来的欧洲风车不同，波斯风车的轴是垂直的，靠护墙改变气流方向，将风引向风车翼板的一侧（图 1.5）。这样，风车不需传动装置就可直接驱动磨石。

在有着近百万人口的巴格达，传统的风车或水磨无法保证产出足够的面粉和食物来喂饱所有人。小麦的研磨工作要靠底格里斯河上的一系列日夜不停运转的浮动水磨完成。而位于底格里斯-幼发拉底河河口的巴士拉城则建有由潮汐流驱动的水磨。在这两个地

---

13 N. Smith, *A History of Dams*, pp. 61–62, 84–85.

图1.4 被称为戽水水车（noria）的一种提水水车。这种水车是由它下方的溪流驱动的。绑在轮辋上的罐子会在溪流中汲水，然后倒入高处的槽中 [绘图：黑兹尔·科特雷尔（Hazel Cotterell）]

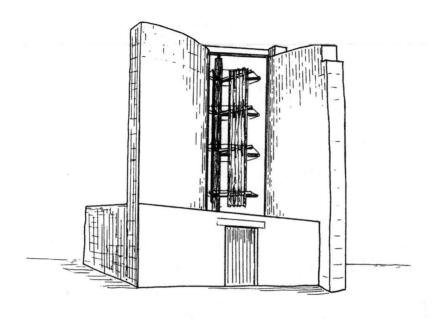

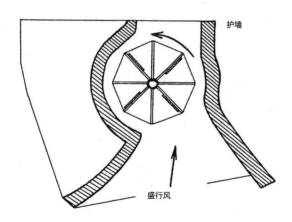

护墙

盛行风

图1.5 图为波斯式风车，护墙将风引向翼板，使其可以在垂直的轴上旋转，详见平面图（下方图）。护墙形
    成了一个高耸的开放式结构，由晒干的泥砖砌成，底部有一个装有磨石的小房间［根据迪克·戴（Dick
    Day）拍摄的阿富汗风车照片绘制］

方，水轮都是由下方水流驱动的，磨石由木质齿轮驱动。

相比之下，人们在农村地区（特别是在山区）会使用较小的水车。这种水车使用一种水平的、类似涡轮的轮子，而磨石则直接安装在轮子上方的同一个轴上（见图 2.5）。到公元 1000 年，这种类型的水平轮水车在整个欧亚大陆得到了非常广泛的使用，从西欧到伊朗再到中国，可能还包括北印度和尼泊尔的山区。

印度洋贸易

早在公元 750 年，阿拉伯地区的船队就在印度洋上来来往往，来自波斯湾的商人甚至曾远赴中国。随着时间的推移，贸易网络变得更加复杂，到公元 1100 年，印度的棉花制品和中国的瓷器已经到达遥远的印度尼西亚岛屿（那里的主要出口产品是香料）和非洲港口（主要出产象牙和黄金）。[14]

于是，各种专业的技能与知识便顺着这些航线流传开来，包括印度数字系统、钢刀制造技术以及棉花纺织与染色的技艺。由是，尽管有许多地方性的差异，从伊朗、柬埔寨到印度尼西亚的许多基本技术都非常相似。例如，用大马士革钢制作剑刃的方法（见第五

---

14 Simkin, *The Traditional Trade of Asia*; Chaudhuri, *Trade and Civilisation*; Reid, *A History of Southeast Asia*.

章）在叙利亚、伊朗和印度广泛传播；1300 年后，在爪哇也发现了类似的技术。

上述整片地区的灌溉工程也十分相似，在伊朗、伊拉克、印度和兰卡岛国（现在的斯里兰卡）都有类似的土坝建造技术。在东南亚，也有规模相当的工程，比如位于今天柬埔寨的吴哥窟。虽然吴哥周围的降雨量足以支持一年中部分时间的农业生产，漫长的旱季还是会影响当地农业的发展；如果要种植第二茬水稻，就必须有灌溉系统，也只有这样的生产效率才能保证财富积累和人口增长。在 900 年左右，高棉王国组织了大量的劳动力在吴哥建造了两个巨大的蓄水池（baray）。宏伟的吴哥寺始建于 1100 年左右。吴哥的塔楼和周围的水域是婆罗门教宇宙政治景观的缩影，其原型是乳海上高耸的圣山——须弥山，乳海是神人两界万物的养料来源。每座蓄水池大约长 8 千米、宽 2 千米。通过运河、水库、渠道和堤坝交织的网络，它们的水灌溉着一块块小型稻田。在高棉王国的鼎盛时期，稻田的面积超过了 1 000 平方千米，养育着约 75 万人。[15]

商路并不是知识传播的唯一渠道。大量的印度人在东南亚定居，并与当地家庭联姻；统治者之间建立外交联系；朝圣者和传教士在该地区旅行，海上船只载着他们往来不息。公元 500 年前后，移民们跨过印度洋，他们中许多来自印度，也有来自印度尼西亚

---

15 Fletcher et al., "Angkor Wat," pp. 1395–1396.

的，而他们的一大目的地是马达加斯加。这条航线尤为重要，许多新作物就此引入非洲，其中最重要的就是香蕉。

我们可以从中爪哇的婆罗浮屠大致了解上述往来中所使用的船只种类，婆罗浮屠这座巨大的佛教寺庙里有许多石雕，其中七幅浮雕描绘了船只样貌。浮雕中展示的一些船看上去绝对可以穿越印度洋（图1.6）。这些浮雕和其他来源的证据，以及对该地区现存造船传统的研究表明，印度洋船只的一个基本特征是船体所用的木板往往由木钉牢牢固定在一起，然后用棕榈藤等植物纤维绑起来。木板固定好后，人们会把纤维穿过钻好的孔，然后用油灰（石灰与树脂或油的混合物）密封；人们常说，木板是"缝"在一起的。像这样建造的船体只是一个未加固的外壳，但在插入肋板之后，则会变得坚固且不易变形。[16]

从大型阿拉伯独桅帆船到小型船只，许多种类的船只都是依据这一原理建造的。在印度建造的船只，特别是来自古吉拉特邦的船，似乎是这类船中最大的一种；但当中国的平底帆船（junk）出现在南亚港口时，当地的船只便相形见绌了，中国式帆船甚至在1328年被描述为像"长着翅膀的山"。这种船的船身不是像上文所

---

16 Horridge, *The Design of Planked Boats of the Moluccas*; Manguin, "Trading Ships of the South China Sea." 最近的两个视频对这种建筑技术进行了精美的说明，这两个视频都可以在 YouTube 上找到，见 Swoboda, *Building the Naga Pelangi*; Borriello, *Wooden Boatbuilding*。

图1.6 图为中爪哇婆罗浮屠寺中的一块石刻浮雕，本图展示了一艘带有舷外支架的帆船。这幅浮雕约刻成于公元800年。船上有用绳索固定的三脚桅。船上有一个舵桨，上面有人正紧紧抓着它［绘图：米尔德丽德·佩西（Mildred Pacey），图画参考了石雕照片，详见李约瑟、王玲、鲁桂珍《土木工程与航海技术》（Needham, Wang, and Lu, *Civil Engineering and Nautics*），使用经剑桥大学出版社许可］

描述的那样"缝制"而成，而是用铁钉固定的。[17]

　　由于波斯湾和红海地区缺少优质木材，那里的船厂会从印度进口柚木，阿拉伯船匠们也会在马尔代夫群岛建造船只。这些跨国制造业为印度和阿拉伯的技术交流提供了频繁的机会。同样，印度和印度尼西亚的主要岛屿之间也有密切的往来，不过印度尼西亚建造

17 Abdullah Wassaf of Calicut，转引自 Elliot and Dowson, *The History of India*, 3:30。

的船只还是保留着其独特的设计，其特点包括两侧的舷外支架和其他源自独木舟的特征，以及三脚桅（图 1.6）。

来自印度的旅行者为爪哇和吴哥带来了建筑和灌溉的新知识，他们返程时则时常带回食用或药用的植物和种子。这样一来，印度成了向世界播撒印度尼西亚作物的关键角色。印度农民熟练掌握了挑选适合本地较凉爽气候的作物的技能。随后，一些植物经由印度传入了阿拉伯语国家，比如在 932 年，一种新品种的橘子就被引入了巴格达的果园。

尽管水稻、甘蔗等许多重要的农作物之前已经被引入伊拉克南部，但在伊斯兰王朝统治时期，这些作物才在此地蓬勃生长，其他地区也选择了新的品系进行种植；它们不仅遍布伊朗和伊拉克，而且也传到了北非和西班牙。正是穆斯林种植者们将水稻、棉花和甘蔗以及成功栽培它们所需的灌溉技术带到了西班牙，并在东非和桑给巴尔岛建立了甘蔗种植园。[18]

这场"伊斯兰农业革命"将有价值的作物和复杂的水利技术打包为一体，这个技术工具包通过将扩张中的伊斯兰世界联系到一起的密集贸易、语言、知识和宗教网络迅速传播。这些高产且适应性强的农耕系统与伊斯兰教同行，同时促进了宗教的传播，刺激了人口增长，并建立了繁荣的社区。但是，尽管伊斯兰地区在这些技术

---

18 Watson, *Agricultural Innovation in the Early Islamic World*; Burke, "Islam at the Center."

的传播中起了关键作用，但上述发展也可以被看作一种技术对话；其中大部分知识和材料，虽然曾为了适应欧亚大陆的不同环境而被调整、筛选，其源头依然是印度的农业学家和草药学家。

佛教与技术

与此同时，另一场完全不同的技术对话正在印度和中国之间展开，对话的主要渠道不是伊斯兰教，而是佛教。佛教很早就传入了中国，公元 500 年左右，它在中国的根基越发深厚，还传播到了日本。彼时许多中国朝圣者前往印度，并带回了佛教文本进行翻译，这一现象在公元 7 世纪尤为显著；朝圣者们还帮忙互通了许多技术知识。僧侣也从印度来到中国，一份中古中国炼丹术文本提到了一位 664 年到来的印度游客，他能够辨别含有硝石的土壤，向人们展示了这种土壤放入火中时产生的紫色火焰。这一事件在几部中国中古时代的炼丹术相关作品中都有记载，这些作品证实了中国和印度之间的化学知识交流。这一记录极为重要，因为硝石与硫黄和木炭一样，是火药的基本成分。中国的军队从 850 年左右开始使用火药武器，自那时起他们就需要大量的硝石。[19]

---

19 Needham, Wang, and Lu, *Civil Engineering and Nautics*, p. 139; Lorge, *The Asian Military Revolution*.

与佛教关系更为密切的另一种技术进步推动力，则来自制作大型佛像的习俗。在印度、阿富汗（巴米扬）和中国，大型佛像通常由石头制成，有的是在悬崖峭壁上雕刻出来的。[20] 而在日本，有些佛像则是用青铜铸造的。其中最大的是奈良东大寺的铜佛，这项工程公元743年动工，其间动用了大量劳动力，耗时14年才完成。佛像高13米，建造时使用了380吨的青铜。为了避免佛像上出现太多的接头和接缝，施工者们每次必须将40至60吨的熔融金属倒入模具，这些模具围绕着中间的泥芯放置。这样一气呵成的做法，就意味着施工者必须在工地周围建造许多小炉子，每个炉子能够熔化大约一吨的金属，然后让它们同时运转。[21]

中国佛教徒们感兴趣的另一项技术是桥梁的建造和维修，这也是他们虔诚信仰中必修的一部分。这很重要，因为在通往印度的陆路朝圣路上，在克什米尔和中国西部的峡谷中，用绳索串联的人行桥总是不太结实。不过，建桥这件事无论在何处都是一项善举。整个20世纪期间，中国各地的桥梁建设经常有佛教僧人参与，他们往往担任着筹资者、组织者和工程师的角色。[22]

与佛教有关的最重要的发明是印刷书籍。在一封692年寄回的

20 L. Morgan, *The Buddhas of Bamiyan*, p. 74.

21 Tohru Ishino, *How the Great Image of Buddha at Nara was Constructed*（主要用日语写作，但中间有一些解释性的插图），Huffman, *Japan in World History* 中也有一些评论。

22 Kieschnick, *The Impact of Buddhism*, pp. 199–208.

信中，著名的中国僧人义净报告说，印度的僧人和民众会将佛像印在丝绸或纸上（"造泥制底及拓模泥像，或印绢纸，随处供养"）。[23] 在印度，在纺织品上进行雕板印刷的技术（用涂有染料的雕刻木块在布上印刷图案）至少可以追溯到公元 500 年，[24] 但它从未在印度发展到用以印刷书本。书籍印刷的起源与纸张的历史密切相关——无论是在东亚、欧洲还是伊斯兰世界，纸张一直是印刷文本的媒介。中国在公元 100 年时就已经开始制造纸张，当时主要是用纸张代替竹简来记录官方事务。最重要的通告或法令，还有著名诗人最负盛名的书法篇章，通常会被刻在石碑上以永久留存。当需要复制这些文本时，由于手抄重录容易产生笔误和歧义，人们便会把纸放在刻有字的石头上，用墨锤敲打浸染，以复刻一篇准确无误的文本。

与本土的拓印传统不同，中国雕版印刷的起源与佛教的教义有关，即复制宗教图像或经文可以带来功德。手抄是缓慢、费力且昂贵的，而印刷则能更有效地生产大量的副本。中国的雕版印刷并不像西方那样需要印刷机。一页文字写在透明的纸上，正面朝下贴在梨木等半硬的木版上，然后进行雕刻，这样倒转的文字图案就成了浮雕（阳文）。在木版上涂上墨水，然后将一张纸放在上面，轻轻地刷，文字就能复制下来了。若要印刷篇幅较大的文本或书籍，人们则会将一张大纸铺在一组木版上，以做出一连串的页面；然后，

---

23 Tsien, *Paper and Printing*, p. 356; Kieschnick, *The Impact of Buddhism*, pp. 164–185.
24 H. Ray, "Warp and Weft," p. 291.

人们会将印好的页面像风琴一样折叠起来，在边缘装订。中国书籍的这种特有的蝴蝶格式也受佛教的影响：它有点像印度常见的棕榈叶文本（贝叶经）的纸质版本。

有迹象表明，早在公元 600 年就有佛教文本和图像被印刷、分发。现存最早的完整印刷书是一册定年在公元 868 年的《金刚经》，藏于通往印度之路上的绿洲城市敦煌。[25] 那时，除了佛经、符咒和年历之外，书店还印刷销售字典和关于占星、占卜和炼丹术的作品。佛教僧侣也将印刷文本和印刷技术带到了朝鲜和日本。到 950 年左右，君主和有权势的官员不仅委托印刷佛教作品，还会印刷道教和儒教的完整典籍。

活字印刷（使用金属或陶瓷字符）最早在 1050 年左右开始使用。几个世纪以来，它被用于许多影响深远的印刷作品，但在重要性上一直未能与雕版印刷相提并论。雕版印刷更便宜、更简单，也更适合生产大多数流通书籍的小型商业刻印坊。到了宋朝，真正的印刷文化已经稳健扎根，从考试小抄到哲学作品、诗集和笑话集，从官方表格到医学、数学、农业和建筑方面的专著，各种文件的印刷已经成为日常。

---

25 可以在网上查看《金刚经》，网址是 https://www.bl.uk/collection-items/the-diamond-sutra#。

小结

到了 11 世纪，印刷术已经成熟，印刷品也已成为中国境内传播技术信息的重要载体。不过，尽管后来印度普遍地在纺织物上印刷图案（第七章，见图 7.3），文字印刷却并没有在印度流行开来。但令老一代技术史学家震惊的，不是亚洲大部分地区没有印刷术，而是水利工程在亚洲所有主要文明中都得到了大力发展，这主要是因为灌溉农业在当地的重要性。

在指出大规模水利工程作用的人中，卡尔·魏特夫（Karl Wittfogel）因其对"治水社会"的分析而闻名。他强调了使用手工工具建造大坝和运河所需的大量劳动力，并讨论了徭役制度是如何为了这项工作而演变的，这种制度下人们每年都会被征召劳动几个星期或几个月。在中国，除了官员和乡绅，每个家庭都必须在国家需要时提供劳动力。尽管其他亚洲国家有不同的条例，但在任何地方，强大的，以及——如魏特夫所说的——"专制的"（despotic）政府都依赖这种制度，不仅利用它来建造水利工程，也利用它来建造宫殿或寺庙；此外，他认为政府会着重控制贸易往来并对其征税（比如中国对冶铁业管控、征税）。魏特夫认为，这种制度阻碍了创新和社会变革。[26]

---

26 Wittfogel, *Oriental Despotism*.

人们通常认为，魏特夫的论点过于笼统、武断。除了魏特夫所写的，其实还存在许多其他规模的工程作业，建设时所征用的劳动力规模也不同。例如，在南亚的水稻种植区，农民经常组织建造规模适中、可以由他们自己管理的灌溉工程，或以小组的形式进行建设。他们很少需要大规模的组织来规划、监督或提供劳动力。事实上，随着权力中心的兴衰，地方社区往往会将国家宏大的灌溉工程的一部分加以改造，以便为当地使用。[27]

但是，即便魏特夫关于亚洲治水社会的观点不再可信，他的理论仍然是对技术和制度之间密切关系的有益提醒。一个社会是否能取得某项技术上的进展，总归要取决于其管理重大项目、动员劳动力、培养相关技能和鼓励创新的能力。这种能力反过来又取决于商业、产业和政府制度的有效性。

在后面的章节中，我们无法一一深入探讨上述所有主题，但我们肯定会看到世界上不同地区的鲜明差异，有些地区的军事机构对技术产生主导性影响，有些地区的农业或商业机构发挥更重要的作用。我们可能会发现，最有创造力的社会中，总有许多不同类型的制度相互交叠，在互动中产生作用，就比如后世的欧洲。但在本章，我们的主要例子是 11 世纪的中国。

在这种关于制度和社会结构的议题中，种种技术应用仰赖的自

---

27 Shah, "Telling Otherwise"; Morrison, "Archaeologies of Flow."

然资源和应用技术的环境往往被视为理所当然。在这方面，本章对比了同样开采煤炭和铁矿石的两地，即伊朗和伊拉克这种气候干燥但土壤肥沃的地区，与中国河北省树木繁茂的山丘地区。在伊拉克，灌溉用水促进了城市的发展繁荣，特别是幼发拉底河、底格里斯河和乌赛姆河的河水（图 1.3）。但是，由于土壤中的盐分积累有可能破坏土地的肥力，这一资源的使用便有了风险和限制。用于灌溉的水往往带有微量的溶解盐分，如果灌溉系统管理不善或使用过于密集，这些盐分就会在土壤中积聚，降低土壤的肥力（如第二章所述）。相比之下，在河北，林地被过度开发，因为人们要用此制造木炭以冶铁。当这种资源的更新跟不上对铁大规模增长的需求时，人们才发现其实可以用无烟煤或焦炭形式的煤来填补木炭的缺口。而对这些资源的依赖所产生的问题直到几个世纪后才显现出来（第十二章）。

第二章

基础技术的差异与杂合，1100—1260 年

亚洲的冲突

亚洲历史的重要主题之一，是北方草原上的游牧民族与在中国、印度和伊朗高原上定居的农耕文明之间的关系。虽然游牧民族在工程方面没有什么建树，但他们因地制宜、饲养牲畜的生活方式与其生活的环境相辅相成，这使他们成为一支不可忽视的力量。游牧民族在技术史上也留下了浓墨重彩的一笔。这一点已经在宋代中国得到了体现，在宋代，为了阻止北方游牧民族的侵扰，朝廷大规模地生产武器、锻造铁器。但在 1100 年至 1300 年间，游牧民族的入侵变得更加频繁和凶猛，最终他们攻城略地，征服并统治了各片土地。从 11 世纪 30 年代开始，塞尔柱突厥人入侵并接管了波斯大部分地区的政府。1126 年，女真人推翻了北宋王朝，将领土并入其新建立的金朝，信仰伊斯兰教的突厥人则在 12 世纪 90 年代征服了印度北部。

然后，最强大的游牧民族力量出现了：蒙古人。他们对波斯和中国中原地区的入侵延续到 13 世纪 60 年代，动荡持续了整整两个世纪。有人说这是亚洲技术时代最具创造性的阶段的终结，上一章已详述其辉煌时刻。然而，游牧社会和定居社会之间的紧张关系既是破坏性的，亦催生了创造力：贝都因和其他游牧部落对中东大部和地中海南部城市的入侵缔造了将伊斯兰世界编织在一起的伟大王朝，其技术成就也在第一章中有所讨论。而在蒙古人侵袭的铁蹄践踏后，在所谓的"蒙古人治下的和平"（Pax Mongolica）下，欧亚大陆大部分土地在 13 到 14 世纪得以统一。这段时间里，工匠和技术人员受到高度重视，商业繁荣发展，医学、天文学和制图学等科学突飞猛进，而且不仅是军事技术，各类技术都取得了重大进展。例如，蒙古人在中原建立统治后（元朝，1279—1368 年），设立了天文台，委托编写了重要的农业著作，并引进了棉花——这种作物的产量迅速超过了丝、麻和苎麻等本地纤维的产量，棉织品成为中国最常见的纺织品。[1]

　　然而，游牧民族的技术专长与定居的农业社会之间的深刻差异，一开始便注定双方的遭遇将充满误会。在他们故乡的大草原上，游牧民族以放羊牧马为生。他们对其所征服的土地上的灌溉农业系统知之甚少，有时甚至还把它们改造成方便牲畜吃草的牧场。但我们

1　Waley-Cohen, *The Sextants of Beijing*, pp. 41–45; Abu-Lughod, *Before European Hegemony*; May, *The Mongol Conquests in World History*.

应该记得，从伊朗、伊拉克最终到北印度，游牧民族的侵入是分批次的。第一批侵入波斯和伊拉克的是塞尔柱突厥人，他们的到来一开始造成了相当大的混乱，但他们在很大程度上还是遵循了既有的行政管理框架来统治当地人，许多波斯官员也因此仍然在职。即便如此，他们对灌溉土地的管理仍是不尽如人意，有迹象表明，美索不达米亚部分地区的粮食生产逐年下降，巴格达的人口曾猛烈攀升，在达到一个城市中心前所未有的人口总量后，人口数量就开始下降。

虽然没有准确的信息佐证，解释也不尽相同，但是有人认为许多灌溉土地要么被过度开发，要么管理不善。几个世纪的发展造成了一个问题（尽管在公元 1050 年有多严重还不确定）：土壤中的盐分逐渐累积，土地肥力下降。灌溉从来不是在田地里施水和种植作物那么简单。当作物吸收水分，水分又通过叶子蒸发时，水中的各种盐分就会有微量留在土壤中，一季一季地积累起来。为了避免这种情况，必须用足量的灌溉水来冲走这些残留物，还得有排水系统来排走这些水。

当灌溉系统管理不善时，就算供应的水量可以养活作物，排水渠道也往往得不到适当的维护。在美索不达米亚，土地已经历了多个世纪的耕种，有的时候土地被照护得比较周全，有的时候则使用不当，导致土壤盐度增加。[2] 在巴格达周边地区，早期历史上产量极

2　Whyte, *World without End?*

高的土地，到 11 世纪时肥力便已下降。有些地方的土质，即便历经多年也再不能恢复全盛时期的状态，甚至到 20 世纪也是如此。[3] 当地灌溉系统的大型水坝和运河保留了下来，考古学家们也曾深入调查过（图 1.3），但该系统最高产的时候，也应该有较小的排水渠以及向田地供水的沟渠。我们并不清楚 11 世纪导致肥力流失事件的确切发生顺序，也无法确定灌溉管理不善的具体程度。

自大约 1050 年起，随着巴格达的衰落，一些人向西迁移，最远到达西班牙，而这里也成为伊斯兰知识和技术的主要中心。由此，两个世纪的动荡结束了亚洲技术的早期创新阶段，但也让一些亚洲的专业知识传播到新的地方。这将是下一章讨论的重要主题，而本章的目的是回顾在动荡之前和动荡期间亚洲技术的多样性。而其中很突出的一点是两种生活方式的鲜明对比，即主要城市对水利工程的广泛依赖，以及当地新来的游牧武士们截然不同的生活习惯。

11—12 世纪入侵波斯和印度的族群中，大多数人讲突厥语，有些人还信奉伊斯兰教。在对印度北部进行了长期的蚕食后，他们于 1192 年发动了全面入侵。德里周围直至孟加拉地区的大片土地，都在相当短的时间内被征服。一个新的伊斯兰国家由此建立，即德里苏丹国。

3　Dieleman, *Reclamation of Salt-Affected Soils in Iraq*.

在这之后，1206 年，蒙古部落才在成吉思汗的领导下统一起来。成吉思汗麾下几乎每一个成年男性都是骑术高手，精通射箭和狩猎，蒙古部落由是形成了一支强大的军事力量，它对中国中原地区、波斯和欧洲的影响将在下一章再次提及。

别的不论，单是从征战效率的角度来看，游牧的突厥人和蒙古人显然拥有非常卓越的技术。但他们的生活方式基本上是非常简单的，几乎完全围绕着成群的牛羊展开。绵羊是食物的基本来源，同时提供肉和奶。它们的皮被用来做衣服，羊毛要么被捣碎做成制作帐篷、靴子、帽子和垫子用的毛毡，要么经织布机加工织成布料或地毯。由于织布机必须便于携带，它们的设计上不能有僵硬固定的框架，于是每当需要生产时，织布机都需要重新搭建。支撑经线的横梁和滚筒被水平地固定在地面上方，三根杆子则绑成一个三脚架，立在织机上方支撑着综丝。

游牧民族并非完全自给自足。他们也向印度和中国中原地区出售马匹，以换取粮食、茶叶、棉花或丝织品，以及尤其重要的铁（用于制造剑、箭头和马镫）。马是游牧经济的核心，一部分是作为出口产品和运输工具，一部分是作为奶的来源（发酵后制成酒精饮料），但最重要的是在战斗、牧羊、打猎时（猎物往往是重要的食物来源）作为坐骑。[4]

4　D. Morgan, *The Mongols*.

与游牧民族的马匹相关的关键技术是马具，其旨在最大限度地提高骑手在狩猎和战斗中的机动性。马鞍的前后鞍桥高起，这样的设计不是为了舒适，而是为了速度；而且，坐于其上的骑手可以腾出双手来拉弓。短带子上的实心铁马镫让骑手能够踩着镫站立，并在策马奔跑时拉弓射击（图2.1）。马镫早在5个世纪前就在中原和蒙古被发明改进，但彼时仍未被普遍使用。在许多次冲突中，马镫为骑射手组成的游牧部队带来了决定性的优势。在突厥人入侵印度期间，当地印度防御者的马匹较少，他们使用的还是原始的木制马镫，或者可能根本就没有马镫。

突厥和蒙古弓箭手使用一种双弯弓，由木头、动物的角和筋制成。这种弓是为在马背上使用而设计的，它很短，但就像同样著名的英国长弓一样，它具有超强的威力，可以在300米范围内轻松穿透锁子甲或其他铠甲。蒙古人在马背上转来转去，在坚硬但轻薄的皮革和金属镀层盔甲的保护下，躲避着对手武器的攻击，同时"释放出死亡风暴"。[5]

公元1258年2月，巴格达被蒙古人攻陷，城中人口大量被杀，此后，德里一度成为地中海以东最重要的伊斯兰都城，许多学者和科学家去那里避难。但由于失去了他们在巴格达使用的图书馆，他们无法完全重现巴格达作为学术重镇的辉煌。即便如此，希腊数学

5　May, *The Mongol Conquests in World History*, p. 130.

图2.1 骑在马背上的游牧民族战士，装备有特色的马鞍、马镫和弓，该图说明马镫对骑马的弓箭手是至关重要的（绘图：黑兹尔·科特雷尔）

还是在德里得到了传授，新技术也在该地区流传。例如，印度船只似乎在此时开始使用磁罗盘，当地也出现了新的造纸中心。在这个时期之前，印度也有一些载于纸上的文件留存至今，但从 13 世纪始，纸质文件的数量明显增多了。

虽然伊斯兰力量对北印度的统治有其积极的方面，但讲突厥语的军队在 12 世纪 90 年代的攻击对印度的学术和技术成就造成了极大的破坏，比哈尔和孟加拉遭受的打击尤其巨大。佛教原本在该地区已经式微，侵略者对佛教寺院的洗劫是最后一击，导致佛教在这一地区几乎销声匿迹，可叹 17 个世纪前佛教发源于此。1194 年，位于贝拿勒斯（瓦拉纳西的旧称）的印度学术中心遭到袭击，无数纪念碑、书籍、档案，可能还有一个天文观测台毁于一旦。这次破坏的规模巨大，对印度科学发展造成了长久的打击，使其很久都无法恢复元气，直到 15 世纪，人们才再度开始认真研究天文学。在那之前的很长一段时间里，印度最著名的天文学家还是活跃于 12 世纪 50 年代的婆什伽罗第二。[6]

纺车和绕线机

北印度技术史上颇具争议的一个主题是关于纺车的。纺车是垂直安装的轮子，用手或用脚踩踏板来驱动旋转，通过传动带保持稳定的运动。它将纤维纺到一个或多个线轴上形成连续的线，纺线比用简单的手纺纺线机更快、更均匀。纺车在加工短绒纤维，如棉花、羊毛或野蚕丝，以及中绒纤维，如亚麻或苎麻方面特别有用。

由于棉纺织品起源于印度，人们长期以来一直以为，与棉花相关的纺车也一定是在南亚次大陆发明的，也许是在公元 500 年之

6　婆什伽罗第二（Bhaskara II，1114—1185）是两位名为婆什伽罗的印度天文学家中较晚的一位。见 Ōhashi，"Astronomical Instruments in India"。

后的某个时间。然而，早期关于棉纺的记载非常模糊，并没有哪里明确提到纺车。根据伊尔凡·哈比卜（Irfan Habib）的说法，这些记载也可以理解为是指早期的手工纺纱法。关于纺车，最早的明确记录是来自 1350 年的一份文件，其中提到妇女在之前那个世纪的某时使用了它。哈比卜还指出，在印度，指代纺车最常用的词是 charka，它源自波斯语。此外，在南印度的主要棉花生产地区，用手纺纱仍然是常态。因此，哈比卜认为，纺车是在 13 世纪从波斯传入北印度的。[7]

如果纺车不是印度的发明，那么它起源于哪里？这种机器最早的清晰图像是在巴格达（1237 年）和中国（约 1270 年）绘制的，而在欧洲，轮纺纱线首次在 1280 年的一份德意志行会章程中被提及。[8] 由此看来，纺车几乎在同一时间出现在中国和欧洲，人们可能会推测，蒙古军队当时对中国和东欧的征服为新技术的快速传播创造了条件。正如下一章所描述的那样，这对某些发明来说确实如此，但并不适用于纺车：在中国，较简单形式的用于绕线和捻丝的皮带驱动的转轮已经被使用了几个世纪。早在蒙古人到来之前，丝绸生产及相关设备（包括那些皮带带动的轮子）就已经从中国通过中亚诸城传播到了波斯和拜占庭。因此，到底是谁最先发明了功能

---

7 Habib, "Technological Changes"; Riello, *Cotton*, p. 52.

8 Needham and Wang, *Mechanical Engineering*, p. 105 (see same regarding drive belts); Kuhn, *Textile Technology*, p. 210.

齐全的纺车依然成谜。对于这个问题，读者们也可以认为这期间存在着一种技术对话的可能，在这种交流中，中国的丝绸和印度的棉花向西传播，激发了创新的出现。在那些绕线轮已经为人熟知的地方，不同地方的人们可能都想到了用轮子来纺线这个主意。

考虑到不同地方生产的纺织品具有不同的特质，不同区域各自进行独立创新的可能性就更大了。例如，现存的一些丝绸织物表明，为了获得更高的强韧度，伊斯兰国家（和欧洲）生产的丝线大都是被捻在一起的，而中国的制造者们似乎避免了这种做法，因为用捻过的丝线织成的丝织品较硬，光泽度较差。但中国常用的其他纤维，却是越捻成品品质越佳。[9] 在此基础上，很难说捻线的机械设备到底更有可能是在中东或欧洲发明的，还是更有可能在中国发明。但在一段略早于 1030 年的阿拉伯文记录中，有关于捻丝机的描述。使用这种机器的经验，可能引导着当地技术人员采用独特的方法来纺织其他纤维。我们可以猜想，也是类似的驱动和创新模式催生了欧洲特有的纺车，即萨克森纺车（Saxony wheel）。

这里强调丝绸制造是有道理的，因为老一辈的一些历史学家认为，在中国，机械化技术首先是在丝绸作坊中发展起来的，然后再改用于棉花和其他纤维。[10] 在此历史背景中，人们首先考虑的是如何从蚕茧中抽出绵长不断的蚕丝。他们将蚕茧放入冷水或热

---

9   Kuhn, *Textile Technology*, p. 86.

10 Willetts, *Chinese Art*, pp. 107–243.

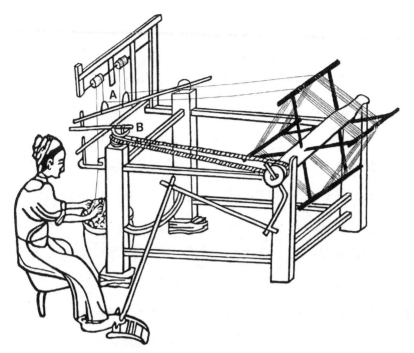

图2.2 1843年绘制的中国缫丝机，但在机械细节上与1090年左右对缫丝机的描述非常相似。操作者在热水盆中解开蚕茧，同时通过踏板和曲柄装置（如图示，不过透视很奇怪）慢慢转动线轴。从蚕茧中抽出的两根丝线被引到机器顶部的滚筒上，然后通过导轨A进入线轴。垂直轴上的滑轮B有一个曲柄，可用于移动上面的杆子，从而确保导轨A缓慢地来回移动，使丝在线轴上铺成宽而均匀的带子［摘自李约瑟《机械工程》（*Mechanical Engineering*），使用经剑桥大学出版社许可］

水锅中，使成茧的蚕丝松动。冷缫丝速度较慢，难度较大，但能生产出更细的丝；热缫丝则用炉子将锅里的水充分加热以杀死茧内的蛹体，速度较快，而且不需要预先通过盐渍或蒸煮处理蚕茧来杀死蛹体。这两种技术都很古老，到了宋代，精细的脚踏缫车已被普遍使用（图2.2）。

在缫丝过程中，生产一根纱线需要将几个蚕茧的蚕丝结合在一起：通常的做法是将不同蚕茧的蚕丝都穿过锅上方板子上的一个小环或导板，使其拧成一股，又防止它们缠在一起。经线需要比纬线更强韧，所以使用的细丝也比纬线多。往往在这一步，伊斯兰世界的工人们会将蚕丝捻成线。而在中国，丝线的生产一般不靠捻，而是通过每根蚕丝上来自蚕茧的天然胶质黏合。一旦丝线被放在改进的双丝绕线轮上继续强化，这胶就能将几根蚕丝固定在一起。胶质在织造过程中保护和加固了蚕丝线，但最终人们会将成品丝绸浸泡在水中，去掉胶质。

织造前的最后一道工序是将线绕在尺寸合适的绕线筒上，以便在织机上使用。正是为了这项操作，纺织工人发明了圆筒式绕组（bobbin-winding wheel），这项发明也许可以追溯到很早，前人也称其为纺车的前身。此后出现了一个艳惊四座的发展，即中国的技术人员制造了与绕线轮原理相同的机器，但能够同时操作10个以上的绕线筒。最后，在公元1300年前，他们制造出了图2.3和2.4中所示的由水车驱动的机械。这与十筒绕线机（ten-bobbin winding machine）非常相似，但农业专家王祯在他1313年图文并茂的专著《农书》中，将其称为"水转大纺车"，用于加工麻或苎麻，这两种植物纤维在中国具有一定的重要性。

从1313年王祯的记载开始，这种机械的图谱出现在后世一系列的农业著述里。在中国人的理解中，农业既提供食物（男人的工作），又提供衣服（女人的工作），因此农学著作是我们研究纺织机械、农作物和种植技术的主要信息来源，其中许多都有木版画的插图。现存的"水转纺车"图谱存在一些解释上的问题。它们似乎是由一些对纺织外行的人绘制或复制的，这些人并不懂自己在画些什么（图 2.3）。机器底部的绕线筒由一条环形的绳索旋转，当它们转动时，线从上面的大卷轴绕到绕线筒上面。但线会通过某种导轨把卷轴和线轴联结起来，也许就像图 2.2 中缫丝机上的导轨。此外，如果这台机器真的是在用苎麻等纤维纺纱，那么就必须有一种机械构造来捻线。

王祯书中的插图没有显示这些细节，图 2.4 的复原图也省略了这些细节，图 2.4 还参考了相似机器的照片，这些机器在 19 世纪仍在中国使用。因此，图 2.4 其实是一台绕线机，而不是一台真正的纺纱机。王祯有一张绘有单独的水车及其绳索和滑轮驱动装置的图纸，所以有关这部分的复原是确定无疑的。[11] 木制的齿轮被用于各种中国制造的机器——王祯的专著展示了几种，包括用于提水、由牲畜拉动的链泵和戽水车，以及靠牛拉动的谷物石磨，八个装有齿轮的磨石由中央的齿轮垂直轴驱动，但一般来说，中国人更喜欢通过绳索或皮带和滑轮来传输机械动力。

---

11 对王祯的纺纱机和绕线机插图的分析，在很大程度上要归功于 Needham and Wang, *Mechanical Engineering*，尤其是对图 627a 的讨论。

图2.3 "水转大纺车"（摘自王祯的《农书》，首次出版于1313年，约1530年重印）。另外一
幅插图展示了驱动该机器的水车。这张图可能是为1530年的版本重新绘制的，在机器的
功能方面并不完全清楚（摘自李约瑟《机械工程》，使用经剑桥大学出版社许可）

图2.4 图2.3中水转大纺车的复原图，图中也展示了驱动它的水车。因为无从得知一架水车究竟能够同时驱动
    几台机器，图中水车驱动两台机器是基于猜测绘制的（插图：黑兹尔·科特雷尔）

技术综合体和食物生产

机械技术在中东讲阿拉伯语的伊斯兰国家和中国都发展到了很高的水平,特别是在水车的应用方面。印度的情况则不同。由于大多数现存的信息语焉不详,这些模糊信息可能会将我们引向种种误解,这也许反映了 12 世纪 90 年代突厥人征服期间对当地档案和设施的破坏。不过,似乎印度和东南亚对机器的使用相对较少。印度肯定也有一些提水车,爪哇和巴厘岛的稻农也在历史上的某个时刻开发了他们自己的提水机械装置。这种装置设一个带枢轴的竹管或竹槽,从流动的溪流中装满水,然后竹管或竹槽在水的重力作用下翻转,将一些水提升到田地的高度。

在印度,在公元 1200 年之前没有关于带齿轮、滑轮、凸轮或曲柄的机器的记载。也就是说,如果记载无误,纺车和齿轮式扬水轮(又称波斯轮)都是在那之后才被引入的。然而,不能说印度缺乏技术,因为正如前一章所示,南亚次大陆在粮食作物、纺织品、医药、矿物和金属加工技能方面的贡献显然是非常重要的。缺少机器并不意味着技术落后,而是体现了一种有别于波斯和中国特色的技术发展目标。

分析这类差异的一种视角,是借鉴白馥兰对中国两个地区的农业方法的比较。中国北方形成了一个以规模经济形式运作的农业系统。要在半干旱条件下让黍类和小麦等谷物生长,所需的耕作方法要依托大型农场,这些农场又须有财力购买全套耕种设备,包括带铁铧和翻土板的犁，以及铁齿耙和滚筒；要能饲养大量的牲畜，以提供劳力和肥料；拥有足够的土地，以实行作物轮作；雇用田间工人锄地、除草，并将土壤耕作成细土层以保持水分。鉴于气候条件和主食作物的种种需要，小型家庭农场无法达到同样的标准，也无法保证如此高的产量。但在南方的亚热带水稻种植区，土地的产量要高得多：一般一亩（约合 667 平方米）的土地就足以维持一个家庭的生计，而耕作技能往往可以替代昂贵的牲畜或设备。移栽、除草和精细地控制灌溉用水是关键。虽然农民喜欢使用水牛拉动的铁犁和耙子，但如果买不起这些东西，他们仍然可以用锄头、镰刀和自身经验来提高作物产量。因此，与北方相比，中国南方并不是落后，而是与北方一样适应了截然不同的作物和环境。[12]

白馥兰对这种情况进行总结，称每个地区都有独特的工具综合体（tool complex），从更宽泛一些的角度来看，也可以说是特定地区有自己的技术综合体（technology complex）。不同人群使用各种技术来获取食物和其他生活必需品，就此而言，前文提到的游牧民族几乎完全依赖驯养的动物来获得食物乃至衣物和住所，这值得注意。

相比之下，南印度和东南亚的人群通常以互补的方式利用树木和田间作物来获取食物、燃料、药品、衣服（用棉花）和住房（用

---

12 Bray, *Agriculture*; Bray, *Technology, Gender and History*, chap. 2.

木材和芭蕉叶、茅草)。有时，树木和农作物的耕作紧密相关，特别是在雨林地区，树木有助于保护土壤免受大雨的侵蚀。例如，在爪哇部分地区，人们在低地湿地上种植水稻，在高地上的园中种植树木、蔬菜或甘蔗，以获得双重收获——来自下层地面的蔬菜作物和上层树木的水果或香料。多层耕作（multistory farming）这一术语恰如其分，南亚和东南亚发展出了许多此类的耕种系统。比如在印度尼西亚诸岛上，丁香是最主要的出口作物，丁香树有的种在稻田边的空地上，有的种在谷物、块茎作物或蔬菜的园子里。河边或岛屿社区的渔船也是其基本技术综合体的一部分。

由是，通过比较草原上的游牧民与南亚的农民，对比华南的水稻栽培与华北的旱作农业，我们很快就确定了四种与生产食物和其他必需品相关的技术综合体（表2.1）。然而，不仅在饲养牲畜的人群和种植不同种类作物的人群之间存在着差异，不同综合体的经营规模和工程技术使用方面也存在着差别。

在种植水稻或采用其他高产耕种模式的社区，即使规模很小，单个农场也能产出很多粮食，而且，如果要为当地灌溉建造小水塘或开挖溪流，也只需要少量劳动力。不过，小型灌溉工程通常嵌套在更大的社区或公共工程中：土地开垦项目、水坝灌溉系统、防止水灾的海堤或堤坝，都是由国家或地方代表建造和管理的。在中国北方地区，农场规模较大，使用牲畜拉动的工具更具优势。工程建设有时是大规模的，目的是为干旱地区提供灌溉，更是为了控制黄河的迅猛洪水。在今天称为伊朗和伊拉克的地区，也有一个类似的

表2.1 亚洲的五个技术综合体

地区	食物生产策略	机械	工程
伊朗、伊拉克	灌溉农业	水车、风车、转轮、齿轮、凸轮、滑轮	大型水坝、运河
中国北方	旱地耕作和一些灌溉农业	齿轮、凸轮、滑轮、曲柄，纺车，通常由动物而非水力驱动的磨坊，动物牵引的铁制农具	大型运河、防洪工程
中国南方	湿法水稻栽培	与华北地区相似，但使用水力较多，畜力较少；有许多小规模的提水设备，如托盘链泵；畜力农具可由手工工具代替	用于水稻灌溉的小型水库和池塘，用于防洪、灌溉和土地开垦的大型水利工程
印度南部和东南亚	湿法水稻栽培和树木作物（多层耕作）	机械种类有限，主要是提水装置	小型或村庄规模的水库或蓄水池，用于灌溉水稻；特殊的大型工程，包括吴哥和兰卡
中亚大草原，草场	放羊、牧马、打猎	除便携式织机外，几乎没有	无

技术综合体（见图 2.5）。

　　这样看来，中国北方和伊朗、伊拉克的技术综合体比起南亚有更多的工程建设也就不足为奇了，在南亚，像吴哥这样的大型工程是非常罕见的。这是生态和环境条件差异的必然结果——游牧民族使用的草原，实行多层耕作的热带森林，以及伊朗和伊拉克必须实施灌溉的干燥但肥沃的平原，三者形成了鲜明对比。在每一种情况下，各地发展起来的技术综合体都结合了食物生产的生态策略与实施该策略的机械装置和建设设施。

图2.5 建设中的大型砖石大坝，可以将水引入灌溉渠并驱动水力谷物磨坊。这座大坝是7至11世纪在今天称为伊朗-伊拉克的地区建造的几座大坝的典型代表；它的顶端是一座桥，桥上的尖拱具有伊斯兰建筑的特色。磨坊由一个小型水平轮水车驱动，这种水车在溪流狭窄、湍急的山区更为常见，但肯定也适用于本图所示的场景（绘图：黑兹尔·科特雷尔，根据伊朗法尔斯的班达米尔水坝以及哈桑和希尔所著《伊斯兰技术史》、伍尔夫所著《波斯传统工艺》中的信息绘制）

这里隐含着的问题是环境资源管理不善或过度开发带来的负面影响。本章前面提到的一个例子是灌溉土地上盐分的积累会对土壤造成损害。还有本章里反复提到的游牧民族入侵定居社会的农田，这会使当地的粮食生产被畜牧业影响，进而带来人口压力和气候变化。[13]

但是，不同文化所开发的技术综合体并不仅仅考虑了自然环境的资源和限制，还有一些社会性的因素也会对其产生影响，尤其是土地所有权和使用权。中国北方的大型农场和庄园，以及国王们的所有权（如吴哥）都是大规模工程建设的前提。人口密度通常是关键：在同一片面积不大的土地上，要养活大量人口必定比供养少量人口更需要复杂的灌溉系统，但同时这也要求更多的劳动力来建造灌溉工程。区域技术综合体要为当地生产食物和基本必需品，而它们发展的某些方面也可能取决于一些特定的机构，如中国和日本的佛教寺院，寺庙在发展印刷术、铸造金属以制造钟和雕像方面的作用在前一章中已提到。而与统治者、行政人员、市场和军队有关的机构也许对技术综合体的发展有着更重要的影响。

综上所述，读者们应该已经可以认识到为什么在考虑技术从一种文化传播到另一种文化时，一定得认识到随后可能出现的改进和

---

13 过去一些历史学家认为，寒冷、干燥时期对草原的不利影响以及随之而来的饲料短缺，以及人类食物的短缺，推动了游牧民族的入侵。现在，一些历史学家认为，就成吉思汗而言，温暖潮湿的时期可能有助于他的崛起，使他的战士们每人都能拥有几匹营养良好的坐骑。（Di Cosmo, "Climate Change and the Rise of an Empire."）

技术传播可能激发的全新创新。就基本食物生产而言，环境条件只是其中一个因素，这个因素可能使许多外来技术失去意义，其他一些外来技术则需进行重大调整才可使用；而当地制度的种种特性是另一个因素。

精细技术

在详细研究影响技术发展的制度时，我们应该把富人或有权势的人对个别手艺人和技术专家的资助包括进来，有时这种资助是为了相当专业的项目，比如在巴格达和开封建造的天文台工程。这样的专家可以为统治者提供科学和技术建议，例如协助制作地图，或检查现行历法的可靠性。后者很重要，因为统治者需要在正确的日期征税，庆祝宗教节日；不过，天文台也并不纯粹为实用性服务。

技术在某种程度上总是与一个社会或其统治者的梦想和愿景有关，而这愿景又往往是对统治和权力的憧憬，例如成吉思汗征服世界的梦想。但还有一些则是与政治理念有关。中国的皇帝被认为是受命于天。如果一个皇帝违背天命，他就应该被废黜；而失去上天授权的迹象，就包括朝廷每年发布的年历不准确。这就是为什么皇帝们都有天文台：他们认为天文学家们了解上天的意愿和种种天象，并应负责制定准确的年历。

在阿拉伯语世界中，有时诗人作品中表达的梦想可以促进发明，特别是在工程师和历史学家唐纳德·希尔（Donald Hill）称为"精细技术"（fine technology）的领域中。[14]这里我们介绍两种，一种与天文学有关，另一种与园艺有关。

值得注意的是，花园诗（garden poem）借鉴了早期波斯的传统，成为阿拉伯文学中一种独特的体裁。对于主要生活在炎热干燥的沙漠环境中的人们来说，有果树、树荫和流水的花园是很有吸引力的，因此这种描写也经常出现在严肃诗歌以及更流行的文学作品中，如公元 850 年左右编纂的《一千零一夜》[15]。对花园和安静庭院的描绘通常会强调其中的喷泉，而这一时期的技术文献也对喷泉和其工作原理有着异常着重的刻画。

一个早期的例子是三兄弟班努穆萨（Banu Musa）的技术书，也是在 850 年左右写的。三兄弟得益于国家资助制度，因为他们是巴格达的哈里发创办的一个学院的成员，这个学院也和一个天文台关系密切。在他们描述的几个喷泉中，有一个喷泉的水柱通过在下面的涡轮状叶片上打转，使水上的一个小水平轮转动不休。

很久以后，即 1206 年，一位名叫贾扎里（al-Jazari）的穆斯林技师在伊拉克北部一位地方统治者的资助下写了一本《精巧机械装置的知识之书》。图 2.6 再现了贾扎里对一个喷泉设计的解释。它既可以喷出一股水柱，也可以同时喷出六股水柱，形成环形。这些水

---

14 Hill, *A History of Engineering*（关于仪器和水钟的章节）。

15 Lyons, Lyons, and Irwin, *Tales from 1,001 Nights.*

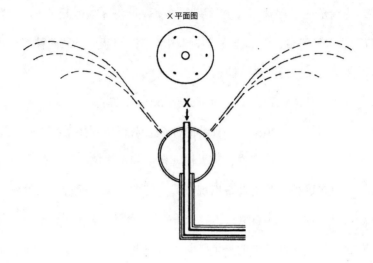

X平面图

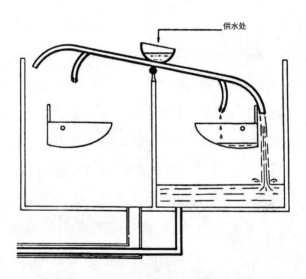

供水处

图2.6 贾扎里设计的喷泉，配备了一个中央喷水器，周围有六个较小的喷水器（上图）和为喷泉供水的蓄水池（下图），可能都是用铜板焊接而成的。蓄水池分成两个水箱，水流入蓄水池中心上方的漏斗中。漏斗中的水进入一个管道，该管道可以摆动，先流入一个水箱，再流入另一个水箱，这样喷泉中的不同喷头就会交替出水［摘自希尔《古典时期和中世纪工程史》（*A History of Engineering in Classical and Medieval Times*）(1984)，使用经克鲁姆海尔姆出版社（Croom Helm）许可]

柱需要不同的机关来供水，水流从一个套一个的不同管道中流入。

　　精细技术的另一个重要方面是天文仪器和计算设备的制造。这项工作背后的核心概念是"行星的运动是一个复杂的圆周系统"，这一数学概念在希腊最后一位伟大的天文学家克劳狄乌斯·托勒密（Claudius Ptolemaeas，约90—168年）的书中得到了最充分的表达。可以把托勒密的圆周想象成大轮子，一个在另一个里面旋转。这种天体概念模型通过星盘上的黄铜圈来体现，星盘作为一种用于简单的天文观测和计算的工具，本身就是一种精细技术的产物（见图5.5）。

　　1074年，天文学家、数学家和诗人欧玛尔·海亚姆（Omar Khayyām）被波斯的塞尔柱统治者邀请到伊斯法罕（Isfahan），帮忙制作一个更精确的年历。该项目包括重新计算一年的时长，并提出闰年应安排在何时，这是为了让行政管理所用的历法能够与季节和星辰保持同步。海亚姆受命在伊斯法罕附近组织一个天文台来进行这项研究。虽然历法改革在1079年成功完成，但在1092年，海亚姆被贬，他的天文台也被关闭；我们无从知晓天文台里曾有过哪些仪器。海亚姆得出了一个异常精确的年长数字——365.2424天，但这也可能不是在天文台进行的新观测的成果，而是根据已有数据计算得到的结果。[16]

---

16 Rosenfeld, "Umar Al-Khayyām."

被称为《欧玛尔·海亚姆之柔巴依集》(The Ruba'iyat of Omar Khayyam，又名《鲁拜集》) 的系列诗歌经常提到"天堂之轮"(wheel of the heavens)。其中一首诗设想了在一个黑暗的房间里用透视画来模拟行星系统，"太阳是蜡烛"，"图像在墙上旋转"。[17] 这是一个重要的比喻，因为此时正在制造的其他类型的机械装置也是以类似的理念构思而成的。其中一个是安装在大马士革城门上方的时钟：一个在天空背景板上移动的太阳模型代表着一天不同的时间。这并不是 12 世纪唯一一个如此直接表现太阳的时钟。还有一些钟在夜间用蜡烛或灯来表示天体，就像这首诗中所写的那样。有些钟的设计初衷是为制造奇观，每逢整点都有机械动物、鸟类或人偶表演。[18] 相比之下，许多其他类型的极其精确的仪器被用于严肃的天文观测、占星，或在穿越沙漠和海上旅行时导航。但这些仪器也常常被认作"天堂之轮"的模型。

类似的天文仪器和钟表的精细技术在中国得到了发展，在那里，正如在讲阿拉伯语的伊斯兰世界一样，钟表是由水力装置驱动的。这一时期最精确、最复杂的天文钟由官员苏颂建造。他在 1077 年发现了中国年历中的一个错误，这件事引发了他对历法的兴趣。于是苏颂开始了一系列关于时间测量的研究，并在 11 世纪 80

---

17 Avery and Heath-Stubbs, *The Ruba'iyat of Omar Khayyam; the diorama is described in Ruba'i*, p. 105.

18 Hill, "Clocks and Watches."

年代于开封建造了一座大钟。它由一个直径 3.4 米的水车驱动，轮缘上安装有 36 个水桶。在一个非常精密的擒纵机构（escapement mechanism）的控制下，水轮旋转得很慢，每天旋转 100 圈，不多不少，十分精确。[19]

苏颂的工作起源于对历法的关注，而中国人知道波斯使用的年历，所以可能在钟表的制作上与阿拉伯世界有一些技术方面的交融互助。然而文献记载中，仅有一个阿拉伯时钟装置与苏颂的水轮驱动可堪伯仲。波斯乃至整个阿拉伯世界的大多数钟表是由砝码和浮子驱动的。例如，人们可能会把一块木头装在一个大水箱里，水以可控的速度慢慢流出，当浮子随着水位的下降而下降时，它的重量就会驱动钟表装置。

托勒密的天文理论在印度也被研究了很长时间，有一份关于这个主题的印度手稿可以追溯到公元 500 年，一定程度上，我们可以从对这个主题的处理中推断出印度机械技术的情况。1150 年左右，天文学家婆什伽罗第二（本章前面提到过）写了一本书，其中有一章是关于天文仪器的。他一直在观察图 1.4 所示的那种提水水车，并似乎设想过这种轮子能提起足够的水来补充驱动它的水流。如果能做到这一点，即使没有任何额外的水进入河流，轮子也会永远转动。在几百年的时间里，这种永动机的梦想一直萦绕在发明家们心中。[20]

---

19 Needham, Wang, and de Solla Price, *Heavenly Clockwork.*

20 Schaffer, "The Show That Never Ends."

动荡年代

本章所述的许多发展都被游牧民族的入侵打断，甚至终止。就在欧玛尔·海亚姆出生前，波斯被塞尔柱突厥人征服，他在经济衰退的种种迹象中长大。其诗歌的悲观基调很可能反映了这一点。

在中国，苏颂的钟在 1126 年侵略者征服开封时被拆除，钟的部件被保留了下来，一直保存到明朝开国。不过在元朝统治下，来自波斯的天文知识不断涌入，这也帮助了中国天文学家郭守敬（1231—1316 年）为元朝在首都汗八里（元大都，今北京）的天文台建造天文仪器，这些仪器一直使用了 400 年。[21] 然而，蒙古人对粮食生产等领域的影响是毁灭性的。在故土被征服的几十年后，王祯写下了他的农业专著，并提到所发生的破坏正是他写作的原因之一，他希望这本著作能对重建经济有所贡献。

这只是众多证明蒙古人统治带来了巨大冲击的迹象中的一个，这也说明了欧亚大陆的经济在经历了一段破坏性的战争后正在艰难地恢复。这些动荡的更深远后果将在下一章中讨论。

---

21 Waley-Cohen, *The Sextants of Beijing*, p. 43.

西方的动向，1150—1490 年

伊斯兰世界与非洲

在安达卢西亚学者巴克里（al-Bakri）基于穆斯林商人和旅行者叙述而写于 1068 年的地理著作《路途与国度》（*Routes and Realms*）中，西非大城市的富人和官员们所穿的长袍一般由棉布织成，也会使用进口丝绸和锦缎。巴克里的作品还是有关西非棉花生产的最早记录：他告诉我们，在塞内加尔河畔的塔克鲁尔（Takrur），织好的棉布相当于货币，而且，市郊的许多家庭都在种植棉花。[1]棉花的种植和纺织在非洲迅速传播，这是伊斯兰世界扩张带来的众多现象之一，其版图及网络的扩展将新的地区——特别是撒哈拉以南非洲和欧洲——带入了技术对话。

---

[1] Kriger, "Mapping the History," p. 96.

非洲最早的国家埃及和努比亚分别于公元前 3500 年和公元前 2000 年沿着尼罗河流域崛起。埃及因战争和贸易与中东的邻国交往密切，而努比亚则在地中海诸国与东非的自然资源间建立了联系。这些早期北非文明的丰富文化和卓越技术成就举世瞩目。但人们对撒哈拉以南非洲的古代技术综合体却所知甚少：在缺少书面记录、只有零星考古证据的局面下，许多问题仍然让后世争论不休。

其中一个问题是冶金术的起源。在撒哈拉以南非洲的许多地方，冶铁的历史可以追溯到公元前 500 年左右。专家们一度认为，冶铁技术从努比亚流传而来，然后经由说班图语的移民传播到撒哈拉以南非洲。而在西非发现的早期铁器，以及撒哈拉以南地区冶炼技术的特殊性，让现在一些专家认为非洲曾有独立发明的冶铁技术。争论仍在继续，但有两点值得在此指出。首先，很明显，早期的非洲冶炼者和铁匠曾经不断进行实验和创新。其次，铁象征着丰沃和力量，在仪式上具有重要意义。炼铁工人也许是权威人物，而国王的象征符号中往往包括美化后铁制农具形象，比如锄头。[2]

在古老的非洲大陆上，农业是另一项多元发展的技术。[3] 在撒哈拉沙漠南部边缘的萨赫勒干旱草原上，人们尝试种植包括黍类和高粱在内的耐旱谷物，以及各种瓜类、蔬菜和香料。非洲水稻（不同

2　Childs and Killick, "Indigenous African Metallurgy"; Chirikure, "The Metalworker, the Potter." 这两项研究都强调了实验和创新的重要性。

3　Carney and Rosomoff, *In the Shadow of Slavery*.

于亚洲水稻的品种）是在位于今天马里的尼日尔河沿岸培育种植的。西非热带森林中培育的作物包括多种山药和豆类、秋葵、油棕榈和可乐果；埃塞俄比亚高原和东非的作物包括各类谷物，如画眉草、黍子和燕麦，当然还有阿拉比卡咖啡。农作物在非洲不同地区之间流通，而东非海岸则是与亚洲交流的早期地点：比如高粱被运往南亚，而最初来自东南亚的香蕉和大蕉则进入了非洲的种植系统。

在农牧业生产组合的支持下，萨赫勒城市的密集定居点，如加奥（Gao）和詹内（Jenne），可以追溯到公元后的几个世纪。他们早期的财富可能来自与沙漠社群以农产品换盐的贸易，这为后来的跨沙漠商队贸易打下了基础。[4] 随着伊斯兰势力的到来，非洲的跨撒哈拉和印度洋贸易成为（一些历史学家认定的）第一个商业和文化世界体系中的重要一环。[5]

骆驼商队这一伟大的交通创新将西非的森林和草原地区与这个世界体系联系了起来。[6] 在公元后的几个世纪里，骆驼商队由西非进入各国，自西非穿越撒哈拉沙漠向北或向东运输黄金、奴隶和可乐果，偶尔在绿洲停留以饮食休憩，然后满载地中海港口的产品和

4　Austen, "Tropical Africa in the Global Economy"; Green, *A Fistful of Shells*, chap. 1, "'Three Measures of Gold': The Rise and Fall of the Great Empires of the Sahel."

5　Abu-Lughod, *Before European Hegemony*.

6　Austen, *Trans-Saharan Africa in World History*, chap. 2, "Caravan Commerce and African Economies."

沙漠中开采的盐板返回。在非洲的炎热气候中，盐的价值几乎等同于黄金。随着人们开始开采当地的盐矿，蒸馏当地的盐水资源，撒哈拉的绿洲也越来越多；奴隶们被带到这里开采盐，还要负责挖掘灌溉渠道以使绿洲保持生机。这些盐会运往金矿遍地的阿肯人（Akan）和森林环绕的豪萨人（Hausa）国家，同时萨赫勒地区各国会对过路的盐运征收税款，这项税收也让此地日渐富裕。盐板很重很脆，还容易受潮；撒哈拉的采盐和运输技术看似简单，但实际上却动用了大量的技术和知识。[7]

黄金、铁和铜长期以来一直在撒哈拉以南地区被视为珍宝，并在当地各社群之间交易；例如，人们认为中非加丹加铜带地区（Katanga Copperbelt）的早期开拓与新的非洲酋邦和国家的崛起有关。[8]然而，没有证据表明西非富饶的金矿曾参与过任何跨撒哈拉的黄金贸易，直到伊斯兰势力来到此地。不久之后，西非黄金被大量出口，一部分是因为1076年左右摩洛哥阿尔摩拉维德帝国（Moroccan Almoravid Empire，1040—1147）入侵加纳，另一部分原因是东部伊斯兰国家对黄金的需求不断增加，但努比亚金矿已接近枯竭。西非黄金为欧洲经济注入了活力；它被铸造成埃及和叙利亚的马穆鲁克（Mamluk）王朝的硬币，并从那里通过亚洲贸易网络流通，最远曾到达中国。在非洲南部，津巴布韦国通过斯瓦希里

---

7 Lovejoy, *Salt of the Desert Sun*; Adshead, *Salt and Civilization*.

8 Childs and Killick, "Indigenous African Metallurgy," p. 330.

(Swahili) 海岸的城市，从出口到印度和东南亚的金子中汲取财富。[9]

　　非洲踏入伊斯兰世界的关系网后，当地的文明也蓬勃发展起来。来自北非的穆斯林商人在加纳、马里、桑海（Songhay）和卡奈姆-博尔努（Kanem-Borno）等苏丹帝国的城市定居。这些国家坐拥丰富的金矿（金矿位置被严格保密），个个都在世界上最富有的国家之列。旅行者们惊叹，在加纳，狗戴着金项圈，马挂着丝质缰绳。当地的统治者和精英们皈依了伊斯兰教，并采用穆斯林的生活方式，去麦加朝觐，穿白色棉袍，骑马，建造清真寺和宫殿，并建立了像廷巴克图（Timbuktu）这样著名的学术中心。

　　萨赫勒地区精巧的清真寺是技术对话的另一个产物，其中许多留存至今并位列世界文化遗产。这些建筑中运用的元素历史悠久，甚至比伊斯兰教更加古老。木梁和泥砖的结构上包裹着黏土灰泥，每隔一段时间就会进行一次公共维修或重建——这是巩固当地穆斯林家庭之间社会联系的有效方式。除了精英阶层居住的伊斯兰风格、以砖瓦建筑为主的街道之外，萨赫勒城市另一个引人注目的特点是非穆斯林人口居住在传统的茅草屋中。他们的穿着也很不同，衣衫用较便宜的传统纤维制成，而非昂贵的棉花。[10] 斯瓦希里城市的穆斯林精英们也同样与普通人不同，他们住在石头房子里，穿着像阿拉伯人，吃进口的奢侈食品，包括亚洲大米。

9　Austen, "Tropical Africa in the Global Economy," p. 7.

10　Al-Idrisi (1100–1165), Watson, *Agricultural Innovation in the Early Islamic World*, p. 102.

目前还不清楚彼时的亚洲水稻在东非是种植的还是进口的，但可以肯定的是，许多作物在非洲和伊斯兰世界其他地区之间参与了贸易和交流。柑橘和甘蔗进入非洲，非洲的小米和西瓜被中东和遥远的中国引入，咖啡改变了阿拉伯城镇的社会生活，而耐旱的高粱改变了欧亚大陆各国穷人和牲畜的饮食，包括西班牙的伊斯兰地区——大历史学家伊本·赫勒敦（Ibn Khaldun，1332—1406）将他钟爱的安达卢西亚的人口健康归功于其以"高粱和橄榄油为主的饮食"。[11] 这种作物交流促进了耕作方法、食品加工技术和饮食模式的对话。

另一种技术对话，正如前文提到的那样，源于棉花及相关技术的引进。我们从时人的描写、语言学分析和考古发现的黏土纺锤中可知，棉花沿着跨撒哈拉的贸易路线迅速传入非洲。[12] 正如第二章所讨论的，棉花是一种短绒纤维，对纺纱和织布有特殊要求，与非洲已经用于织布的亚麻、棕榈叶、树皮和其他纤维不同。非洲伊斯兰时代的织布机无一存世，但现今出土的纺织品的特点，以及后世民族志中对织布的描述，使专家能够了解各种类型的织布机在各地如何分布。[13] 如果我们只取现存的三种用于织造棉花的织布机，排除被认为是后来受欧洲影响的类型，就会发现其分布几乎与1150年或

11　Carney and Rosomoff, *In the Shadow of Slavery*, p. 31.

12　Kriger, "Mapping the History."

13　Roth, *Studies in Primitive Looms*, p. 63.

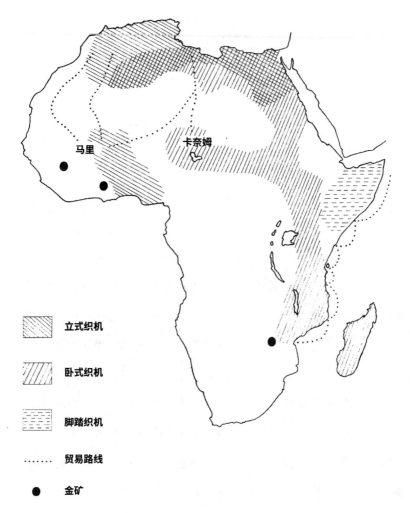

	立式织机
	卧式织机
	脚踏织机
......	贸易路线
●	金矿

本书插图系原文插图

图3.1 非洲早期技术的两个方面：公元1500年前用于织造棉布的织机和三个金矿区的位置［改编自罗思《原始织机研究》（Roth, *Studies in Primitive Looms*），使用经科尔德代尔博物馆许可］

之后不久受到伊斯兰文化影响的地区完全吻合（图 3.1）。此外，西非马里地区使用的立式棉织机（仅由妇女操作）也是在北非发现的一种类型。这种类型的织布机有可能早在 1150 年就开始使用了，它们在马里的引进，大抵是得益于与北非的贸易。在非洲的伊斯兰地区，虽然有些布是进口的，但棉花似乎还是在当地种植、捻丝成线、织造成布的。

伊斯兰世界与欧洲

在十字军东征（1096—1291年）的最盛时期，即公元1150年后不久，西欧出现了三项重要的技术创新：纸张、磁罗盘和一种新型织机。所有这些都反映了来自伊斯兰世界的影响或进口贸易，有些商品是通过土耳其和黎凡特从东方进口的，有些是通过西班牙和西西里从南方进口的——西班牙和西西里当时属于西地中海的伊斯兰大帝国。远比非洲明显的是，欧洲已经发展出一种技术上的创新文化，所以新的知识和人工制品传播得很快。

与非洲一样，欧洲也在纺织技术方面迎来了革新。羊毛布在当时是财富和竞争的主要源头之一，而低地国家作为纺织业的中心及意大利的竞争对手，是第一批采用新型卧式织机的国家，这种织机生产效率更高。[14] 与早期的欧洲织机相比，它的最大优势是可以通过脚踏板控制许多操作（如升高和降低综丝），让织工可以腾出手，

---

14 Long, *Technology and Society in the Medieval Centuries*, p. 53.

来回传递梭子。踏板操作的创意可能是从伊斯兰世界的织造业传入欧洲的。然而，在伊朗、叙利亚和东非部分地区，当使用踏板时，操作者（通常是男人）会坐在非常低矮的织机下面，脚则放在织机底下的一个坑里。再往西的地区，整个机械装置被安放在高于地面地方，其结构也更大、更坚固。到 1177 年，后一种织机在西班牙的伊斯兰地区得到了非常广泛的采用，而且可能正是从这里开始，这种织机被引入了欧洲基督教地区。

造纸

纸的制造和使用也是在这个时期通过西班牙传入欧洲的。造纸的原材料是亚麻等植物的纤维，亚麻纤维也用于制造亚麻布，因此亚麻碎布也经常被用于造纸。这些材料首先必须在水中捣碎，直到形成纸浆。这种工艺很早以前就在中国发明了，它取代了用桑树皮制作类似纸张的更古老的方法。据说在公元 751 年，中国军队和阿拉伯人率领的军队在中亚交战一场后，关于这种技术的知识就进入了伊斯兰世界。据称，精通造纸术的中国战俘在撒马尔罕建立了一个工场，其他工人又从那里去了巴格达。这个故事似乎有点过于简单，但中国工人确实有可能参与其中，而且"750 年左右在撒马尔罕"这一推论也与现有证据相符。

应该说，中国人制造的、供文士用毛笔书写的纸，对惯用硬笔的人来说并不好用。为巴格达市场供货的造纸商们发现，如果给纸张上浆以获得类似羊皮纸的表面，就能更好地满足使用硬笔的文士的需求。

纸张的引入意味着书籍变得更加便宜，流通更加广泛。到公元900年，巴格达已有100多家商店雇用抄写员和装订员制作书籍出售，不久后，甚至出现了一些公共图书馆。[15] 随着其他地方的书籍销售量不断增加，造纸术向西传播，如表3.1所示。最终，摩洛哥阿尔摩拉维德王国的非斯（Fez）地区也开始制造纸张，有可能是为了满足那里的伊斯兰大学的需求。

公元1085年，阿尔摩拉维德王朝的军队越过直布罗陀海峡，进入西班牙，那里的穆斯林社群正处于危机之中，他们失去了托莱多城，取得该城的那支基督教军队有可能会继续向南征伐。摩洛哥军队的到来阻止了这一行动，并开启了一个相对和平稳定的世纪。西班牙吸引了一些来自更加动荡地区的穆斯林学者，托莱多也成为一个学术中心，在此地穆斯林和犹太学者与欧洲基督徒一起工作。这带来的一个现实结果是当地对纸张的需求越来越大，而西班牙南部的造纸厂在1151年就已开始运作，这应该并非巧合。

随着造纸术从西班牙传播到欧洲其他地区，将纤维捣碎成纸浆的费力工作也开始借助机械来完成，人们用水车驱动凸轮轴来操

---

15 Pedersen, *The Arabic Book*.

表3.1 造纸术的传播

地区	造纸业出现时间	水轮驱动制浆的首次记载时间	说明
中国 　中原地区 　西藏	公元前 100 年 公元 650 年		最早的纸是用于包装的，正式用于书写的纸最早出现于公元87年。
印度 　佛教地区 　德里苏丹国 　孟加拉	公元 670 年 公元 1258 年后 公元 1406 年		可能是从西藏进口的纸，而不是印度本土制造的。
中亚 　撒马尔罕	约公元 750 年	公元 1041 年	中国工人引进？
中东 　巴格达 　开罗 　大马士革	公元 794 年 公元 850 年 约公元 1000 年	公元 950 年 约公元 1000 年	中国工人引进？ 具体时间不确定
西西里岛 摩洛哥（非斯） 西班牙（哈蒂瓦）	约公元 1000 年 约公元 1050 年 公元 1151 年	公元 1151 年	
欧洲（除西班牙外） 　意大利（法布里亚诺） 　法国（安贝尔） 　纽伦堡	公元 1276 年 公元 1326 年 公元 1390 年	公元 1276 年 公元 1326 年 公元 1390 年	

资料来源: 钱存训《中国纸和印刷文化史》（Tsien, *Paper and Printing*），哈桑、希尔《伊斯兰技术史》，刘国钧、郑如斯《中国书的故事》（Liu and Zheng, *The Story of Chinese Books*）。
注: 这里提到的年份指的是写字用的纸出现的时间，包括毛笔用纸和硬笔用纸。在中国、东南亚和太平洋岛屿，有其他类似纸张的织物（有些是用桑树皮制成的）被用于服装和包装材料；这种形式的纸可能早在公元前 200 年就起源于中国。

作杵锤。这一度被认为是欧洲特有的技术发展。然而，现在我们知道，在巴格达附近有许多水磨，该地区应用水力造纸比欧洲早至少两个世纪（表 3.1）。

公元 1085 年托莱多易手，对欧洲基督教地区意义重大，因为该城是一个重要的学术中心。在托莱多，欧洲人接触到了伊斯兰世界的技术书籍、关于印度医学和印度数字的知识，以及希腊数学著作的阿拉伯文版本。欧洲人能进入这样的知识宝库，首要的功臣可能是英国巴斯的阿德拉德（Adelard of Bath，他主要研究欧几里得的几何学和伊斯兰世界的三角学）和克雷莫纳的杰拉尔德（Gerard of Cremona）。从1150年左右到1187年去世，杰拉尔德一直住在托莱多，他似乎组织了一个由犹太翻译员和拉丁抄写员组成的固定团队，通过他们的努力，大约90本书被从阿拉伯语翻译成拉丁文。在西西里岛和西班牙其他地方也有翻译活动，但托莱多是最重要的中心。

在托莱多城得到研究或翻译的来自伊斯兰世界的书籍中，有好几本讨论了机械装置，包括天文仪器和多种类型的水钟。其中一位作者是伊本·哈拉夫·穆拉迪（al-Muradi），他的《思想成果中的秘密之书》（*Book of Secrets in the Results of Ideas*）描述了精心设计的齿轮传动系统，其中一些包含了周转齿轮和扇形齿轮。[16] 非常耐人寻味的是，他的研究与中国的苏颂制造大钟的时期几乎完全一致。事实上，穆拉迪的设计之一是一个由水车驱动的时钟，就像苏颂的天文钟一样，但这两者之间是否有联系还不确定。

在这一时期，欧洲对机械感兴趣的人们开始研究钟表，并且在接下来的两个世纪里从伊斯兰世界的资料中学到了很多东西。这可

---

16 al-Hassan and Hill, *Islamic Technology*, pp. 62–63.

以在 1276 年阿方索十世（卡斯蒂利亚的基督徒国王）时期的阿拉伯作品摘要汇编中看到。其中包括一个由含水银的空心轮调节、采用重锤装置的时钟的设计。这个创意很可能来自穆拉迪，甚至可能来自第二章中提到的印度天文学家婆什伽罗第二。公元 1300 年后，第一批重力锤钟在欧洲制造出来，它们借鉴了伊斯兰世界中其他设备的设计，特别是使用齿轮，甚至有时使用周转齿轮。真正新颖的设计是使用擒纵装置来调节轮子转动的速度，确保时钟运转准时。[17]

十字军与蒙古人

十字军东征为欧洲带来了一系列更实用、更日常的创新。从 1096 年开始，这些向东地中海进发的远征使欧洲人对防御工事和燃烧武器有了新的经验。陌生的食物（以及从翻译过来的巴格达烹饪书中学到的食谱）推动人们采用新的食品加工技术，特别是制作意大利面的技术。更多的香料也在此时进口，新的农作物得到种植，尤其是在意大利。[18]

若要理解伊斯兰世界技术和知识迅速涌入欧洲的情况，就必须

---

17 Hill, "Clocks and Watches."

18 Nasrallah, *Annals of the Caliphs' Kitchens*; Zaouali, *Medieval Cuisine of the Islamic World*.

明白欧洲的技术原本已经在迅速发展，其自身也有相当大的动力。人们很难直接应用其他文化的技术，除非他们已具备必要的技能来修改、调整和发展这些外来技术，为己所用。欧洲人从与伊斯兰世界的接触中迅速学习的能力，是以前在农业和使用机械装置方面的创新经验的结果。一些历史学家（特别是让·然佩尔）[19]令人信服地指出，欧洲后来在经济和技术方面的成功源于中世纪，至少可以追溯到这里讨论的时期之前的两个世纪。维京人的船只、轮式犁和建筑技术的创新都是支持这一论点的案例。

彼时欧洲社会景观中最突出的特点是机械设备和非人力能源的使用程度。水车不仅驱动着无数谷物磨坊，而且还被用于驱动缩绒机，正如我们之前提到的，水车还为纸浆的制备工序提供动力。在公元 1150 年后不久，人们发明了立柱式风车，它在研磨谷物或沟渠排水上都很有用。可以说，如果我们将非人类能源的使用视为技术发展的关键，那么 1150 年的欧洲已经达到与伊斯兰和中国文明大致相同的发展阶段。[20]然而，就单个机器的技术发展深度而言（特别是用于纺织加工的机器），以及整体的技术发展广度而言，欧洲仍然是一个落后的地区，有待于从与伊斯兰地区的交流中吸取经验。

纵观全局，可以说 1150 年的时候，中国、伊斯兰国家和西欧

---

19 Gimpel, *The Medieval Machine*.

20 Hills, *Power from the Wind*; Lucas, *Wind, Water, Work*.

所代表的三种文化都明显对机械抱有特别的兴趣。虽然欧洲在这方面是最不发达的，但到了公元 1300 年，欧洲技术的发展速度已经超过了其他地区，而且有了新的方向。欧洲的社会和政治体系没有中国那样的大一统制度，也正因如此，分割欧洲的小王国中，有许多地方性的创意中心。

然而，同样重要的是，如第二章里提到的，主要由蒙古人入侵带来的重大灾难已经降临到伊斯兰世界和中国中原地区，投下保守和谨慎的阴云。一位颇具洞察力的欧洲工业史学家将这些事件与 5 世纪罗马帝国的崩溃相提并论，称这些灾难"使欧洲科学倒退了近千年"。同样，13 世纪蒙古人的入侵结束了古典伊斯兰文明的黄金时代，人们所谓新的"黑暗时代"随之而来。[21]

然而，正如第二章中间接谈及"蒙古人治下的和平"时所示，尽管蒙古人的军事行动充满了杀戮和破坏，给当地留下了深深的伤痕，可一旦他们完成了对波斯和中国中原地区的征服，这些地方就进入了一段稳定的时期，亚洲的一些地区因此获得了像欧洲那样的经济增长和繁荣的条件。其中部分原因在于，尽管不同的蒙古人领袖和部落群体之间存在竞争，但在贸易和商业这方面，欧亚大陆的大部分地区都遵守了法治。此外，长途旅行以及地区之间的交流也变得更加容易。从黑海港口到中国的亚洲之路，据说对旅行者和

---

21 Landes, *The Unbound Prometheus*, pp. 29–30.

商人来说是安全的。沿途的游牧民族通常都有热情款待旅行者的传统，这一点很有帮助，人们也普遍接受了贸易的好处。[22] 抵达中国后，旅行者们会发现此地道路系统十分完善，还有一个专门的政府机构为商人提供安全保障。因此，从 13 世纪中叶开始，从欧洲到波斯、中亚和中国的旅行者越来越多。

火药与火枪

在那个交流频繁的时代，关于火药及其用途的知识传到欧洲的方式，佐证了信息传播之高效。[23] 当时，蒙古军队正对欧洲最东边的地区展开入侵。1237 年，蒙古军队侵入今俄罗斯所在地南部；1241 年，他们对波兰和匈牙利发起了双管齐下的攻击。但是，在短暂的占领之后，从蒙古传来消息，大汗窝阔台已经去世。他是成吉思汗的儿子和继承人，在他死后，在匈牙利的蒙古将领不知前路如何，于是撤回了今俄罗斯所在地。

这些入侵促使西欧人对遥远的东方发生的事情更加感兴趣。公元 1241 年，蒙古人入侵 4 年后，教皇派遣一名大使前往蒙古大汗的都城。后来又有其他旅行者造访当地，其中最值得一提的是鲁不

---

22 Frankopan, *The Silk Roads*, p. 184.

23 这个话题的一个重要参考是 Carman, *A History of Firearms*。

鲁乞（William of Rubruck, or Ruysbroek）。他于 1257 年回国，第二年就出现了关于在科隆进行火药和火箭实验的报道。鲁不鲁乞的朋友罗杰·培根（Roger Bacon）首次在欧洲介绍了火药及其在烟花中的使用。[24]

早在公元 900 年之前，中国就已经有了一种火药，到了 11 世纪，宋朝有了官方的火药制造局。在汉人、女真人和蒙古人军队之间绵延两个世纪的残酷战争中，枪支、榴弹、火箭和其他燃烧装置成为东亚武器装备的标配。[25] 到 1150 年，这种知识大部分传到了伊斯兰国家，那里用于制造火药的硝石有时被郑重其事地称为"中国雪"。

公元 1241 年，蒙古人征战匈牙利时还没有火药武器，但他们很快就从汉人那里获得了火药。因此，像鲁不鲁乞这样造访的旅行者，可能在那里了解到了中国技术的这一分支。其他欧洲人则在遭受了燃烧装置、榴弹以及石油为原料的"希腊火"的攻击后，才在这些血泪教训中发现伊斯兰国家拥有火药武器。例如，1249 年，火药被用来对付巴勒斯坦的十字军，效果格外恐怖。

13 世纪 50 年代，蒙古人带着大批汉人工程师入侵波斯，他们操作着发射火药炸弹的弹射器（trebuchets 或 catapult）。[26] 他们攻城略地，进展迅速，火力威力极大，但这种胜利在他们 1258 年洗劫

---

24 DeVries and Smith, *Medieval Military Technology*, p. 138.

25 Lorge, *The Asian Military Revolution*, p. 1, p. 24.

26 Needham and Yates, *Missiles and Sieges*, pp. 218–219.

巴格达、进入叙利亚后告一段落。在那里，他们遇到了一支装备相似的伊斯兰军队，然后第一次败北。之后，公元1291年，同样的武器也在阿卡（Acre）围城战的过程中被使用，当时欧洲十字军被赶出了巴勒斯坦。

与此同时，虽然蒙古人在1227年打下了中国北方地区，但宋朝仍然控制着黄河以南的南部地区。从13世纪50年代到1276年，征服这块领土让蒙古人耗费了20多年的时间。蒙古人多次对南部城市围攻，其间一种新型的投石机派上了用场。它是阿拉伯人设计的，其平衡锤能够使其将投掷物（包括炸弹）比中国的投石机投掷得更远。一些来自伊朗和伊拉克的人在蒙古军队中担任工程师，他们很可能帮忙引进了这种武器。

这些人13世纪70年代来到中国，一些中国工程师又去到波斯，可见有关火药武器的信息可以通过几条路线在伊斯兰世界和中国之间来回传递。因此便不难理解，在13世纪80年代，为何两本写于中东的关于火药武器的书中描述的炸弹、火箭和火枪与某些类型的中国武器非常相似。其中一本《火术焚敌》（The Book of Fires for the Burning of Enemies），作者署名为希腊的马可（Marcus Graecus，或拜占庭的马可），目前只有在欧洲的拉丁文译本，其中许多技术术语仍为阿拉伯语。[27]

---

27 Needham et al., *The Gunpowder Epic*, pp. 39–42.

虽然这些书中描述了几种类型的火药武器，但没有一种算得上真正的手枪或大炮。这一点很重要，因为在中文和阿拉伯文中，后来用于指代枪支的术语，原本通常指的是早期类型的武器。因此，许多关于 13 世纪中国、叙利亚和北非战争的描述都可能被误解为是指枪战。

虽然在 13 世纪 80 年代之前还没有枪支，但造枪技术中的两个关键要素已经具备：高硝酸盐火药，以及圆筒形金属管（火药可以在管中点燃）。早期用于制造燃烧弹的火药混合物，很少含有超过 50% 的硝石。能够以足够的爆炸力量来推动子弹的火药必须含有 70% 至 75% 浓度的硝酸盐。不过至少在 1126 年开封被围的时候，这样的技术可能已经在中国实现了。

枪支发展的另一个主要技术，一开始是火矛的一部分，火矛是一种中国武器，到 1260 年时，已被伊斯兰军队采用。火矛的结构包括一根竹子、木头或金属制成的管子，管子安装在长矛的杆上，里面装满火药、有毒化学剂、铅丸和陶器碎片的混合物。点燃后，它喷出的火焰和火花可能持续 5 分钟，颇像罗马焰火筒。一些现代作者误把一些装置当作原始枪支，火矛就是其中之一。火矛和枪的区别在于，火矛可以利用硝酸盐含量较低的火药，在枪管口点燃；相比之下，枪支中较强的火药是通过枪管底部的火门点燃的，并且会瞬间爆炸，将枪管中的全部内容物都推出，而不是燃烧几分钟。

看起来在 1288 年，蒙古人指挥下的汉人士兵配备的武器已经从火矛过渡到了枪。人们在那年发生在中国东北的一场战斗的遗址中，发现了一个铜枪管。该枪管安装在一根木杆的末端，这根木杆可能类似于火矛的枪杆，但它与火矛的不同之处在于其管壁更厚，底座上还有一个火门：这样设计不是为了让人从管口点燃火药，使内容物缓慢燃烧，而是为了引发瞬时的爆炸（图3.2）。

爆炸点周围枪管壁加厚，便是中国枪支的一个显著特征。另一种为放置在固定工事的平台或架子上而设计的早期枪支，枪管壁则还要更厚。其结果是，枪管的外观往往貌似金属花瓶或瓶子。引人注目的是，于1326年或1327年绘制的欧洲最早的枪支示意图，描绘的正是这种类型的枪管，图中枪管装在一个长方形的平台上，正发射一支箭。这种瓶状的枪管让人联想起中国的做法；在中国，球状弹药射击通行之前，枪发射的也是箭矢（图3.3）。由于欧洲瓶形枪的年代较早，而中国的证据也在之后才出现，因此人们一度认为枪是欧洲人的发明，是为了应对火药的引入而制造的，并误认为类似的中国武器都是后来才出现的。但是，在中国发现了1288年和1332年的枪管后，这种观点就不再可信了。[28]

根据这些详细的证据，我们应注意到中国的传统说法，即枪支知识是经过俄国传到欧洲的。蒙古人在今俄罗斯南部建立统治，在北方的莫斯科和诺夫哥罗德（Novgorod）确立霸权后，有少数中国人来到这些城市居住。同时，诺夫哥罗德还有经波罗的海到西方的

---

28 Needham et al., p. 229, p. 293, p. 329, pp. 575–577.

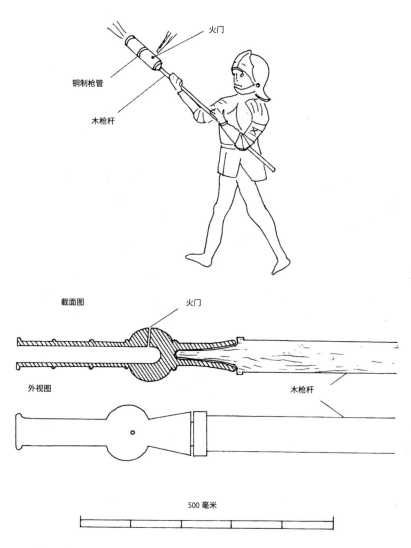

图3.2 一把早期的欧洲手持枪（上）和两把更古老的中国枪（下）。这三支枪属于同一种类，都直接衍生自早期的火矛。两支中国枪的枪管尚存，但其木枪杆（如图所示）是重制的。下图的两支枪的年代分别是约1288年和约1351年 ［插图根据李约瑟等人的《火药的史诗》（The Gunpowder Epic）中的照片和图画制作，使用经剑桥大学出版社许可］

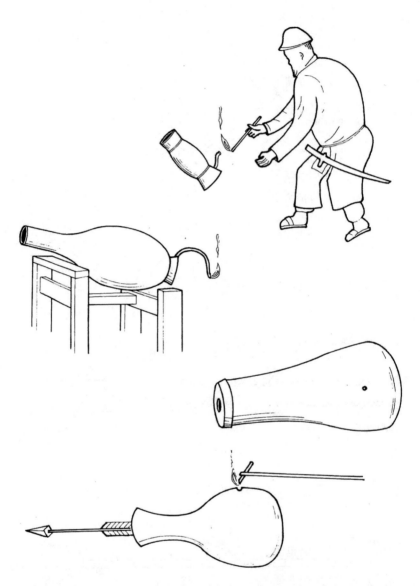

图3.3 早期中国和欧洲瓶形枪的相似之处。上面的两张图是根据中国的插图绘制的，展示了通过点燃引信进行
发射的枪支。其下的图画是在瑞典发现的枪管，长度约为30厘米。底部的图画来自已知最早的欧洲枪支
图（1327年），图中的枪正发射一支箭（重绘自李约瑟等人的《火药的史诗》，使用经剑桥大学出版
社许可）

贸易路线。在瑞典发现的非常早期的小型瓶状枪管也进一步证实，这一路线可能助力了枪支知识的传播。这条路线绕过了中东，而那里恰好没有这种早期枪支的遗迹。然而，在叙利亚、西班牙剩余的伊斯兰世界飞地和埃及的马穆鲁克王国，都有很多使用过其他火药武器的迹象，很明显，到14世纪30年代，西班牙的伊斯兰统治区已经在使用枪和大炮了。

在欧洲其他地方，大炮的发展非常迅速。一份1326年起草于佛罗伦萨的文件显示，城市当局正在获取"金属大炮"和铁弹，好像这些武器的存在已相当平常。这一点很重要，因为当时在中国还没有出现大到足以被称为大炮（cannons）的枪炮。因此，枪支或许不是，但大炮有可能是西方的创新，是由可能从东方带到欧洲的小型枪支发展而来的。

技术的扩散

新技术在蒙古人统治的世界里迅速传播，但几乎没有哪些创新可以归功于蒙古人自己。在战争方面，他们继续执着于熟练弓箭手骑马作战。早期的枪支过于笨重，准头有限，骑手们无法很好地使用。因此，驻于俄罗斯和中国的蒙古人以及惯用骑兵的波斯人，都不太愿意开发和使用火器。在蒙古人征伐中原期间，投掷火药燃烧剂或炸弹的攻城武器派上了大用场，但在他们的统治下，枪支的创新却进展缓慢。

蒙古人生活方式的另一个特点是，他们中很少有人具备行政管理或工程方面的经验，因此，为了治理所征服的领土，他们不得不依靠他人。在波斯，他们一般满足于将管理权交给波斯官员，但有时也会请来中国技术人员，特别是在建立天文台和试图恢复被忽视的灌溉系统时。他们在库姆（Qum）附近建造了一个新颖的拱形大坝，高约 26 米。在今俄罗斯所在地，中国官员多被雇来帮助进行人口普查和收税。他们中的一些人可能会被带到莫斯科和诺夫哥罗德，而这些地方需要向蒙古可汗进贡。在中国，元朝皇帝忽必烈很警惕地选择不去依赖汉人行政官员，因此招募了其他外国人来担任高级职务，包括波斯人、阿拉伯人、有突厥背景的人，以及意大利人马可·波罗。

这些人的旅行和工作推动学问和技术从西方传入中国、从中国传入西方，也许可以说，当时出现了一种技术转移。然而，在大多数情况下，我们只能了解到这一过程的大概。要是这样，就往往无法解释为什么那些以前只有中国或伊斯兰国家才知道的技术会在欧洲出现。造纸是少数有（部分）记录的例子之一（见表 3.1）。另一个更清楚的案例是，1277 年叙利亚统治者与威尼斯总督签订条约后，玻璃制造的专业技术便从叙利亚传到了威尼斯。用于制造玻璃的原料之一在叙利亚被称为 al-Qali。这是一种钾盐，在欧洲语言中被称为"alkali"（碱），这个词折射出当时伊斯兰世界有大量化学知识流传到了这里。[29]

在诸如此类的案例中，"技术转移"（transfer of technology）的概念能解释很多现象，它意味着技术和知识从一个地区和文化环境中全盘转移到另一个地区和文化环境。然而，这个短语的不足之处在于，它暗示着新技术的接受者不加改进就被动采用了新技术。现实情况是，技术转移几乎总是涉及各种为适应新条件而做的改进，新技术的引入也经常激发新的创新。一个明确证明这一观点的例子是，从中国流传到各地的火药配方和一些原始枪支促使欧洲发明出大炮，时间可能在公元1310—1320年。因此，大炮的发明可以看作旧大陆上东方和西方之间辩证影响或对话的结果，由中国西渐的火药和早期火器技术点燃了星星之火。

在这样的情况下，技术转移涉及更加复杂的过程，在这个过程中，技术接受者做出了创造性回应。有些时候，转移本身只占了技术交流的很小一部分，比如，来自他国的非常模糊的信息，或是对一个不同寻常的人工制品的观察，就足以激发接受国的创新。技术对话或创造性交流这个综合性概念，足以涵盖点子传播和发展的种种方式。

在讨论技术的传播时，我们也应该注意到独立发明（independent invention）的可能性。公元1150年后不久首次出现在欧洲的风

---

29 al-Hassan and Hill, *Islamic Technology*, p. 149, p. 153.

车与图 1.5 所示的波斯风车有很大的不同，因此应该认为，前者是一项独立的发明，而非借鉴了后者。同样的情况也可能发生在中国比西方出现得更早的其他发明上，包括高炉和印刷的相关技术。在没有其他证据的情况下，技术之间的大致相似并不足以证明发生过技术交流。只有当特异或高度专门的特征也相似时，比如欧洲和中国一些早期枪支的特殊瓶状结构，我们才可以合理地认为发生过技术转移。

另一个公元 1300 年左右的案例是图 2.2 所示的那种缫丝机。一直到 19 世纪，欧洲的缫丝机还在用同样的线轴、类似的框架、不变的热水缫丝技术，我们将在第六章继续讨论这一点。此外，这种技术传入欧洲的最后一段路线相当清楚。1050 年，伊斯兰世界的许多地方都有丝绸产业，包括突尼斯、西西里和（西班牙的）格拉纳达。但是，在欧洲西部的基督教地区，那时根本就没有丝绸工业。

不过，公元 1300 年之前不久，意大利北部的卢卡（Lucca）已有人制作丝绸，相关的技术知识似乎得自西西里。很快，在卢卡和博洛尼亚的工坊就出现了精巧的捻丝机。而同样有证据表明，当时出现了技术调整和对话。虽然在地中海地区使用的缫丝机可能都与中国的相似，但卢卡的捻丝机不同寻常，它有一个环形框架，而这种结构在中国没有先例。因此，尽管一些丝绸技术几乎完全从中国照搬过来，只做了很少的调整，但西方也对这一技术有所创新。

亚洲技术在欧洲的确促进了创新，甚至推动人们发明出大炮和（如果它不是伊斯兰世界的发明）卢卡捻丝机；但关于欧洲接受亚洲技术的情况，还有值得探究的问题。我们要问：研究发明的非凡活力从何而来？这里有一部分要得益于社会制度。当时的欧洲是一个由小国家和自治城市组成的集合体。一些意大利城镇不仅招募了自己的志愿兵，还委托研发改良型武器。公元 1300 年后，意大利的军备竞赛推动了弓弩、板甲和枪支的改进。

在这些成就中，大量的想象力起着至关重要的作用。一些项目显然深深吸引着那些为此工作、付出的人们。虽然当代社会对枪支的外观和功能及相关的象征意义有着许多强力的论断，但这些现代情感不应使我们对其他因想象而生的吸引力视而不见，例如，枪炮发出的噪声。

铸造大炮的炮管所采用的青铜合金和相关技术，几乎与制造教堂大钟的一致。声学专家默里 · 谢弗（R. Murray Schafer）提出，大炮的声音也有类似的象征意义。教堂的钟声可以用来警示战斗的开始和庆祝战斗的结束，大炮也可以用来纪念同样的事件。[30]

事实上，在使用枪炮的时候，它们发出的噪声往往与它们造成的物理伤害同样重要。就像鼓声一样，大炮发射的巨响可以恐吓敌人，给攻击者一种力量和信心，毕竟在枪炮威力不大且难以瞄准的时代，其实际用途也是有限的。起初，大炮的主要实际用途是攻城武器，因为它们在摧毁城堡的壁垒时很有威力。然而当战斗发生在

---

30 Schafer, *The Tuning of the World*.

平坦空旷的战场上，要瞄准移动目标，特别是要瞄准骑马的弓箭手时，可以说大炮只起到了心理威慑的作用。在中国，枪炮主要是在战斗开始时用来震慑敌人，在随后真正的战斗中，人们使用的是更精确和致命的弓弩。

14世纪的分水岭

如果没有频繁的战争，火器就不会那么迅速地得到发展，因为四起的兵戈需要更多武器，这也让人们有更多机会来检验武器的性能。不仅仅是战火频仍的欧洲各国，在中国也是如此，那里反抗元朝统治的起义在 1356 年左右凝聚成一场同仇敌忾的运动，最终在 1368 年成功推翻了元朝。在中国发现的最早的大炮可以追溯到 1356 年，它是为起义军制造的，这并不是巧合：蒙古人忽视了火枪的技术分支，各种非官方团体却在不断创新。欧洲的第一门大炮可能比中国最早的大炮早约 40 年，进一步的技术发展则在 1337 年开始的"百年战争"期间展开。

在欧洲和中国设计的各种大炮都借鉴了欧亚大陆共享的技术经验，然而 14 世纪是欧亚大陆技术对话的转折点。疫病和政治争斗破坏了欧亚大陆东部和西部之间直接的陆路交通，技术思维模式也开始出现分歧。这里有两点值得注意，因为两者都有重大的历史意义。

首先，欧洲和中国走上了截然不同的技术创新之路（"技术创新"在此定义为采用新技术来满足需求）。[31] 黑死病的肆虐让欧洲人开始寄希望于通过机械发明来节省劳动力；而在中国，小规模、低成本的技能密集型技术不断传播、改进，让中国在几个世纪中保持经济稳定增长。

　　在欧洲，黑死病导致人口数量骤减，农业、采矿业和制造业都出现了严重的长期劳动力短缺。[32] 公元 1347 年的第一波黑死病流行破坏力最大，随后疫情又暴发了好几十次；到 1430 年，欧洲的人口可能只有 1290 年时的一半或四分之一。成千上万的村庄空空荡荡，城市沦为鬼城，市场、磨坊和织布机陷入沉寂。那些幸存下来的人或是转向祈祷，或是将矛头指向陌生人，怀疑他们播下了瘟疫的种子。犹太人被驱逐，妇女被当作女巫烧死。在这天翻地覆的世界中，少数幸存的工人现在可以挑战他们的主人，要求获得更高的工资和更好的工作条件。劳动力匮乏，工人数量减少，人们自然对能够节省劳动力的机械设备产生了更多兴趣。欧洲各国政府和制造商们的极力支持也推动了这种新的发明文化。

　　中国所面临的挑战则恰恰相反，当时中国的劳动力过剩日益加剧。尽管在元朝曾有过几次严重的疫病暴发（可能但不一定包括

---

31 Basalla, *The Evolution of Technology*, p. 135.

32 Routt, "The Economic Impact of the Black Death." 虽然没有最新的研究，但 McNeill 的著作 *Plagues and Peoples* 仍然是一个很好的概述。

黑死病），但这并没有像欧洲的瘟疫那样反反复复地带来严重的损失。[33] 持续不断的国际战争和国内起义也造成了大量伤亡，但更重要的是，它们使人流离失所、陷入贫困——不光是易受攻击的边境地区的居民，那些技术先进的繁荣中心地带的居民也都逃往偏远地区。明朝（1368—1644年）的早期任务之一便是让人口稀少的地区重新有人居住。在经过一个世纪的和平与平稳发展之后，生产中心区日益增长的人口压力使大量贫穷的移民前往山区或外省寻找无主的土地。在这种情况下，用机器代替人力是没有意义的，最佳策略是让人们习得当下最好的小规模农业和制造技术。从传统的角度来看，这很难说是一个技术进步的故事，但这些技术变革确实支撑了这个经济体的崛起——它引领着世界潮流，长达数个世纪。与改变欧洲的机械革新相比，这种低调的创新没那么有戏剧性，也不具有那么大的颠覆性，但仍值得我们关注。[34]

第二个转折点是全球海运贸易的崛起。横跨亚洲的陆路不再安全，欧洲商人和政府便纷纷转向海上运输。今天，我们把骆驼喻为沙漠之舟；而在14世纪从事长途贸易的商人眼里，船只就好比海上的骆驼。这一时期，中国、东南亚、印度和红海等各大港口之间的印度洋贸易迅速发展壮大。在马来半岛的马六甲、印度马拉巴尔海岸的卡利卡特（Calicut）等港口，庞大庄严的中国商船（上置竹

---

33 Buell, "Qubilai and the Rats."

34 Bray, *Technology and Society.*

篾制成的船帆）与更灵活的印度-阿拉伯独桅三角帆船争流，后者是特地为应对印度、阿拉伯半岛和非洲之间反复无常的海域设计的。[35] 贸易货物从珍贵的香料、天鹅绒到铁钉、铜钱，不一而足。欧洲国家野心勃勃地闯入印度洋贸易，以期从巨额的利润中分一杯羹，他们为此建造的新式船只兼容了航海和军事技术，取得了举世瞩目的成果，我们将在本章后面和第四章中详述这一点。

在中国，元朝的蒙古人统治者鼓励对外开放和技术交流，其推动的创新包括扶植棉花工业（第一章），学习、改进波斯的上釉技术，这是为了制造独特的中国青花瓷器，而这种瓷器也迅速成为享誉全球的奢侈品。[36] 然而，汉人对蒙古人的外来统治及其权力网络普遍不满，这鼓励了朱元璋——这位在 1368 年驱逐蒙古人并建立明朝的将领——恢复传统的儒家治国原则，重视农耕的道德价值，置其于手工业和商业之上，同时强调国家维护社会稳定的责任。

然而，将蒙古人赶下王座，却并不意味着儒学立即占了上风。反元朝起义的成功要归因于枪炮，1356 年中国制造的用于对付蒙古人的大炮，使用了世界上首个用铸铁而非青铜铸造而成的炮管。明朝早期的军队使用了数以千计的廉价铸铁大炮，将其部署在攻城战

---

35 Chaudhuri, *Trade and Civilisation*, "Ships and shipbuilding in the Indian Ocean," pp. 138–159.

36 Finlay, *The Pilgrim Art*.

中，或沿长城安置。驻守长城的部队也配备了手持枪。[37]公元1400年后，王朝稳固，军事创新速度就放缓了，但所谓的内向型明王朝和其他国家一样希望能从国外引进更好的武器。到了16世纪中叶，保卫长江三角洲和南部海岸的军队在抵御所谓倭寇的劫掠时，用的就是西方那种手持枪和大炮，这些武器是由1516年首次进入中国海域的葡萄牙人带来的。

在元末和明朝时期，以前工业化时代的标准来看，铁的流通量是极为可观的。在1357年的一场战役后，明朝军队缴获并掩埋了几百门铁炮，每门重达300千克——估计是当局认为不值得将它们熔化或带走。[38]在西南各省重建的几座铁链吊桥（后来的例子见图8.3）进一步体现了明朝铁工业的活力。这些只是明朝开国皇帝建立的全国交通网络的一部分，该网络还包括通信服务、邮政服务以及陆路、运河和航运网络。虽然皇帝认为这个基建网络的主要意义在于控制和治理国家，但该网络也很快成为推动中国崛起为世界商业和制造业领导者的关键因素。

1402年登基的明朝第三位皇帝将都城从南方的南京迁至北京，这里离脆弱的北部边境更近。迁都促使人们对2 000千米长的大运河进行了大规模的维修和改进，它联结着稻产丰富的长江三角洲和北方都城。国家利用这条运河将抵税的大米运往首都，并将军队和军

---

37 Lorge, *The Asian Military Revolution*, pp. 66–87.

38 Lorge, p. 70.

事物资运往边疆。在 1411 年至 1415 年间，有 16.5 万名工匠参与修复了大运河已有的河道，增修了新的堤防和水闸，包括水坝、水库和引水渠，以应对高峰水位并确保当地的灌溉供应，此外还加建了 200 多千米水道，将南部流域终点延至宁波海港。一支由 1.2 万艘官方驳船组成的船队在运河上穿行，不过付费商船比官船还要多得多。

　　然而，激发现代公众想象力的不是坚固的驳船，而是中国伟大的远洋船。如前文所述，商船不仅在中国乃至整个东亚的海岸穿梭，而且还在印度洋航线上航行，最西到马拉巴尔海岸。明朝造船厂建造和维护战舰舰队，既用于军事行动，也在明朝后期越来越多地用于保护沿海地区和商船免受东亚海盗和欧洲掠夺者的侵扰。在明朝造船厂的成就中，最著名的是在朝廷赞助下七次远渡重洋的特殊船只：这些远征由穆斯林将领郑和指挥，船队在 1405 年至 1433 年间访问了印度、阿拉伯半岛和东非的港口。有 255 艘船参与了 1405 年的远征，有些超过 120 米长（见图 4.2），总共载有 2.8 万人，带有无数的大炮、淡水、药品，还有医生、翻译和官员。最著名的是，郑和把一只长颈鹿带回了北京；而更可贵的，则是受访地统治者的效忠声明。郑和所走的大部分路线已经被中国的商船走遍了，所以远征的主要目的可能不是发现，而是展示明朝的权力和影响力。[39]

---

39 Lorge, *The Asian Military Revolution*, pp. 76–77.

组织这些官方远征活动耗资巨大，令人惊讶的是该计划持续了那么久才被终止。郑和下西洋的成本之所以如此之高，是因为船只的尺寸不同寻常，建造这些船只需要大量的木材。曾有一段时间，当局可以通过从东南亚进口和使用更多种类的木材来控制成本。但有些特定用途的材料没有便宜的替代品可用，例如船体的木板可以是松木、榆木或樟木，但桅杆必须用杉木制作。而最受关注的那种最大的船只，其巨大的船舵需要用一种特别的硬木——铁木——制作。[40]

建筑业也需要木材，再加上船厂的需求（很多船厂在南京），森林资源无疑会渐渐枯竭，因此这种技术发展很可能要开始碰到自然条件制约的天花板了。历史学家们没有给出太多细节，但他们确实提到了造船所需木材价格的急剧上升，这也是这些大船停产、航行终止的一个原因。

1433 年远征停止后，明朝军舰继续在沿海地区巡逻，中国商船也仍旧在东亚和东印度洋的海域占据霸主地位。但到了 15 世纪末，敌对商人之间激烈的竞争导致了暴力行为和海盗掳掠的激增；而葡萄牙商人于 1516 年进入中国海域后，更严重的暴行也随之而来。海上贸易面临的暴力风险使明朝政府感到非常担忧，因此政府在 1525 年干脆禁止了与外国的海上贸易（尽管没有禁止沿海贸易

---

40 Needham, Wang, and Lu, *Civil Engineering and Nautics*, p. 414, p. 645.

和渔业）。然而，这一禁令只是导致了海盗数量增加、走私行为加剧，阻碍了中国的经济发展。直到 1567 年，与外国的海上贸易才再次得到批准。

如果说葡萄牙人打破了印度洋和中国近海的权力平衡，那就要归因于船舶设计方面的创新，这大大提高了葡萄牙舰队的远距离航行能力。这些创新具有深远的历史影响，因为它们开创了欧洲殖民帝国的时代。

在航海家亨利王子（Prince Henry the Navigator）的赞助下开发的相对较小的三桅葡萄牙帆船，是专门为探索非洲海岸而设计的。一个关键的挑战是，摩洛哥南部的盛行风和水流来自北方。如果一艘船在西非航行后要返回家园，它就得顶得住逆风。正是为了完成这项工作，轻快帆船（caravel）的技术才取得了如此大的进步。[41]1443 年，一支轻快帆船远征队沿着非洲海岸向南探索，在佛得角附近首次接触到了非洲社群。30 年后，葡萄牙人已经将西非海岸彻底探索完毕，并在战略要地建立了堡垒。他们在如今是加纳的海岸地区购买黄金，并且（现在看来是为未来的剥削做着不祥的铺垫）将奴隶送回葡萄牙和马德拉岛（Madeira）做农业工人。而奴隶贸易的利润有可能为进一步的航行提供了很大助力。

但是，直到 1488 年，葡萄牙船队才到达好望角；又过了约 10

41 Law, "Social Explanation of Technical Change."

年，瓦斯科·达·伽马（Vasco da Gama）才绕过海角，到达莫桑比克。在那里，他遇到了阿拉伯船队，并得到了一名阿拉伯领航员的帮助，领航员引导他沿着东非海岸到达蒙巴萨（Mombasa）和马林迪（Malindi）。另一名领航员帮助葡萄牙船队从马林迪横跨海域，到达马拉巴尔海岸的卡利卡特。讽刺的是，60年前到过这些港口的中国军事舰队现在已经全部离开了，而之后伊斯兰国家海军对葡萄牙人的挑战也没有什么效果。西欧通往亚洲的新路线由此打通。与此同时，其他探险家也在跨越大洋，但由于没有亨利王子的研究那么仔细，他们认为自己向西航行穿越大西洋后抵达的是亚洲。这次和其他跨大西洋航行的后续情况，我们将在下一章中关注。

第四章

美洲及亚洲贸易中的农业生态学

独立的创造

　　欧洲人逐渐认识到了美洲的存在，但这一过程是缓慢的。从公元 990 年到约 1400 年，格陵兰岛的维京人开拓者定期造访美洲北部海岸，主要是为了获取木材。之后在 1476 年和 1497 年，葡萄牙和英国的航海家们根据丹麦提供的信息，驾船到达拉布拉多和纽芬兰岛。同时，葡萄牙的水手们可能已经在路上瞥见了巴西；而在 1492 年，哥伦布一直向西航行，最终抵达古巴，但他西行的本意是想找到一条直达印度和中国的新线路，所以当时他认为自己到达的是印度。

　　由于哥伦布坚持认为自己在印度，当他遇到加勒比地区的人时，这些岛民的身份让他感到十分迷惑。那些从欧洲一路跟随他的人则慢慢意识到，他们到达的并非亚洲，而是一个全新的世界；但他们没有想到，自己会遇到亚洲以外的高级文明。当然，他们更想不到会发现像科尔特斯（Cortés）在 1519 年到达墨西哥时遇到的那种文化体。在那里，科尔特斯一开始惊叹于阿兹特克（Aztec）首都特诺奇蒂特兰（Tenochtitlan，位于现在的墨西哥城）的辉煌，之后就开始为了获取黄金、抢夺领土而残酷剥削当地的人民。

尽管特诺奇蒂特兰人的建筑精妙绝伦、社会井井有条，但令人惊讶的是，在技术方面他们没有铁制工具（除了极少数陨铁制成的器具），也不使用轮子。然而，他们在农业、纺织业、建筑、一些金属加工（银、金、铜）和其他基本生产方面的技术综合体是非常复杂的。在墨西哥的各个地区之间，食物生产技术因环境的不同而有很大差异。他们的农业有两个最显著的特点，其一是种植的作物（其中大部分当时的欧洲人都闻所未闻），其二则是他们的耕作技术。

阿兹特克人有一套很不寻常的耕作方法，即在淡水湖中建造人工岛，称为浮园（chinampas）。要建造这些岛屿或是高于水平线的田地，要么是将土壤倒在平铺于浅水中的（柳条和芦苇织就的）棚架上，要么是在一条条狭长的沼泽地周围开凿水渠。墨西哥盆地上的各代王国，自公元 1000 年左右就开始建造浮园耕作系统。当阿兹特克人在 1428 年执掌政权时，他们在其岛上都城特诺奇蒂特兰周围建造了大约 70 平方千米的浮园系统，将湖边的土地都改造成了高产农田。[1]他们围着一些狭长的种植地块修建了一个规整的网格状水渠系统，这些地块基本上都是长 100 米、宽 6 米。地块可以

1　M. Coe, "Chinampas of Mexico"; Morehart and Frederick, "Chronology and Collapse." 关于征服前美洲各个地区的技术，一本不错的入门读物是 Mann, *1491*。

很容易地用水渠浇灌。岸边则种植了树木，以避免水土流失、水分蒸发和霜冻的威胁。湖中的淤泥会定期清出，铺到园地上，以保持土壤肥力，由是园地的土层就慢慢地堆叠起来。在当地的气候条件下，如果定期浇水，每年可以种植两到三茬玉米、豆类、南瓜、辣椒等作物。

再往南，位于中美洲的玛雅文明在公元 600 年至 900 年间达到鼎盛，并以其在热带森林中建造的巨大神庙、象形文字系统和精妙的历法系统而闻名。而长久以来，玛雅的兴衰在外界看来是个谜：这样一个辉煌的文明，是如何靠耕作制度——米尔帕（milpa）种植园，一种欧洲人认定为原始、产力低下、不可持续的刀耕火种的农业模式——维系支撑的？考古学家和环境学家的近期研究表明，比起种玉米加休耕的简单交替式耕作，米尔帕要复杂得多，作物产量也更高。经营短期的种植园——在可可、棉花、鳄梨和桃花心木的灌木和乔木之间种植玉米、豆类和南瓜——只是他们长线管理森林的第一阶段。这种一年生作物、多年生灌木和乔木的复杂组合，让人想起第二章中提到的印度尼西亚的多层耕作系统。西班牙的入侵使米尔帕种植园不得不迁移到边缘地区，在那里它只能勉强维持运作。但在玛雅人的治理下，它却曾哺育着最多时平均每平方千米400 人的密集人口。[2]

2　P. D. Harrison and Turner, *Pre-Hispanic Maya Agriculture*; A. Ford and Nigh, *The Maya Forest Garden*.

美洲的其他早期农业系统与旧大陆的农业系统区别不大。在后来成为美国亚利桑那州的干旱地区,有时人们会用低矮的土堆围住田地,以尽量留住雨水,人们也会在暴雨时节建造小型水坝来抵御洪水。[3] 在派因斯点(Point of Pines)地区,考古学家们发现了一些证据,可以佐证公元 1000 年左右当地人曾采用这些技术。正如我们之前提到的,几个世纪前,在中东和非洲的部分地区,类似的土方工程也被用于存蓄和使用水资源。

在秘鲁,早在印加(Incas)崛起之前,奇卡马河(Chicama)和莫切河(Moche)的灌溉系统就已经发展起来了,即用分水坝供水的长水渠。其中一条水渠长达 110 千米,但建造者精心勘测和设计,保证了它即使在长长的下坡上也有均匀的坡度。一位历史学家认为,这里的工程质量与同时期伊斯兰世界的工程质量不相上下。[4] 而二者间的相似性,则说明灌溉技术在当时的世界上使用广泛,是各地必备的基本技术。这里的重点在于,在面临类似的环境挑战时,不同地区往往会独立地想出类似的解决方案,就如同亚利桑那州和中东地区相似的蓄水技术一样[5]。这同样可以用来解释,为什么玛雅人和东南亚农民们不约而同地在雨林地区使用了类似的耕作

3　Bradfield, *The Changing Pattern of Hopi Agriculture*.

4　N. Smith, *A History of Dams*, p. 187.

5　安第斯山脉的水资源管理成就包括类似于巴厘岛和中国的梯田,以及将的的喀喀湖(Lake Titicaca)周围的沼泽地改造成类似于墨西哥的"高架田"(waru waru)。(Erickson, "Prehistoric Landscape Management.")

方法。

然而,一些技术史学家却一直不愿意接受独立发明的论点。这个问题确实有些麻烦。李约瑟认为,独立发明并不能充分解释为什么秘鲁和中国的梯田种植如此相像,也无法解释美洲和中国的吊桥之间的相似性,或者玛雅历法和中国的年历之间的近似。因此,他认为亚洲和美洲一定有过一些接触。[6]

也许桑树皮纸是印证这一理论的绝佳对象。在竹纤维纸普遍流行之前,中国就使用的是桑树皮纤维织物,而这种纤维在印度尼西亚部分地区被用于制作一种布(这种做法一直持续到现代),并从印尼进一步传播到一些太平洋岛屿上。在中美洲,人们用一种基本上一样的树皮织物来书写玛雅象形文字——也许早在公元 700 年就开始这样做了。这样的地理分布表明,这些技术可以是一步步从一个太平洋岛屿散布到另一个岛屿的,而美洲有可能就是通过这种路径习得了该技术,而不是通过与中国航船的直接接触而得到的。农业技术和造船方法的东向转移是确定发生过的,即从印度尼西亚到太平洋诸国,而树皮纸也可能是根据同样的路线传播的。然而有一个问题仍旧有待解答:位于这条线路终点的美洲,到底是否接触过这些技术?

6　Needham, Wang, and Lu, *Civil Engineering and Nautics,* pp. 542–544.

生物资源

包雪如（Ester Boserup）提出的中美洲文明和中国文明之间的比较，则更具启发性。包雪如因其反马尔萨斯主义的论点而闻名，她主张，人口密度的增大往往会促进技术发展，使农业生产效率提高，而不会导致大规模饥荒。[7]她指出，在公元 900 年左右，中美洲和中国两地的人口密度与世界其他地区相比要高得异常。因此，在玛雅文明的鼎盛时期和中国宋朝开国时期，两地都发展出了非常高产的农业模式，这一现象并不是偶然。

现代观察者们很容易将宋朝的农业系统认定为"高产农业"（productive agriculture）：尽管这种农业模式要用到大量的人力劳动（包括每年好几轮繁重的锄地、除草以及插秧工作），但宋朝的农民还是会使用铁制工具，并利用牲畜来耕田和拉磨。而玛雅人在米尔帕农业中没有使用铁制工具和役畜，玉米地每次只耕种几年，外人很难分辨农田和森林的分界线。在西班牙征服者和现代农学家的眼中，米尔帕农业显然是原始的［这种判断被阿尔弗雷德·克罗斯比（A. W. Crosby）批评为"生态帝国主义"］。[8]如果以包雪如的"技术水平"概念来衡量，即从工具使用和能量来源的角度看，这是一种低水平的技术：玛雅人没有选择的余地，无法用机器、牲畜或改良

7　Boserup, *Population and Technological Change.*

8　Crosby, *Ecological Imperialism.*

工具来替代沉重的劳动；同时，没有家畜也就意味着他们缺乏粪肥和畜力。[9]不过，他们已有生物性的手段来抵消繁重的劳动作业。在美洲种植的几种主食作物——包括玉米、树薯（木薯）、甘薯和马铃薯（两者在植物学里是没有关联的物种）——每公顷的产量都高于亚洲的各类作物（某些种类的水稻除外），特别是在台田（raised fields）和米尔帕种植区的多样栽培式森林种植园中。在美洲的热带地区，树薯、玉米和落花生（花生）都是关键作物，而在秘鲁高原，主要的粮食作物则是马铃薯。因此，虽然当地缺乏节省劳力的设备设施，但这些高产作物还是促进了人口密度的提高，也没有给农民带来多到无法完成的工作负担。

但是，如果到此就认为已经解决了所有复杂文明发展所要面对的问题，那就大错特错了。在玛雅境内，公元 900 或 950 年之后的某个时刻曾有一次巨幅的人口下降。大片土地退耕为森林和灌木丛，而一段时间里，幸存下来的少量人口转向集约程度更低的米尔帕耕作来维持生计。但是，他们还保留着在森林条件下密集种植作物的技术，虽然西班牙入侵带来了动荡和进一步人口数量下跌，尤卡坦半岛（Yucatan Peninsula）的古代玛雅人后裔仍继续着这种惊人

9　米尔帕农民砍掉杂草和草，将其当作覆盖物而不是肥料。这保持了土壤的肥力，留住了水分，使集约化种植模式具备了条件，但这对人力劳动提出了进一步要求（Johnston, "The Intensification of Pre-Industrial Cereal Agriculture"）。

的、可持续的耕作模式。[10]

1200 年左右在秘鲁高原建立的印加帝国，则有着非常不同的特点。1438 年至 1493 年期间，印加统治者将其统治范围扩大到安第斯山脉的大部分地区和南美洲的西海岸。印加人没有我们理解中的那种文字，而是用打结的绳子（khipu 或 quipu）来记事。[11] 他们的行政管理效率很高，有一个由信使们组成的通信网络，他们穿梭于首都库斯科（Cuzco，此地林立着非凡的石质建筑）向南北延伸数百千米的道路网中。美洲驼在当地经济中发挥着至关重要的作用，比其他任何的美洲家畜都要重要，它能产肉、产毛，还能搬运货物。当地矿产有铜、金、锡和银，而且安第斯山脉地区的冶金技术和这些金属的用途都相当独特。与欧亚大陆不同，在这里金属很少用于制造武器或工具，但它们在宗教和政治方面则占据着重要地位。在印加人的宇宙观中，黄金是"太阳的汗水"，白银是"月亮的眼泪"，两种金属的混合代表了王权的本质。这种本质展现在以金、银、铜合金制成的精巧物品上，其中合金还包括通巴加（tumbaga），一种几乎和青铜一样坚硬的金铜合金。西班牙人完全不了解这些合金背后的价值体系，他们只是将这些合金熔化以获得

---

10 关于米尔帕的集约程度的历史波动及其今天的状况，见 A. Ford and Nigh, *The Maya Forest Garden*。

11 Quilter and Urton, *Narrative Threads*.

纯金或银块，并仅以重量来衡量其价值。[12] 西班牙人也同样对安第斯土著纺织品的非凡技术和复杂象征意义视而不见。[13]

欧洲人于 1513 年抵达中美洲大陆，并从 1519 年开始长期驻留，这导致了一场各大文明史中都前所未见的巨大灾难。军事征服和流行病并行，使当地陷入空前的灾难，更何况当地居民以前从来没有经历过天花（1520 年出现于墨西哥）或麻疹（1530—1531 年)，也就对这两种疾病缺乏自然免疫力。天花第一次暴发于一支阿兹特克部队中，他们刚刚将西班牙人从特诺奇蒂特兰击退。这次疫病使当地部队再也无力抵抗西班牙的侵扰。当时，此病致死率奇高，而且对这种疾病的超自然解释也让士气变得低迷不振。据说，许多人因此失去了生存的意志，一些人选择自杀，而另一些人则放弃照顾新生婴儿。据悉，墨西哥在 1500 年时还有 2 500 万至 3 000 万人口；而到 1568 年，那里只剩下约 300 万人，而且这一数字还在不断减少。[14]

这种灾难性的人口下跌，进一步削弱了当地人在文化和军事上的抵抗能力：西班牙语言和宗教迅速占据主流；西班牙统治者引进了西班牙的耕作、采矿、纺织和制陶技术，将本土技术排挤到社会的边缘；当地许多老练的工匠在战争和流行病中死亡。不过，各

---

12 Lechtman, "Andean Value Systems."

13 Peters and Arnold, "Paracas Necropolis"; Denise Arnold and Espejo, *The Andean Science of Weaving*.

14 McNeill, *Plagues and Peoples*; Crosby, *Ecological Imperialism*.

种技艺还是在村庄一级幸存下来，包括独特而精巧的安第斯编织技术，人们用看似简易的背带式织机（backstrap loom，如图 4.1 所示）制作复杂的图案，或是整套的无须剪裁的服装。尽管这些技术的发展总是笼罩在殖民主义的阴影下，但它一直都与本土文化特色紧密相连，不曾断绝。[15]

在欧洲人尚未大举进入的更向北的地区，美洲各部原住民纷纷采用、改造了从欧洲传来的技术，包括马、铁制工具和火器，以夯实自己的权力基础。科曼奇帝国（Comanche Empire，约 1680—1870 年）是当时的主要政权之一，崛起于今天美国西南部这片区域。它的存在生动地向人们展示，即使未曾直接接触过另一文明，技术对话也是可能存在的："虽然他们接受了西班牙的种种创新发明，但科曼奇人与西班牙人本身还是保持着距离。"[16]

由于缺少铁制工具和轮子，美洲土著技术基本上很难向世界其他地区转移。但是，美洲本土农户种植的植物，却大大启发了欧洲、亚洲和非洲，推动了一个又一个国家的农业革命，并加速了 17 世纪以来世界人口的增长。正如一位历史学家所说的，"美洲土著对未来的贡献"并不在于已被征服者摧毁的技术能力或社会制度，而在于"原始耕作者那些少有人知、无人记录的发现"，他们展示了如何利用玉米和马铃薯等作物（的前身）。"他们在不知不觉中为

---

15 D. Arnold and Dransart, *Textiles, Technical Practice, and Power in the Andes*.
16 Hämäläinen, "The Politics of Grass," p. 179.

图4.1 印加妇女在一架典型的安第斯背带式织机上织布。请注意织机带和妇女腰带上丰富的编织图案。这幅画出自一份1615年左右的图文并茂的手写本，作者是秘鲁原住民费利佩·瓜曼·波马·德·阿亚拉（Felipe Guamán Poma de Ayala）。他将此书寄给了西班牙国王费利佩三世（King Philip III），这既是对安第斯山脉在被西班牙占据前的历史记载，也是对西班牙政府造成的问题的批评（摘自https://commons.wikimedia.org/wiki/File:Nueva_coronica.jpg）

世界资源做出了巨大的贡献。"[17] 尽管这一评论相当居高临下，但它还是点出，生物创新（以及其涉及的同等重要的观察和操作技术）与机械发明一样，是促进现代世界形成的不可或缺的因素。[18]

除了如落花生、树薯（木薯）、向日葵、辣椒、西红柿、玉米以及甘薯和马铃薯等粮食作物之外，美洲传给世人的还包括药用植物、可可和烟草。被欧洲医生采用的物质包括洋菝葜（sarsaparilla），这是一种来自墨西哥和秘鲁的根类作物，欧洲人从 16 世纪 70 年代开始用它制作滋补药品；还有来自安第斯山脉的金鸡纳树皮（cinchona bark），从 17 世纪开始被用于治疗疟疾，最终发展为奎宁（quinine）的源头。还有一些植物在后来会被用于工业。洋苏木（logwood）制成的染料在 17 世纪被开发利用，但新世界的各类棉花和橡胶却直到很晚才获得了重视。[19]

许多美洲的粮食作物优势巨大，因而传播得非常快。例如，1593 年，明朝的福建布政司正面临作物歉收和粮食短缺危机，于是派人到菲律宾（吕宋）寻找能在歉收年增加粮食产量的植物。他们于 1594 年带回了一种新的块茎作物——甘薯。哥伦布本人将这种植物从美洲带到了西班牙，而西班牙人将其引入了菲律宾。它在福

---

17 Roberts, *The Pelican History of the World*, p. 466; Crosby, *The Columbian Exchange*.

18 Olmstead and Rhode, *Creating Abundance*.

19 Riello, Cotton, part 3, "The Second Cotton Revolution" 描写了美洲长绒棉品种缓慢、偶然地获得全球主导地位的过程。

建长势非常好，很快就成为华南地区最重要的块茎作物，并迅速传播到中国台湾地区（1605 年后不久）和日本（1698 年）。经过缓慢的起步，从 18 世纪 60 年代开始，被称为爱尔兰马铃薯的马铃薯在北欧发挥了类似的作用，推动了人口增长和工业化进程。[20]

印度洋航运

与征服美洲一样，对印度洋贸易的掌握使欧洲国家跻身帝国主义强国之列。但获得这一主导地位并不容易。[21]

虽然在这一时期之前（甚至之后的很长一段时间内），中国船队不太可能到访过美洲，但中国还是在 15 世纪进行了一些极为关键的航海探索。在 1403 年到 1419 年间的造船工作中（第三章），中国人设计并建造了几艘特别大的船，专门用于长期航行。在指挥官郑和的带领下，这一船队在印度洋上进行了一系列远航。

这些船几乎访问了所有沿海的亚洲国家，他们首先以马六甲为基地，然后选择了斯里兰卡的一个港口，接着停靠于南印度的卡利卡特。这些船搭载着武装士兵，但在大多数地方，中国人通过交换

---

20 Mazumdar, *Sugar and Society*; McNeill, "How the Potato Changed the World's History."

21 Chaudhuri, *Trade and Civilisation*, chap. 6, "The Sea and Its Mastery," pp. 121–137. 另可参见 Needham, Wang, and Lu, *Civil Engineering and Nautics*。

礼物与当地建立了良好的关系。他们只在很少数的情况下才会使用武装力量，比如在斯里兰卡。不过，1411年当地建造了一座纪念碑，证明斯里兰卡和中国关系缓和了——其上镌有中文、泰米尔文（Tamil）和波斯文的铭文，记录了赠送给当地宗教机构的礼物。中国船队还探索了东非的海岸线，而彼时东非一直通过阿拉伯和印度的中间人与中国进行间接贸易。中国进口非洲象牙，其出口的瓷器有时通过古吉拉特邦的中间商进入津巴布韦。郑和最后一次横跨印度洋的航行是在1431年至1433年间。在他归国后不久，中国的政治变化导致接下来所有的官方航行遭到取消。中国商船继续大量驶出中国，在日本、菲律宾（吕宋）、印度尼西亚（爪哇）和泰国（暹罗）等地的港口之间往来，这些国家都有大量的海外中国商人定居点，但他们的目的地不再包括印度、阿拉伯半岛或非洲了。[22]

如果葡萄牙人到达时，中国人还在印度洋上巡逻，会发生些什么就只能猜测了。[23]中国撤回官方船队的决定意义非凡，不仅因为它预示着中国自身的发展状况，也因为这让印度洋门户大开，对世界产生了重大影响。

卡利卡特（达·伽马于1498年到达的第一个印度港口）的统治者很快就认识到了这一危机，伊斯兰世界也很快发现其贸易路线岌岌可危。1507年，一支大型伊斯兰舰队从红海的港口出发，对

---

22 Chaudhuri, *Trade and Civilisation*, p. 155; Blussé, "No Boats to China."

23 Andrade, *Lost Colony*.

抗入侵者。第二年，在印度盟友的帮助下，他们击退了部分葡萄牙船只，使其撤离，但在1509年，他们却在印度西海岸被一小队葡萄牙舰队压倒性地击败。虽然伊斯兰部队配备了火枪，但其指挥官并没有为了合理利用这些武器而重新部署战略。他们使用的仍然是大桨帆船（galley），战略目标是冲撞并登上敌船。葡萄牙人也部署了一些大桨帆船，但主要是依靠它们的机动性来与敌人保持安全距离，同时以炮火来摧毁进攻的船只。

如果要搞清楚到底是什么让欧洲人有能力主宰印度洋的话，不妨将他们与蒙古人比较一番，蒙古人在陆地战斗中的优势，在于其强大的机动性（骑马）和有效的武器（复合弓）。欧洲人在海上的情况也大致相同。他们的船只具有高度的机动性，这往往使他们具有决定性的优势。就这样，亚洲所经历的不亚于当年蒙古人的铁骑，尽管一开始受影响的只是港口和航运。长途航行的阿拉伯或亚洲船只很快就被要求支付相当于保护费的费用，否则船上的货物就有可能被扣押。阿方索·阿尔布开克（Alfonso d'Albuquerque）于1509—1510年占领了港口果阿，使之成为葡萄牙在印度西海岸的主要基地；第二年，他又占领了马来半岛上的马六甲港。伊斯兰海军守住的唯一战果，是将葡萄牙人挡于红海之外（葡萄牙部队16世纪20年代曾试图在红海建立基地），并限制他们进入波斯湾的大部分地区。[24]

---

24 Murphey, *Ottoman Warfare*; Casale, *The Ottoman Age of Exploration*.

欧洲船舶设计的一些特点让船只往往可以兼顾机动性和可操作性，其关键就在于尾舵，以及在三根桅杆上混合使用不同类型的船帆，这在当时已是一种标准设计。[25] 主桅上装的帆始终是方形的，而（靠近船尾的）后桅则一般挂着三角形的后帆。前桅上挂有更多的方形帆，而三角帆则在前桅和船首斜桅之间分布。这种船帆的组合可以驾驭来自几乎任何方向的风，所以可以切风行驶。与那些受限于风向的船只相比，装备有这些帆、桅的欧洲船只就优势尽显了。

这里值得再次提及的是，从印度洋撤出的中国船，可能比欧洲的同类船更先进。它们体量确实更大（图4.2）；虽然无法确定尺寸，但其排水量可能远远超过1 000吨，而达·伽马的旗舰排水量只有大约300吨。中国船只还有坚固的船体，当然，在欧洲引进之前，中国人也早就开始使用尾舵了。不过由于他们的航行计划与欧洲人的有很大不同，所以很难得出结论说这些船能在多大程度上切风航行。而阿拉伯和印度船只的大小与欧洲船只相似，但船体较轻，容易受大炮攻击。

影响船体强度的一个关键是铁钉，欧洲和中国船只都使用了铁钉，而阿拉伯和印度船只则没有。南亚造船时一般用木钉和藤线来加固结构，使木板边对边地拼牢。[26] 船体是作为一个外壳被构思建造的，加强硬度的船骨是后加的。相比之下，欧洲的船只则围绕船

---

25 Chaudhuri, *Trade and Civilisation*, chap. 7, "Ships and Shipbuilding," pp. 138–159.

26 McCarthy, *Ships' Fastenings*.

图4.2 15世纪的中国船（后景）和欧洲船（前景）。这些船不可能像图中所示这样并排在一起，因为郑和船队的大船早在欧洲船只进入印度洋之前就已报废。对中国船只尺寸的估量各不相同，但大部分估测中，龙骨处的长度超过100米。这幅画上的船相对而言比较小，所以如果西班牙的三桅船（带后桅帆）是30米长的话，那么对应着的中国船只估测为84米长。关于郑和船的尺寸的证据，见李约瑟、王铃、鲁桂珍《土木工程和航海》（*Civil Engineering and Nautics*），第480—482页（绘图：黑兹尔·科特雷尔）

骨框架来建造，而中国建造的船体中间被厚重的隔板分出一片片区域。铁钉使船板和船骨／隔板之间的连接更加牢固，但这使得船体不那么灵活——对于需要频繁停靠的船只而言，缺乏灵活性无疑是一个劣势，但在抵御大风大浪和炮弹方面却具有优势。

　　印度的造船者反应迅速，很快就根据欧洲船只的经验改进了他们自己的造船法——也有可能是因为 70 年前造访同一港口的中国船只已经引入了新的造船理念。在达·伽马于 1501 年首次到达此地后，这些地区的造船者很快就开始使用钉子，而当阿尔布开克于

1509 年为葡萄牙攻占果阿时，他发现这里保存有大量的钉子。大约在同一时间，一艘阿拉伯商人的大帆船从古吉拉特邦的造船厂下水，这艘船也融合了许多欧洲造船法的特点。

在此之前，印度的铁器生产规模非常小，而当造船者们开始使用钉子时，钉子往往供不应求。然而，到了 16 世纪 90 年代，铁的产量增加了，不仅满足了造船需求，而且为枪炮和锚的制造者提供了原材料（铁锚取代了以前使用的石锚）。

尽管欧洲的船只优势显著，但其也有不足之处。最重要的是，它们需要不断维修。船上的橡木板总是遭虫蛀，而印度造船人喜用的柚木板则能维持更长时间。还有铁钉带来的麻烦也不容小觑，当船舶航行到温暖的水域时，这些问题则变得更加严重。铁钉在这种环境中会严重生锈，致使其周围的木材腐烂。欧洲的船只在东南亚附近的海域往往挺不过两三年，麦哲伦的一艘船甚至只用了八个月就不行了。这个问题对中式帆船的影响好像不大。虽然中国商人在小港口之间穿行时会使用当地制造的船只（不用钉子），但他们的大帆船还是经常在吕宋、暹罗、爪哇和马六甲之间的主要航线上航行。事实上，由于中国缺乏木材，中国的许多大型贸易船彼时是由海外华人工匠在暹罗和越南的船厂建造的。[27]

最终，欧洲人还是找到了避免铁制部件暴露在潮湿空气中的方

27 Blussé, "Oceanus Resartus," p. 20.

法，但他们也在很大程度上依赖着当地建造的船只。麦哲伦远征队在 1511 年就使用了一艘在班达（Banda）岛上建造的船。葡萄牙人也经常使用当地的船只，而当西班牙人从 1570 年开始对菲律宾的米沙鄢群岛进行殖民统治时，他们也开始严重依赖当地的船只和菲律宾的造船工人。实际上，随着欧洲人对亚洲海上贸易的控制逐渐巩固，印度和东南亚的造船厂成为创新和技术转移的重要中心。

西班牙人的交通路线特别长，毕竟他们总是要从墨西哥航行到菲律宾，所以他们也比其他欧洲人更加依赖亚洲的造船技术。在经过横跨太平洋的长途航行后，他们的许多船只需要大量的维修和改装，而西班牙之所以能成功地殖民菲律宾，正是因为他们发现该地现有的造船业能够为他们的船只提供服务，而他们也最终接管了这些产业。米沙鄢人（主要是岛屿上的）并没有因为他们对殖民者的帮助而得到很好的回报，反而是被迫砍伐和拖运木材，将其切割成前所未见的形状，还要制作绳索和船帆。在 1587 年，该地区就已经开始建造西班牙式的大帆船了，英国探险家弗朗西斯·德雷克（Francis Drake）率领的探险队的成员在那年就曾见到一艘。大约 80 年后，耶稣会神父阿尔西斯科·阿西纳（Alcisco Alcina）提到一个名为 "Polokay" 的菲律宾船工，他曾参与建造了大约 20 艘西班牙大帆船。[28]

---

28 Horridge, *The Lashed Lug Boat of the Eastern Archipelagoes*, p. 4, p. 29.

这一过程中最显著的技术转移，是一些菲律宾造船者采用了欧洲的框定船体和固定木板的技术，不过他们使用了木钉子，以避免铁锈带来的破坏。当地航运业还采用了西式甲板、新型桅杆（当地的三脚桅则被淘汰）和船尾舵（而非舵桨）。菲律宾船工也向西班牙设计师传授了一些技术，包括木板间用木钉连接的方法。除此之外，西班牙人还在他们的船队中保留了许多当地设计的船只，将其用于该地区的军事行动和贸易。有些船可以高速航行，在送信、派件时特别管用。

　　在这些西班牙殖民地以西的印度，仍有许多造船厂独立于外国控制，因此大多数创新（或对欧洲技术的本土化改造）的主动权还保留在印度造船工人手上。东部海岸的默苏利珀德姆（Masulipatam）及其周边地区（图7.5）坐落着一批重要的造船厂，在1600年，那里已经可以建造排水量为600吨的船只了。造船者们用大象来将船拖到下水的滑道上。另一个主要的造船区位于西北部的苏拉特（Surat）周围，那里建造的船只甚至更大。大多数的大船都是按照欧洲船的蓝本设计的，有三根桅杆，但其中也不乏印度船的许多特点。船的具体设计很大程度上取决于它是为印度商人服务，还是为欧洲公司建造。与此同时，这里也会建造那些传统样式的船只（甚至有些还用着缝制结构），用于当地贸易。[29]

---

29 Mookerji, *Indian Shipping*.

有些印度的技术明显比欧洲同行的要更好。到 18 世纪初，英国东印度公司的官员报告说，在当地用柚木建造的船只，采用"苏拉特嵌接工艺"（Surat rabbet work），在当地条件下比从英国运来的船只要耐用得多，而在 19 世纪初，印度也为英国海军建造了一些船只（图 7.6）。这里提到的苏拉特嵌接工艺是一种在船体的木板之间进行接缝的方法，工人们会沿着一块木板的边缘切割出一个凹槽，以承接其相邻木板的边缘；这样形成的接缝非常坚固，而且工人还会进一步用焦油来加强密封性。印度制造的船舶的另一新特点，在于工人们会用石灰处理木材，使其更能抵抗虫害，并会内置水箱用于运送饮用水，水箱比欧洲船舶携带的水桶占用的空间更小。[30]

鉴于后来的偏见，这里值得一提的是这时的印度人和欧洲人十分热衷于互通有无。对于一些葡萄牙人来说，这种习惯可以追溯到航海家亨利王子的态度，以及他对信息收集的热忱，不论这些信息是谁带来的——丹麦海员、阿拉伯商人或犹太制图师。在印度洋，葡萄牙先驱者们受到明确指令，要收集所有关于航海和造船的信息。毕竟，达·伽马从艾哈迈德·伊本·马吉德（Ahmad Ibn Majid）那里学到了很多关于印度洋的航海知识，后者曾担任他从东非海岸到南印度的领航员。

因此，欧洲人对印度和菲律宾造船师的依赖，是西方人利用亚

---

30 Qaisar, *The Indian Response to European Technology and Culture*, pp. 22–23.

洲知识和技术的模式之一。这也有点像蒙古人的做法，当初他们有时会在中国依靠波斯籍的行政人员，而在波斯起用中国工程师。

秘鲁的白银和非洲的黄金

欧洲人在亚洲面临着一个问题——他们的贸易渐渐地失去了平衡。印度人和中国人想买的欧洲商品很少，因为这些商品要么质量低劣，要么与亚洲人的需求无关。他们当然需要枪支了，但伊斯兰国家和暹罗制造的火枪大炮通常质量都很好，足以满足他们的需求。因此，欧洲人在印度和中国购买的几乎所有东西都必须用黄金白银来支付，一般是将其铸成硬币来交付。要赚取现金，要么得靠欧洲船只在亚洲港口间运送货物，要么是通过向当地航运业索取费用（保护费）。但是，由于欧洲在工业上无法与当地匹敌，所以欧洲国家仍然承受着巨大的赤字。一个解决方案是开发美洲已开采的黄金和白银资源，并扩大非洲的黄金贸易，用所得的金银来购买亚洲的商品。

为了增加贵金属的供应，欧洲大力发展了采矿技术，包括设计机器用来排水、从矿区拖运材料以及粉碎矿石。欧洲最重要的矿场位于德国及其东部邻国的山区间。在这里开发的矿石有铜、银和铅。而为了制造青铜大炮，铜的需求也在不断增长，在15世纪，人们花了很多精力来改进技术，以便能分离铜矿中少量的银。在所谓的提纯过程中，含银的铜矿石会与铅一同冶炼。银比铜更容易在液态铅中溶解，也就更容易被萃取出来。这一工艺的成功极大地促进了德国矿业的发展，当时矿业机械的发展也是如此。[31]

16世纪30年代，大量来自美洲的白银和黄金开始经船运跨越大西洋，而到1600年，西班牙进口的白银数量可能是欧洲矿场产量的10倍左右。西班牙人还从墨西哥运送大量白银，经过太平洋，直到他们在菲律宾的基地，这些白银能为同中国的大规模贸易提供资金。[32] 这些发展要部分归因于为了提高墨西哥和秘鲁的银产量而发生的欧洲技术转移。[33] 其中一种技法是用汞齐化法（amalgamation with mercury）或说庭院混汞法（the patio process）从低品位矿石中提取银。西班牙有大量的朱砂（汞矿）矿藏，因此前往墨西哥的船只经常装载水银。

据说，到1600年，墨西哥的矿场雇用了超过一万名工人。由于西班牙殖民者的地产和大庄园也需要劳动力，而且土著人口正在减少，劳动力面临着不可避免的短缺。墨西哥的新统治者不愿意把他们征服的人民完全变为奴隶，因此，他们引入了一种劳动义务制度，相当于使当地人成为西班牙地主的农奴（serf）。

西班牙在1532—1535年终于攻克了印加帝国。1545年，西班

---

31 Nef, "Mining and Metallurgy."

32 Flynn and Giráldez, "Born with a 'Silver Spoon.'"

33 Tandeter, "The Mining Industry."

牙人在波托西（Potosí，位于现今的玻利维亚）发现了一座银矿山，即里科山（Cerro Rico）。海拔 4 000 米的里科山被证明拥有迄今所知最丰饶的银矿。最初开采的矿层含银量非常丰富，不需要使用复杂的技术。然而，很快，人们开始需要冶炼低品位的矿石，在 1572 年引入了汞齐化法。在 1570 年至 1610 年间，波托西产出的银占世界银产量的三分之二。在那个如今遍布断瓦残垣的贫瘠的山坡上，一个在规模和财富上可与巴黎媲美的城镇横空出世，其中最引人注目的是铸币厂（Casa de la Moneda）的宏伟石制外墙，这里铸造着银锭和硬币，哺育着西班牙的帝国野心。[34]

如前所述，欧洲在德国也有自己的银矿（尽管储量没那么丰富）。但在西班牙人抵达新大陆前的几个世纪里，运到欧洲的大部分黄金都来自非洲，由穿越撒哈拉沙漠的骆驼商队运送（见图 3.1 中的贸易路线）。没过多久，葡萄牙人改变了办法，将一部分贸易转交给他们自己的船队。他们发现，在西非海岸沃尔特河（the Volta River）以西的埃尔米纳（Elmina）交易可以换取黄金，于是在那里建立了一个要塞。当地的矿场在更加内陆的一些地方，但葡萄牙人并没有发现到底在哪。在现在加纳和科特迪瓦所在地区居住的阿肯人控制着黄金贸易，他们长期以来一直努力防止阿拉伯商人访

---

34 关于从土著到欧洲人的采矿和冶炼技术的过渡以及当地采矿专家（yanaconas）在为西班牙人生产白银方面的作用，见 Bray, "Technological transitions," pp. 79–84。

问这些矿场，也阻挡着葡萄牙人。[35]

在 16 世纪，葡萄牙人听说矿场是"深深地打入"地下的，但很明显有些黄金是通过淘洗河中砂砾得来的。[36]对该地区年代更近的一些矿场的描述表明，狭窄的竖井沉入离地表不远的硬红土层之下，以接触到更下方的冲积性砾石区。这些竖井有 10 到 15 米深；在底部则挖有呈扇形展开的地道，有些与其他竖井相连。这些地道只有一米高，矿工们在里面用短柄铁镐蹲着工作。采矿只能在旱季进行；在雨季，地道会被淹没。

由于铁制工具对矿工来说至关重要，制造铁制工具的铁匠往往拥有控股权，并且在采矿的各方面技术都很熟练。矿区的一些劳工可能是葡萄牙人从非洲海岸线的其他地方带来的奴隶。在地面上，主要由妇女来清洗挖出的砾石以分离黄金。这样得到的金粉在阿肯地区被用作货币。熟练的铁匠用黄铜，有时也用黄金，来制作用以储存、称量金粉的器具：天平、勺子，以及精致漂亮的盒子和金砝码（现在这些都是收藏品了）。通过练习高难度的金粉处理技术，青少年男孩会获得阿肯社会所珍视的品质：精准、稳重、判断力、公正。[37]

经由跨撒哈拉贸易路线出口的金粉，有时会在廷巴克图被铸成

---

35 Green, *A Fistful of Shells*, chap. 3, "Ready Money: The Gold Coast and the Gold Trade."

36 Bovill, *The Golden Trade of the Moors*.

37 Green, "Ready Money," pp. 109–112; Sheales, *African Goldweights*.

金锭，但通常来说铸造会在摩洛哥或突尼斯进行。1500年左右，西非矿区可能供应着欧洲三分之一乃至一半的黄金，其中有些是通过葡萄牙船只出口的，但更多的是通过骆驼运送，穿越沙漠的。当然，在1520年之后，美洲供应了更多的黄金。

葡萄牙人发现东非海岸也有黄金交易。[38] 这些矿场位于现在的津巴布韦所在地，而矿石是在坚硬的岩石上开凿的，而非取自冲积形成的矿床。有些矿坑只是人们沿着含金矿脉向下挖的深沟。而其他矿场会在一个深达20米的竖井底部开出一个更宽的空间。在那里若要破开岩石，人们会利用火的热量将其烤裂，然后将楔子打入裂缝中。矿井通常设有粗制的台阶，沿着井侧盘旋而下，上面每隔一段距离就站一个工人，由他们把一筐筐破碎的岩石递上去。

南亚次大陆和印度尼西亚的矿业使用了类似的技术，也有人认为印度尼西亚人参与了津巴布韦矿区的早期工作——也许是在公元600年左右，在他们占领马达加斯加后不久。但目前还没有发现他们工作留下的工具或设备；考古学家发现的铁、铜或金制品似乎是非洲当地人制作的。不过不管是哪种情况，欧洲在沿海地区与斯瓦希里人和阿拉伯商人的贸易规模在公元1200年左右才开始扩大。

到目前为止，人们已经发现了一千多个矿场的遗址。并非所有的矿场都是同时开采的，但在大津巴布韦（Great Zimbabwe）著名

---

38 Summers, *Ancient Mining in Rhodesia*; Miller, Desai, and Lee-Thorp, "Indigenous Gold Mining"; Chirikure, *Metals in Past Societies*.

的石头建筑遗址中，有证据表明矿场曾给当地统治者带来何等的繁荣。在废墟中发现的碎片向我们展示，津巴布韦的出口黄金在沿海地区被用以交换奢侈品，包括来自印度科罗曼德海岸（Coromandel Coast）的印花布和来自中国的瓷器。

当葡萄牙人来到这里时，他们的目标是砍掉斯瓦希里的中间商、切断阿拉伯海运队。1505 年，他们在离津巴布韦最近的港口——索法拉（Sofala，今贝拉）站稳了脚跟。起初，他们一年可能可以获得大约 50 千克的黄金，但每年能获得的数量很快就下跌了。这可能是由于他们控制贸易的方式不太精明。另一个潜在原因是，其他更易获得的黄金正被开发出来。技术的改进可能使更多难对付的矿藏得以开采，但我们没有听说在 1635 年之前有外国采矿专家前来指导。即便如此，津巴布韦的黄金出口仍然持续下降。然后，在 1693 年，该国南部的昌加米腊（Changamire）统治者力量壮大，终于将葡萄牙人赶出了矿区所在的高原土地，至此黄金出口完全停止了。与葡萄牙活动有关的唯一有用的技术转移则与采矿无关，而是关系着两种美洲作物——花生和玉米的引进。赞比西河谷（Zambezi Valley）的非洲农民很快就喜欢上了它们，特别是玉米，在当地迅速得到了广泛种植。

* * *

如果要列举 16 世纪欧洲的高科技，造船、采矿和冶金可能都会位列其中。若要研究这些欧洲技术的状况，则少不了要参考有关旧矿场遗迹的考古研究，以及相关著作，比如阿格里科拉（Agricola）关于采矿的著作《坤舆格致》（*De re metallica*）（1556年出版，有木刻插图）。但在这里，我们的关注点，不是仅限于造船和采矿业彼时发展最先进的案例，而是要回顾这些活动的地理分布，探索发生在世界不同地区的技术对话，同时打开眼界，探寻技术在农作物、种植业、矿业和金属冶炼开发中的各种形态。

在这个更宽广的视阈中，欧洲和美洲之间的接触对世界物质文化的贡献是巨大的。白银和黄金的新来源出现的时间，恰恰是这些贵金属可以最有效地刺激世界贸易并推动全球范围的资源再分配的时候。然而，中美洲和南美洲包括马铃薯和玉米在内的高产作物做出了更重要的贡献。这些作物缓解了一些地方迫在眉睫的粮食短缺问题，并且从长远来看，种植这些作物也大大增加了发展所必需的粮食资源种类。尽管欧洲人获得了巨大的收益，但是一定要清醒地记住，美洲人民和其他以贸易名义被奴役的人们，都为欧洲人的到来付出了沉重的代价。

第五章

火药帝国

霸主土耳其

1450 年至 1540 年间，许多国家都在生产用于大炮的铜炮管；其产量之大、涉及地域之广，使有位历史学家称这段时间为"第二个青铜时代"。[1] 不仅是欧洲、奥斯曼帝国、印度和中国在大规模地铸铜，到 1650 年，朝鲜、日本、暹罗、波斯，以及许多其他地方也在间或生产枪支，特别是西非著名的青铜铸造中心贝宁。而又因为青铜合金即铜与少量锡的合金，这两种金属的开采量也大大增加。日本东部和瑞典西部都在出口铜，马来亚的锡矿开采也发展迅猛。

所有这些都可以追溯到 1288 年之前中国制造的小型手持枪

---

[1] McNeill, *The Pursuit of Power*, p. 86.

（第三章），这种枪支先后推动了大型火炮在欧洲（1320 年前）、伊斯兰世界（14 世纪 30 年代）和中国本土的发展（1356 年）。除此以外，朝鲜高丽在 14 世纪 70 年代拥有的枪支也值得关注，因为这是有据可查的来自中国的技术迁移。在不断受困于日本船只的袭击后，高丽人向开国不久的明朝政府寻求帮助，以期获得武器。[2] 起初中国人不愿意分享他们的专业知识，但日本船只也开始攻击他们，他们先提供了少量硝石和其他材料，然后允许一名中国技术人员前往高丽协助制造枪支。第一批高丽火枪安装在船上，用来向进攻的船只发射（而非瞄准射击）火焰箭。无论是发射火焰箭，还是使用更传统的弹药，这些武器都成效显著，而制造这些武器的兵工厂在 1404 年也得到了扩大。

同时，在中国的南部边境，与火器相关的技术对话正在展开。1406 年，明朝军队侵入安南（越南）。最初，明朝军队靠装备的大量手持枪和大炮占据上风，但不久之后，安南人就缴获了足够多的火器来进行有效反击，而且很快他们就从明朝边疆省份云南走私进口铜矿，开始制造自己的火器。反过来，明朝人也将安南的一些更优的设计纳入自己的火器制造。在持续不停地争夺领土的过程中，明朝和安南也在一直相互借鉴和改进着对方的技术。[3] 很快，安南人

2　Needham et al., *The Gunpowder Epic*, pp. 307–310; Lorge, *The Asian Military Revolution*, chap. 3, "The Chinese Military Revolution and War in Korea," pp. 66–87.

3　Sun, "Chinese Gunpowder Technology"; Lorge, *The Asian Military Revolution*, chap.4, "Southeast Asia," pp. 88–111.

就因其卓越的火器技术而闻名各地，而他们也开始用这种技术来获取地域霸权——入侵今柬埔寨、缅甸和暹罗的部分地区，甚至到达了马来半岛的马六甲港。在这些战争和侵犯的过程中，火器制造向南向西渗透到了整个东南亚。葡萄牙人在1511年占领马六甲时，发现马六甲配备了相当数量的暹罗大炮，这些大炮是用（可能）源自中国的铸造方法制造的。

中国曾尽力确保其火器技术不流入潜在的外部敌人手中。但从1500年左右开始，许多国家通过与葡萄牙人的接触，轻而易举地获得了枪支或制造枪支的知识。而另一个枪类技术的供应源头是土耳其或奥斯曼帝国——尤其是对伊斯兰诸国而言。[4] 彼时伊斯兰教正在东南亚崛起，许多穆斯林统治者，包括苏门答腊岛上亚齐苏丹国的苏丹，都与奥斯曼人签订了条约，为他们提供枪支以抵抗葡萄牙人，而作为交换，亚齐苏丹国则可以获得珍贵香料的托运权，奥斯曼帝国也会保证去往麦加的朝圣路线不受侵扰。奥斯曼帝国出口的火器也到达了中亚和非洲部分地区。这是当时世界上最大的枪支出口贸易，而且其中一些枪支的质量也非常之高。

为了弄清楚这种专业技术是如何发展的，我们得记着伊斯兰世界长久以来对火药武器的关注和兴趣。从1280年开始，有好几本书都谈到了这类武器，很明显，它们并不是简单地重复从中国或欧

---

4 Brummett, *Ottoman Seapower*; Murphey, *Ottoman Warfare*; Casale, *The Ottoman Age of Exploration*; Charney, *Southeast Asian Warfare*, chap. 3, "Firearms," pp. 42–72.

洲获得的信息，而是不断反映着当地实际经验的更新。例如，尽管火箭弹（rocket）是在中国发明的，但伊斯兰国家的技术人员却设计出了新的类型，包括一种携带半公斤弹头的火箭，以及另一种可以掠过海面、攻击船只的火箭。到 14 世纪 60 年代，埃及和土耳其军队拥有了大炮，并用测距装置进行了实验。如上，伊斯兰诸国在火枪领域有独特的技术来源，并对火枪（以及也有可能对其他武器）的发展做出了重大贡献。[5]

1364 年，土耳其人开始制造大炮时，奥斯曼帝国的统治正在博斯普鲁斯海峡的欧洲那一侧扩张，我们也听闻土耳其军队在 1387 年和 1389 年的战役中使用火炮。奥斯曼帝国利用火器取得的最著名的胜利，是 1453 年攻占君士坦丁堡。匈牙利火炮创始人奥班（Orban）协助土耳其人的故事广为流传，但其实在奥班出现之前，奥斯曼帝国早已配备了强力的大炮。不过，奥斯曼人确实一有机会就会招募欧洲火炮专家。此外，随着在东欧的统治地位的上升，他们有了新的机会来利用欧洲的火炮技术，特别是在杜布罗夫尼克（Dubrovnik，1526 年起由奥斯曼帝国控制），以及在特兰西瓦尼亚和匈牙利的采矿中心（16 世纪 40 年代并入奥斯曼帝国）。这些所得使奥斯曼帝国能更容易地获得制造大炮所需金属，以及银和金子。

君士坦丁堡的陷落强有力地证明了大炮业已成为一种高效的攻

---

5 al-Hassan and Hill, *Islamic Technology*, pp. 109, 117–118.

城武器。与此同时，法国正在开发更轻便、机动性更高的野战炮，而奥斯曼帝国以及更西边的国家都在制造改进过的手持枪。早期手持枪面临的一个普遍问题是，需要用燃烧的木条或火柴在火门上点火。要同时瞄准和点火是非常困难的。到了 1450 年，人们开发出了各种装置，用于盛放缓慢燃烧的导火线或火柴，并使用扳机来使其与火药接触。重型火绳枪（matchlock musket）是在 1470 年左右以这种装置为雏形发展起来的，几乎同时出现在土耳其和西欧。奥斯曼帝国的枪械师们知道欧洲的武器，而他们自己也做出了一些关键性创新，具体说来是创造了一种被称为蛇形管的扳机装置。到 1500 年，奥斯曼步兵部队普遍装备有重型火绳枪，并用它们在波斯和埃及打了许多胜仗。

火器的引入对那些长久以来以马匹为中心的军事传统发起了棘手的挑战，马匹在阿拉伯军队中至关重要，在土耳其人的游牧祖先中更是如此。马术在上层社会的生活中仍然扮演着重要的角色，而各支军队中最负盛名的单位也都是骑兵。相比之下，负责火炮或手持枪的部队士兵往往来自社会的下层，甚至可能是奴隶。如第三章所述，在 14 世纪，枪炮还不具备实际威力的时候，人们有时也会使用枪炮，因其象征着力量，可以通过噪声来恐吓敌人。现在，具有讽刺意味的是，枪炮成为强大的武器后，却会时常受到抵制，因为马背上的战士往往更能象征贵族的英勇和男子气概的美德。

奥斯曼王朝统治下的土耳其比其他伊斯兰国家更成功地克服了这一困难。他们培养了一支特殊的步兵部队，这支部队有着自己的传统和标志，并有着非常强力的纪律。这些被称为"耶尼切里"[6]的队伍，最初主要是弓箭部队。部队中的男孩来自奥斯曼帝国境内的基督教家庭，这种身份强调了他们与伊斯兰统治阶级的区别。从法律上讲，他们是奴隶，但他们的地位和职业前景很好，以至于许多家庭乐于让儿子接受严格的纪律训练和伊斯兰信仰——换言之，过一种耶尼切里军团式的生活。就这样，正是靠这些操作火炮、配备火绳枪的部队，16 世纪的土耳其军队所向披靡。

1514 年，奥斯曼帝国和波斯新崛起的萨法维（Safavid）王朝之间发生了一场关键性的交锋。两个帝国都在积极寻求扩大领土的机会，它们在东安纳托利亚（Anatolia）发生了冲突。在查尔迪兰战役中（Battle of Chaldiran），波斯人的大部分火炮都因距离太远而无法使用。持剑和弓的波斯骑兵被土耳其军队的大炮和火枪打得落花流水。1516 年和 1517 年，埃及马穆鲁克王朝的军队同样无法与土耳其的火力相抗衡，结果是埃及和叙利亚都被奥斯曼帝国吞并了。[7]

6　耶尼切里又称苏丹亲兵，即奥斯曼土耳其帝国的常备军队与苏丹侍卫的统称。——译者注

7　Ágoston, "Firearms and Military Adaptation."

火药与社会

尽管在这些战争中损失了一部分领土，波斯帝国仍然保有独立主权；不过在 1555 年最终进入和平年代之前，它还是免不了与土耳其人几度交锋。此后，特别是 1587 年沙阿（国王）阿拔斯（Shah Abbas）登基后，那里成为波斯文化灿烂辉煌的舞台，波斯对艺术的影响也蔓延到土耳其和北印度。在 1514 年的土耳其入侵波斯期间，土耳其人占领了当年蒙古人统治时的首都大不里士（Tabriz），据说该城市的一千多名艺术家和工匠被迫或被劝服迁往伊斯坦布尔（原君士坦丁堡）。这使奥斯曼帝国和波斯艺术之间已有的联系变得更加紧密，而其对纺织等技术而言也有重要意义。

随着 1526 年莫卧儿帝国的建立，波斯对北印度的影响已不可忽视，30 年后阿克巴皇帝（Emperor Akbar）登基，这一趋势变得更加强烈。莫卧儿皇帝们的血统可以追溯到成吉思汗，他们也有着相称的军事兴趣；但莫卧儿的语言和文化都来自波斯，他们也吸引了许多波斯手工业者来到德里和阿格拉（Agra）。

奥斯曼土耳其、莫卧儿印度和波斯在 16 世纪都经历了相当强大和繁荣的时期。土耳其在陆地上是世界上最强大的军事力量。而在这三个帝国中，火器和其他火药武器都是达成领土扩张的重要因素。因此，美国杰出的伊斯兰历史学家马歇尔·霍奇森（Marshall Hodgson）将土耳其和波斯称为"火药帝国"，也用这一术语来指莫卧儿印度。[8] 他的观点是，火炮、手持枪及火箭不仅使这些帝国得以扩张，而且加强了政府的中央集权，因为获取及部署枪炮需要更多的资源和更优的行政能力，而这是地方上的权贵无法做到的。当战争依赖于马匹时，土地和牲畜的所有者为政府提供了最基本的军事资源，并形成了具有相当大影响力的贵族阶层。现在，政府需要购买铜和锡，控制武器制造，找到可靠的火药供应，并训练步兵部队使用手持枪，这样一来，传统的上层阶级就没那么重要了。

火药帝国的概念已被许多其他历史学家采纳，围绕它的辩论也十分激烈。与魏特夫的"水利文明"概念一样，"火药帝国"一词点出的是特定技术会如何对政府机构和社会结构产生至关重要的影响。但是，尽管霍奇森对他的术语进行了谨慎的定义，并且只将其应用于某些伊斯兰国家，但其他人却用这个词来描述所有 16 世纪依靠枪炮来扩张领土的大型帝国。宽泛地看来，这个基本概念很好地强调了亚欧大陆几个帝国的飞速扩张，包括俄国和中国。[9]

然而，火药帝国的概念对日本（将单独讨论）和欧洲都不太适用，而且它对硬件技术的强调太多，而对社会制度和机构的提及则太少。今天，许多历史学家会将这一论证逆转过来：只有那些在军

---

8 Hodgson, *The Venture of Islam*. 第三卷的标题是"火药帝国"。

9 McNeill, *The Pursuit of Power*, pp. 83–87, 148; Lorge, The Asian Military Revolution, p. 127; Andrade, The Gunpowder Age; Hoffman et al., "The Gunpowder Age."

事资金和后勤支持方面管理得当的国家才能成为火药大国。[10] 但是，此处还有一个军事文化的问题。奥斯曼土耳其、莫卧儿印度和波斯确实可以被归类为火药国家，这不仅是因为它们运用枪炮的方式，还因为其文化和制度十分相似，特别是军事制度、机构及其与宫廷生活的关系。当时，其他帝国在制度建设层面并没有像上述三国那样给予军事足够的重视，因此不应就这样随随便便地把火药当作这些国家的特征。

举例说来，中国只是在某些时段里部分地符合火药帝国的特质。[11] 我们已经讨论了明朝初期运用火器扩大帝国领土及明朝影响力的情况。另一个值得注意的火药时代开始于公元 1644 年之后，当时清朝开始了统治。清政府利用其强大的军队和枪支巩固对西部、北部边疆地区的统治，更好地应对了西方和俄国的帝国主义。清朝版图的扩张一直持续到公元 1700 年前，当时它正碰上了俄国稳步扩展的边界。公元 1727 年，两国签署了一份界定共同边界的条约。

从更广泛的文化的角度来看，中国与伊斯兰火药帝国完全不同。中国的统治精英并非军事阶层，而是一群专业的行政人员，他们的业

---

10 Ágoston, "Firearms and Military Adaptation"; Nath, *Climate of Conquest*.

11 Andrade, *The Gunpowder Age*; Perdue, *China Marches West*.

余兴趣都围绕着土地所有权和文学。[12] 因此，虽然中国必须供养庞大的军队，但这些文职官员始终确保军队处于他们的控制之下。他们对土地和农业的兴趣使他们不愿向农民征收重税作为军费。他们鼓励种植新的作物，如来自美洲的玉米和甘薯。最重要的是，他们阅读面非常广。据说，在1600年，中国每年印刷的书籍比世界上任何其他地方都多。因此，如果我们要根据统治集团最常用的技术来裁定某一帝国的特点，那么中国就不是一个火药帝国，而是一个印刷帝国。

最后，无论是不是火药帝国，使中国、俄国和波斯能够拓展其领土的一个关键因素是彼时中亚草原的权力空白。蒙古游牧民族的地位一直在下降，也许是因为他们的人口因瘟疫而减少，但更主要的还是因为他们的军事战术仍然以马匹为中心，没能有效地使用枪支。因此，不断扩张的中国王朝、波斯和俄国占领了前蒙古帝国的大片土地，其中俄国占取的面积最大。俄国在欧洲的大部分地区都曾处于蒙古人的统治之下，这个枷锁一直是沉重的负担。公元1480年左右，莫斯科公国从今俄罗斯南部的蒙古汗国手中赢得了独立，并逐渐巩固了对乌拉尔山脉欧洲一侧领土的控制。16世纪80年代，他们打定主意向东部扩张，其进展飞快，乃至在1637年就成立了针对西伯利亚的管理机构。

---

12 军事问题不可避免地成为中国政府考虑的一个重要因素，但即使在元朝和清朝统治下，总体政策主要考虑的也还是民事问题。有雄心的家庭不会把他们的儿子训练成士兵，而是教育他们参加科举考试。Di Cosmo, *Military Culture in Imperial China* 中的文章细致考察了中国历史上的军事价值观。

枪炮制造

印度人对火药技术的掌握似乎非常有限，因为印度统治者们雇用了许多来自土耳其和欧洲的雇佣兵——而非当地的手工业者——来制造和操作枪支。[13] 自然，枪支的进口是相当普遍的，而且土耳其的技术大量地迁移到了印度。然而，印度使用的很大一部分枪支还是在本地制造的，而且当地也确实对其有所创新。当阿克巴于1556年登上莫卧儿王位时，他在发展自己的军械库和大炮铸造技术方面都投注了许多心血。印度火炮制造的一个显著特点，是许多火炮的铸造材料不是青铜，而是黄铜。在欧洲，黄铜是通过将铜与菱锌矿（calamine，一种锌矿石）一起加热制成的。相比之下，印度的金属冶炼厂知道如何从当地矿石中提取金属锌，并将其与铜直接熔为合金。因此，在印度制造黄铜比在欧洲更便宜，而且实践证明它是制造小型炮的优秀材料。

有些火枪也是用锻铁制成的，由几根长铁条合在一起塑造成管状枪管——用锻铁环箍住这些铁条，将其紧紧固定在一起。这种技术首先在欧洲使用，然后土耳其人也学会了，他们把这种技术传到了印度，在那里人们以此来制造一些巨型的枪炮，这类枪炮通常永久安置在关键堡垒的墙上。它们太重了，很难操纵瞄准，而且重新

---

13 关于印度使用和发展枪支的更全面说明，见 Lorge, *The Asian Military Revolution*, chap. 5, "South Asia to 1750"。

装弹需要很长时间，所以在军事上的用途其实很小。在战场上，比巨炮更可怕的是安放在骆驼背上的轻型回旋炮（swivel gun），它们构成了一支高度机动的炮兵部队：截至 17 世纪末，帝国炮兵部队中共有 300 门这样的炮。[14]

但是，枪炮的作用不仅仅在于其作为武器的实用性：它们是地位的象征，抒发着对权力的渴望；它们还代表了更加令人敬畏的男子气概。这一点从许多印度制造的黄铜大炮上装饰着的张口的虎头就可以看出——老虎象征着凶猛和力量（图 5.1）。

在印度，人们从未用铸铁来制造枪支，但这种材料从 14 世纪 50 年代起就在中国使用了。铸铁的危险在于，如果枪管过于松脆，在发射弹药时它可能会爆裂。然而，中国的铸造师在金属的专业应用方面有着长足的经验，钟的制造就是一个例子（第一章），他们自然可以制作出性能优良的枪。在欧洲，由于高炉（鼓风炉）在 15 世纪发展缓慢，铸铁起初只用于制造炮弹。1490 年，英国人开展了一些试探性的铸铁枪支铸造实验，但直到 1541 年他们才开始尝试投入大批量生产。

铸铁枪炮相对低廉的价格吸引了荷兰人的注意，他们与西班牙人的长期交战，海军部队规模庞大，而且还在持续扩张，因此他们需要许多大炮。在荷兰人的推动下，这种技术传播到与他们有贸易

---

14 Nath, *Climate of Conquest*, p. 147.

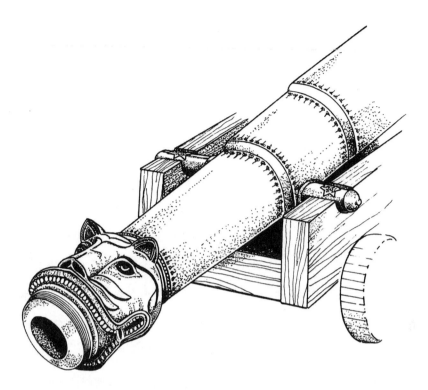

图5.1 印度的"老虎炮"——18世纪印度铸造的大炮的黄铜炮管（绘图：黑兹尔·科特雷尔，基于伦敦塔的展品所绘）

往来的各个国家，比如在 16 世纪 70 年代传到瑞典、17 世纪 30 年代传到俄国。俄国的铸造厂位于莫斯科以南的图拉（Tula），那里制造的第一批枪炮质量很差。但是不久之后，铸铁大炮的制造就成了俄国的一个重要产业。在彼得大帝统治时期，乌拉尔地区的铁器加工发展起来后，枪炮制造业也迅速扩张。到 1715 年，彼得大帝的铸造厂已经生产了大约 1.3 万门铸铁大炮。

至于手枪，最有意思的一些改进是在土耳其、波斯和印度出现的。从许多方面来看，这三个火药帝国共有一种技术文化，因为土耳其和波斯的手工业者经常会在印度就业谋生。

在整个地区，铁和钢的生产技术是类似的，各地的差异来自铁矿石的质量、燃料的供应量和当地特有的方法。有些技术是非常古老的。早在公元600年，波斯制造的钢刀就已出口到中国，其技术也可能随之迁移而来。在伊朗、伊拉克和叙利亚都有大型炼钢中心，但质量最好的钢，即乌兹钢（Wootz），是在印度制造的。[15] 直到19世纪50年代，纵观世界，想要生产出钢材，除非是以大量燃料和大量劳动时间为代价的少量生产，否则绝无可能；所以钢的用途主要限于制造刀身和剑身。在各种剑中，最名贵的是大马士革钢制作的剑，这种剑最初是在叙利亚制造的，材料通常进口的印度乌兹钢。

大马士革的剑刃之所以独树一帜，不仅在于其功能质量极高，而且在于匠人会用酸（通常基本上是青柠汁）对钢的表面进行蚀刻。这一步骤会显示出与金属成分的变化有关的、不规则波浪线构成的迷人图案。在印度尼西亚，类似的技术被用于制造一种被称为克里斯短剑（keris，或称kris）的匕首。据说爪哇的铁匠们要用50多天的时间将钢反复锻造，才能制成一个刀身。其成品不仅表面有蚀刻而成的因钢的异质性形成的图案，而且因为钢与含

---

15 乌兹钢，见 *Dharampal, Indian Science and Technology*, L–LII。

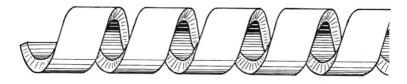

图5.2 螺旋钢带（下图）被用来制作火枪的枪管（上图）。成品枪管显示了经过蚀刻后显露出来的螺旋形大马士革纹理（绘图：黑兹尔·科特雷尔）

镍的铁相互叠加，其武器威力也有所提升。其中有些铁来自陨石，而镍矿则可能是在苏拉威西岛（旧称为西里伯斯岛）开采的，那里从 1520 年左右就开始制造钢刀了，这可能是前工业时代唯一进行镍冶炼的地方。[16]

　　从 16 世纪开始，在土耳其，大马士革式的钢铁工艺就被用于制造火枪枪管。钢材被锻造成长条状，然后再用一种带有沉重飞轮的简单机器，在烧红的金属保持热度的同时将其快速扭转成螺旋状。下一步，人们会把钢带的边缘严丝合缝地并在一起（图 5.2）

---

16 Bronson, "Terrestrial and Meteoric Nickel."

进行焊接，使螺旋状的钢圈组合为一个均匀的管子。接下来，做好的枪管会经过酸液蚀刻，大马士革的独特纹路便沿着枪身游走现形，其肌理与焊缝的排列方式也相辅相成。

　　用这种方式制造的第一批火枪可能是在奥斯曼帝国境内生产的，但到了1595年，同样的技术也见于莫卧儿王朝统治下印度的阿克巴的军械库。与欧洲的纵缝枪管（barrels with longitudinal seams）相比，这种枪管更坚固，也更不容易爆裂。因此，土耳其人和印度人很欣赏欧洲火枪的机械部件（并进口了许多），欧洲人对土耳其的枪管也赞不绝口，欧洲最好的枪械制造者有时会以土耳其枪管为基础来制造他们本土的枪支。[17] 这便又是一个技术对话的极佳案例了。

　　欧洲技术专家曾一度不解为何土耳其火枪枪管、钢剑以及印度乌兹钢能具有如此高的品质——直到一位名叫阿诺索夫（Anossoff）的冶金学家于19世纪20年代在波斯研究了炼钢术、并在一家俄国钢铁厂制造出了类似质量的钢材——此前任何一个西方国家都无法制造出可以与之相媲美的钢铁制品。在欧洲，制作剑身的钢材是用木炭加热熟铁制成的。这是一种渗镀（cementation）工艺，铁在其表面非常缓慢地吸收碳，而不会熔化。1740年在谢菲尔德（Sheffield，英格兰），本杰明·亨茨曼（Benjamin Huntsman）引入

---

17 North, *An Introduction to Islamic Arms*.

了一种需要熔化金属的炼钢工艺。很快，法国也出现了类似的工艺。这种"坩埚钢"（crucible steel）是制造车床工具所需的高质量钢材。但是西方的钢铁制造者，特别是谢菲尔德的炼钢人，始终没能做出那些亚洲刀身上的那种花纹，做出的刀也达不到那些带花纹的刀的质量。[18]

伊朗、伊拉克及中国都有能够生产铸铁的炉子（通常规模很小）。这些地区都在采用共熔技术的炼钢工艺，即将少量铸铁和锻铁熔在一起。简单地说，铸铁中的碳含量太高，韧性不足，而锻铁中的碳含量太低，硬度不够。如果仔细调整两者的混合比例，熔化后金属的碳含量会使成品刀片的强度和硬度达到最佳组合。亚洲人还使用了其他几种炼钢工艺，包括日本的一种非常独特的工艺，我们将在下文讨论。

织物与陶器贸易

印度手工业（尤其是棉织业）和中国手工业（丝绸和瓷器）是亚洲商业的两大支柱。棉织品是印度最重要的出口产品，但波斯和土耳其也采用同样的技术。此外，斯里兰卡、缅甸、暹罗和爪哇的

18　C. Smith, *A History of Metallurgy*, pp. 23–26.

小型手工业也会从印度（原棉和染料）、中国（丝绸）和日本进口原材料。到 16 世纪后期，这种海上贸易多用欧洲船只运载货物，但此类往来的双方绝大多数时候是两个亚洲国家。对欧洲的出口只占整个贸易的一小部分。俄国也与其亚洲邻国进行了广泛的通商。在 17 世纪，莫斯科和阿斯特拉罕（Astrakhan）都有印度商人，往来于莫斯科和中国之间的商队也川流不息。

要想搞懂火药帝国中的制造业，我们就需要回顾先前讨论过的强力中央集权国家与其对火药武器的控制之间的关系。在许多情况下，政府的控制也延伸到制造业的各个方面。其主要目的不是促进贸易，而是监督宫廷奢华生活所需的优质纺织品和家具的生产。这就催生了一种特别的产业形式，其代表是印度莫卧儿王朝的王室工厂（karkhanas）以及奥斯曼土耳其的"帝国工坊"（imperial workshop）。[19] 在这些政权中，政府通过监督系统监管着丝绸等制造业。在德里的工厂，一度有 4 000 名丝绸工人工作于此。而在奥斯曼帝国，数量相当的工人为宫廷工作，其中一些在帝国工坊，还有许多人则在私营作坊。许多在私营作坊中工作的人常驻在布尔萨（Bursa），那里是通往中国和波斯的陆路线路的终点，也是丝绸贸易的中心。虽然有些丝绸是在当地通过养蚕生产的，但生丝多从波斯进口。事实上，意大利商人会来布尔萨购买原材料，以便在卢卡或博洛尼亚制造丝线和织物。

---

19 Raychaudhuri and Habib, *The Cambridge Economic History of India*; Faroqhi, *Artisans of Empire*. 关于这一时期中国的宫廷作坊，见 Ledderose, *Ten Thousand Things*。

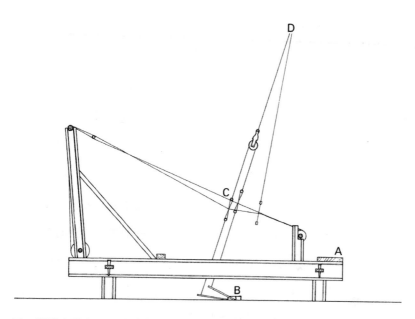

图5.3 波斯的小型织机，用于织造丝绸或棉布制的窄幅织物。织工坐在座位上（A），用脚操作踏板（B）。悬挂在工作间天花板（D）上的综丝（C），在经线之间开出一条通道（称为梭口），梭子就从这里穿过。（绘图参考自伍尔夫《波斯传统工艺》）

　　我们对 16 世纪土耳其使用的织机的技术细节知之甚少，但从同时代中国以及较晚年代里土耳其和波斯使用的织机中可以推断出很多历史信息。在这三个国家中，许多最珍贵的丝织品（例如织锦缎 damask 和锦 brocade）都有精致的图案，都是在两人操作的大型提花织机（draw looms）上织出来的：一个人坐在机器的高处，按顺序拨出不同的综丝束，以控制正在织造的图形或样式；另一个人则坐在工作台上，操作踏板，来回传递梭子（见图 6.1）。

　　许多较小的织机，如图 5.3 中的波斯式织机，用于在当地生产丝绸及更为普通的棉织品。大多数织机的一个特点是使用踏板升降综丝束，来产生基本的组织（ground weave，例如平纹、缎纹和斜纹），织工可以腾出双手来操作梭子。与王室工厂的大规模生产相比，从印度出口的棉纺织品大多是在众多分散的村庄里用非常简单的设备制作的。商人预付了必要的材料；然后，尽管工作条件很差，但纺纱工和染色工、织布工和印染工还是凭借其高超的技巧和专业度生产出了品质极佳的纺织品。当地的许多技术都与特定的种姓绑定，据说这导致工人们总是与特定的工艺绑定，抑制了技术革新。历史学家最近对这一论点进行了修正，指出在创造新的纺织风格和供应新的市场方面，印度纺织业还是有创新性的。[20] 但无论他们多么富有创意，在印度、土耳其和其他亚洲国家中，手工业者的就业往往还是面临着诸多严苛的条件。

官方控制对创新也有所推动，主要是在技术工人的流动方面，工人流动往往是王室要求的。16 世纪末，土耳其人和波斯人被招募到印度工作，这促进了技术的重大发展。虽然印度是许多重要工艺的来源，但其他国家也开发了不同的棉纺织品染色技艺和方法。[21] 有两种染料尤为重要：茜草红（madder）和靛蓝（indigo）。两者都是从植物中提取的，但它们的特性却非常不同。要使用茜草红染色的话，就必须得先用媒染剂溶液（mordant solution）处理布匹。媒染剂溶液的成分依所染的具体颜色而定，包含许多种类的矿物盐。如

---

20 Riello and Roy, *How India Clothed the World*; Riello, "Asian Knowledge."

21 Riello, *Cotton*; Riello and Roy, *How India Clothed the World*.

使用明矾媒染剂，茜草红染剂会将布染成红色；若用铁矾（硫酸亚铁）媒染剂，布则会被染成黑色。这种差异可以很好地用于绘制或印染布上的图案。在印染时，匠人们会首先用刻有图案的木块将铁矾媒剂印在布上，图案部分将会呈黑色（图5.4）。之后，他们用其他木块上的明矾媒染剂来印制红色的图案。在这个阶段，布上呈现的只有模糊的图案，但当茜草红染剂与布接触后，染料只会挂在涂有媒染剂的地方，其他地方的染料都会被冲走。这样一来，成品的图案就是规划好的黑色和红色了。

而要用靛蓝染剂时，则需用一种完全不同的方法。布匹上需要保持为白色（或蓝色以外的颜色）的区域会被涂上蜡，以阻隔染料的侵染。人们会将布反复浸泡在靛蓝染料桶中，直到获得所需的那种蓝色。然后，人们用热水来清洗布，蜡就能被回收下来，以待下次使用。

这些印染技术大部分似乎是在很早的时候于印度发明的，后来广泛地流传到了所有织棉布的地方。在爪哇，靛蓝的以蜡防染工艺演变为著名的蜡染纺织品（batik textile）设计的基础，这种织品通常用某几种颜色染成。西非的伊斯兰地区也生产棉织品，在那里，靛蓝染色是在半埋入地下的大缸中进行的。在波斯，布匹印花已经发展成一门特别精细的艺术；在莫卧儿时期的印度，大约从1550年开始，波斯手工业者将他们的技术传回印度，并将其引入新的地区，那些地方的布匹以前都是手绘的。制作印花用的木块要用弓形钻（bow drill）和凿子进行精细作业，本身是一个独立的行当。到

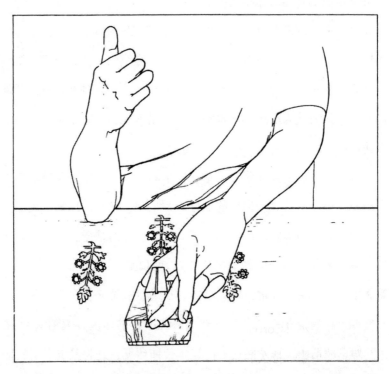

图5.4 以木版印染布料。木版被小心翼翼地置于印染位置处（上图），然后工匠用右手拍击（下图），将媒染剂溶液印到布上。图中只有单一的花朵图案而没有其他图样，可见用茜草红染布时使用了含铁媒染剂将图案印成黑色（绘图：黑兹尔·科特雷尔）

1700 年（也可能更早），这一行当在印度的中心是艾哈迈达巴德（Ahmedabad），此地地理位置绝佳，联通了纺织印染中心古吉拉特邦，与其互惠互利。同时，土耳其的手工艺人致力于使茜草红的红色更加鲜艳，并摸索出了一套有 16 道主要工序的复杂工艺，其中油和单宁酸（tannic acid）被用于布的初步处理，还有明矾媒染剂。"土耳其红"的染色工艺也被带回了印度。

这些手工业的技术创新，都是仔细观察和艰苦试验的结果，在很长一段时间里由一个个微小的改变累积而成。在这种情况下，同一技术基本相似的变种会同时存在：在一本讨论植物染料的莫卧儿早期图中，作者列出了生产 45 种色调或颜色的 77 种不同工艺。在炼钢和其他技术方面，经验知识的积累，也同样体现在那些差别细微的技术和产品变体的发展之上。

从以上情况来看，人们很容易认为这些技术中并没有出现颠覆性的创新，只是在技艺上有微小的进步。然而，在印度，欧洲船只和武器的出现，在 16 世纪极大地激励了当地的技术进步。在非常短的时间内，印度兵工厂就生产出了质量上乘的枪支。同时，波斯纺织工人的涌入也很有可能重振了印度传统棉花工业的一些方面。印度在 17 世纪和 18 世纪初的出口表现的确举世瞩目。来自古吉拉特、科罗曼德尔（Coromandel）和孟加拉的印花棉布，其精致的图案、鲜艳的色彩、持久的光泽以及"精细灵巧的工艺"使它们"比丝绸更显尊贵"。[22] 欧洲统治者和社会评论家都哀叹在所谓印花棉布热潮（Calico craze）中购买这些进口产品所花费的巨资，但几十年来，尽管欧洲工匠们努力求索，也没能领悟这些技术奥秘，造出与印度织物质量可堪伯仲的产品（见第七章）。

波斯帝国那一边也有重大的技术发展，萨法维王朝最辉煌的统治时期（1587 年到 1629 年）是在沙阿阿拔斯治下。[23] 他将首都迁回伊斯法罕的旧址，彼时那里已发展成非常美丽的城市，灌溉工程哺育着广阔的中央花园里的鲜花和树木，100 多座清真寺为据说已经达到 50 万的人口服务。阿拔斯奉行的经济政策也十分明智，他鼓励发展陶瓷业和玻璃制造业，推动向欧洲出口高质量的瓷器。为了这项事业，他招募了 300 名中国制陶工来协助波斯当地的工匠，帮助他们做出合格的陶器。

阿拔斯还希望伊斯法罕能成为天文学研究的中心，但这并不容易实现，因为波斯最后一个重要的天文台（在撒马尔罕）已在一个多世纪前关停。难怪波斯天文学家的研究质量不怎么样，只消看看他们写的关于行星运动的书就知道了。不过，他们也在研究欧几里得和早期阿拉伯天文学家的作品，而且他们在萨法维时期产出的许

---

22 John Huygen van Linschoten, *Voyage to the East Indies* (1598), quoted in Riello and Roy, *How India Clothed the World*, 1.

23 Canby, *Shah Abbas*.

多著作至少是合格的。[24]

数学和天文学教师带的学生中似乎有很多人是仪器制造者，他们主要在伊斯法罕及其周围地区从事星盘制造的工作。这些铜制或黄铜制的仪器有着悠久的历史传承，可以追溯到古希腊，在早期伊斯兰世界被广泛使用，并通过伊斯兰时期的西班牙传入中世纪的欧洲。星盘可以测量星星的高度角，可用于计算与之相关的时间和纬度。它也是导航的重要工具，对于穆斯林旅行者来说，星盘是确定麦加方向（qibla）以进行祈祷的不可缺少的工具。星盘由四个部分组成，包括一个边缘呈环形凸起的圆板，与边缘紧紧贴合的是一个名为衬盘（tympan）的可更换圆盘，此外还有一个网状金属盘（有时被称为星形轮）以及一个照准仪（alidade）或指针，用于观测星星或地平线。这四个部件被设计成围绕一个中央枢轴或销子旋转，中轴贯穿各个部件的中心并在星盘的背面固定住。网状的金属盘（或说星形轮）上的嵌钉或小孔代表各个星星，当星盘旋转时，这些嵌钉在下面衬盘上对应的刻线和标度也会发生变化。（图 5.5a）衬盘上刻有从特定纬度或城市可见的天体的特征，所以它们通常是成套的：旅行者每到不同的地方，就可换上相应的衬盘。（图 5.5b）

这些精细、复杂的仪器是在波斯生产的，其生产规模在当时的

---

24 Peter Barker（"Islamicate Science"）认为，现代人对原始出版物的痴迷和对评论等其他科学交流形式的忽视，导致我们严重低估了萨法维天文学和相关科学的质量和活力。

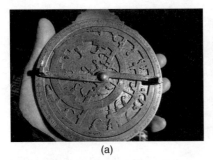

(a)   (b)

图5.5 来自马拉喀什的古董星盘（a），有六个代表不同纬度的衬盘（b）［照片由拉蒙·丹斯（Ramòn Guardans）拍摄，已获得使用许可］

伊斯兰诸国和欧洲都是绝无仅有的，而且精度和质量都达到了很高的水平。但星盘生产却并不是一个出口行业，而仅仅只是应和了萨法维宫廷对天文学和占星术的兴趣——许多仪器上刻的占星表就说明了这一点。[25] 这些表是用来计算星相的，当时大多数重要的决策以及日常事务都是基于这种占星术。星盘（及其他仪器）的生产在整个 17 世纪蓬勃发展，直到 1722 年，萨法维王朝的命脉戛然而止，仪器贸易也几乎停滞了。正如前面讨论火药帝国时谈到的，如果我们用其统治集团最重视的技术来描述帝国，那么古代中国的标志性技术就是印刷术，而波斯，我们现在可以补充，则是星盘。星盘是那个时代的流行消费品，相当于现在的智能手机。[26]

---

25 Savage-Smith, "Islam"; King, *World Maps*, p. 132.

26 Poppick, "The Story of the Astrolabe, the Original Smartphone."

沙阿阿拔斯推进陶器业的发展，不仅是为了生产高质量的器皿，也是为了其不可或缺的使用价值。瓷砖在当时主要用作建筑物的表面材料，既可以整块使用，也可以切割成马赛克图案。更具实用性的陶瓷产品还有用于灌溉系统的陶管和用于衬垫坎儿井（qanat）地道的重型陶环（坎儿井要穿过软土层）。据估计，波斯一半以上的灌溉和城市供水都来自坎儿井，由此可以看出其重要性。图 5.6 展示了这些获取地下水的地道是如何运作的（至今仍在使用）。有几个坎儿井大到可以容纳地下磨坊（由地道的水流驱动）。[27]

由于波斯位于通往中国的古老贸易路线上，中国的瓷器进口影响了当地的陶瓷制造也就是意料中事了。多年来，波斯的陶工做出了不错的中国风格的仿制品，但都不是真正的瓷器。与其他技术案例一样，这一过程中也不乏技术对话和模仿借鉴：钴蓝釉是早年间波斯的创造，之后被中国采用，然后随着进口明代青花瓷器的流行，波斯又将其重振。更广泛地说，沙阿阿拔斯的商业头脑就表现在他鼓励从中国进口瓷器、再出口到欧洲。这使波斯商人能够绕过在印度洋上往来的欧洲商人，获得本来属于西方人的营收。

---

27 Wulff, *The Traditional Crafts of Persia*, p. 282.

日本的火绳枪

虽然中国与波斯帝国的陆路贸易蓬勃发展，但 15 世纪中国造船业的萎缩导致该国的大部分海上贸易要用日本船只，当时往往由中国商人非法驾驶。16 世纪 30 年代，葡萄牙人开始在该地区进行贸易时，也卷入了中国和日本之间的非法贸易。第一批访问日本的葡萄牙人共三名，他们乘坐一艘中国人的船，在 1542 年或 1543 年时偏离了预计航线。他们在日本遇到的人立刻对他们非同寻常的武器产生了兴趣。当地人要求这几位葡萄牙来访者展示他们的重型火绳枪，然后让当地的工匠们仿制。[28]

这场奇遇的报告鼓动了葡萄牙人，他们在一两年后派出自己的一艘船前往日本。1549 年，耶稣会传教士方济各·沙勿略（Francis Xavier）来到日本，带来了一个时钟和一些西方的天文学书籍，引起了当地很多人的兴趣。到了 16 世纪末，日本的手工业者已在持续制造时钟，但数量不多。起初，他们仿照着进口的样品进行制作，但后来他们发明了一种双钩擒纵机构，旨在指示随季节变化而在白天和黑夜每时刻长短不同的时刻，这是日式计时

---

28 我对 Wilfrid V. Farrar 对日本技术史的介绍和 Stuart B. Smith 提供的工业考古信息深表感谢。

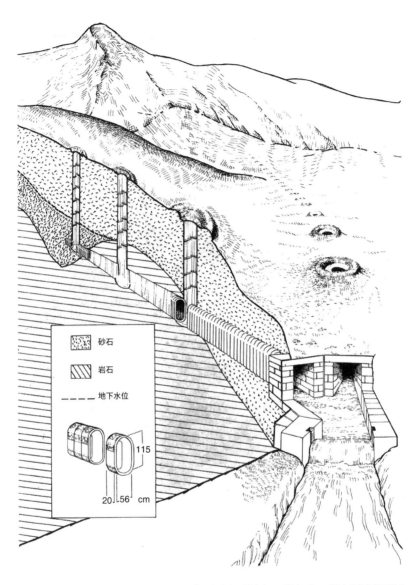

图例：
砂石
岩石
－－－－ 地下水位
115
20 56 cm

图5.6 代表性景观中的两条坎儿井地道，山上流下的雨水补充了低坡砂石下的地下水。（图中含水的砂石比上
层的干燥砂石颜色更深。）剖面图为坎儿井贯穿的地下图，显示了不透水岩石积聚的水流是如何流过地
道的。当地道穿行于可能会塌陷的沙子或砾石层时，衬垫的陶环就可确保其安全无虞。坎儿井地道是从
许多井底挖掘连通的，第一步要在上游挖掘母井，以确保水源充足。有些地道会长达数千米，地表上一
口口井连成的线则标志着地下的轨迹（如图右侧所示）（绘图：黑兹尔·科特雷尔）

法的一个特点。[29]

钟表和火枪制造在日本迅速发展，因为当地已经有许多精通金属工艺的工匠。与日本最古老的技术一样，这些工艺中的许多基本法门都源于中国。然而，日本有一种独特的炼钢技术，即踏鞴（tatara）工艺，用于制造刀身。似乎是当地得天独厚的含铁沙和砾石资源，使该工艺在日本发展良好。这些原材料在一个低矮的矩形炉中被熔化。在装入铁砂和木炭后，炉子由人工操作的风箱持续鼓风，燃烧三天不灭。当这个过程被判定完成时，炉子就可以冷却了，四壁打开，里面是一大块形状不规则的铁。这些铁的质量参差不齐，因为只有炉子的中心部分可达到金属的熔点温度；但这块铁被砸成碎片后，工人们可以用肉眼分辨出不同类型的铁，并将其分类，进行锻造或者铸造。[30]

在 1600 年以及接下来的 3 个世纪里，日本生产的大部分铁和钢都是用这种工艺制成的，这些钢铁也被用来制造以高质量而著称的刀剑。它们可与最好的大马士革刀剑相媲美，有些还出口到了国外。许多日本工匠也由此获得了制造枪炮的技术，同样重要的是，许多人热衷于开办枪炮制造工场。日本曾经历一个漫长的内乱时

---

29 不定时计时法（temporal hour）指无论季节如何，白天和黑夜的时刻数都是相等的，这一计时方式在欧亚大陆上持续了很久。在早期的欧洲机械钟中，随着昼夜时间比例的变化，速率必须每天或每周通过移位砝码的系统来改变。日本的双擒纵系统（double escapement）是对这些欧洲原始平衡摆控制（foliot-controlled）的钟表的巧妙改进。（Frumer, *Making Time*, p. 44–48）

30 Inoue, "Tatara and the Japanese Sword."

期，当地的大名（daimyo）都供养着私人军队，战斗时时打响。[31]

这些军阀中最重要的一个是织田信长，他年轻时（16世纪40年代）就学会了使用火器，到16世纪70年代，他控制了日本中部地区的枪支制造业。他支持与葡萄牙人进行贸易，以便进口铅和硝石来分别制作子弹和火药；他还率先制造了大炮——他将寺庙里的钟熔化来获取所需的青铜。他还曾设想在船上使用大炮，并尝试制造过一艘船体覆铁的战舰。

16世纪40年代以后，枪炮已在战争中多次出现，但在1575年的长篠之战中，火器第一次成了胜败的关键。织田信长带着3 000名装备有火绳枪的步兵，专门制定了火枪的战术。但当时那些火绳枪还非常粗陋，在潮湿的天气里就不太靠得住了。为了解决这个问题，日本枪械制造者们发明了一种盒状的火绳枪保护器，以防止雨水接触引线和火药。然而，比起本土制造甚至是葡萄牙人制造的枪，日本人还是更青睐土耳其枪。

织田信长在1582年去世，他无情的军事行动和娴熟的枪械战术使日本停止了战争，这也让更温和的领导人有机会来推动达成国家统一的协议。虽然取得了一些进展，但还是在经历了更多战火之后，和平协议才最终于1602到1603年敲定，当时德川家康上任成为幕府将军——也就是说，他实际上掌握了总督的权力，以天皇的

---

31 Lorge, *The Asian Military Revolution*, chap. 2, "Japan and the Wars of Unification", pp. 45–65.

名义行使政治权力。

德川幕府采取了各种各样的策略来预防进一步的内部战争，例如坚持要求每个大名都要在宫廷中留下些家庭成员，作为确保他们效忠的人质。幕府将军还对潜在的威胁因子保持警惕，包括当时被驱逐的传教士，还有最终也被拒之国门外的欧洲商人（荷兰人除外，他们获准在长崎港的出岛设立一个小型贸易站）。

与此同时，日本经济蓬勃发展。[32] 随着沼泽地的开垦，日本耕地面积翻了一番。新的农作物被引进，其中包括烟草。1600 年至 1720 年间，通过改进运河灌溉和从中国引进水力技术，包括脚踏式提水装置，水稻产量增加了 75%。纺织业的产量也在扩大，纺纱和织布大多以家庭手工业的形式开展。棉花和靛蓝植物等作物的播种增加；当地还种了更多的桑树用来养蚕。由于测量、抽水技术和工具质量的进步，采矿量也增加了，银和铜的产量猛增。这两种金属都被大量出口到中国用以铸币。铜也经荷兰船只运往印度，用于制造青铜或黄铜大炮，荷兰人还把大量的铜带回家乡用于铸造枪炮。

火枪的引进引发了军事革命，而这一革命给日本的大名战争画上了休止符，使德川幕府得以建立一个强大的国家政府。[33] 这样看来，日本完全符合其他火药帝国所展现出的模式。然而，日本也有几点与其他国家不同，最明显的是它的政府形式并非中央集权制。

---

32 Morris-Suzuki, *The Technological Transformation of Japan*.

33 Stavros, "Military Revolution in Early Modern Japan."

国家统一并不意味着像中国一样建立国家官僚机构，而且贵族在他们自己的藩地仍有相当大的权力。

应该强调的是，尽管欧洲商人（除荷兰人外）不能再与日本进行商贸活动，但日本的海运贸易量仍然很高，特别是与朝鲜和中国的贸易。这一点，再加上城镇的发展，小规模工业的兴起，国内贸易的繁荣，消费水平的普遍提高，一个富裕的商人阶层得以维系。此外，日本商业活动的成功并没有像在土耳其和莫卧儿时期的印度那样，因支持军事行动的重税或因熟练的手工业者被转到非商业的王室工厂而受到影响。与火药帝国形成鲜明对比的是，德川幕府时期的日本严格限制其军事机构，而 1650 年后枪支制造也停滞不前，甚至开始衰颓。[34]

---

34 然而，广为流传的关于德川时代日本"放弃枪支"的说法并不属实（Lorge, *The Asian Military Revolution*, pp. 62–64）。

印刷、书籍与技术的理念，1550—1750 年

印刷术的发展

印刷术是本书中反复出现的一个主题，这不仅是因为印刷术本身是一种十分重要的技术，而且因为印刷书籍随处可得，更能培养人们抽象思维的习惯。本章即会展现这种习惯是如何应用于分析各种问题的——从地图到机械制作，从轮子和杠杆到化学物质，不一而足。[1]

到 1600 年，亚洲所有的大国和帝国都在制造枪支，但在一些国家，包括波斯，印刷术都尚未被普遍采用。这似乎有些出人意料，因为波斯在 1294 年就接触到了印刷术，当时波斯的蒙古统治

---

[1] 本章中的一些观点和信息以前曾在 Pacey, *The Maze of Ingenuity* 中出现过。额外的背景材料由 Alvares, *Homo Faber* 提供，一个重要的哲学方向是由 Merchant, *The Death of Nature* 提供的。

者想发行纸币，便雇用了中国印刷工来进行印刷工作。[2] 但直到 16 世纪，波斯——就像奥斯曼帝国一样——尽管经济繁荣，艺术昌盛，但印刷术仍未被采用。其中一个原因是，通过手工抄写生产出的书籍数量已足以满足需求，因为当地有许多专业抄写员，而他们的工资普遍很低。此外，用手抄写《古兰经》也被视作一种虔诚的行为，而书法也是一种高雅的艺术。在土耳其，许多显赫人士，甚至苏丹和维齐尔都会抄写《古兰经》，而一个专业的书法家一生可能会抄写 50 份。18 世纪 20 年代一系列改革的项目之一，就是在伊斯坦布尔成立了一家印刷厂，它主要生产西方书籍的译本，但这一短暂的尝试对奥斯曼帝国和当时其他伊斯兰帝国占主导地位的"手抄本文化"（manuscript culture）影响甚微。[3]

除了受手抄本光环和其低廉复制成本的影响而难以发展外，在亚洲，印刷常常受到保守派的反对，因为它被打上了基督教技术的负面印记。印刷机通常由基督教传教士引进，用于印刷和传播《圣经》、其他基督教文本，以及有助于宣传信仰的字典或语法书。16 世纪 50 年代，葡萄牙人统治下的果阿地区的一个耶稣会传教士就组建了这样一个印刷厂，于 1572 年出版了一本基督教教义书的泰米尔语译本，这是第一本在印度印刷的印度语书籍。在印度境内，基督徒聚集区的印刷厂持续为一小部分皈依者印刷作品，不过意料中的是，

---

2   Tsien, Paper and Printing, p. 99.

3   Erimtan, *Ottomans Looking West?*; Schwartz, "Did Ottoman Sultans Ban Print?"

印度教和穆斯林精英们对此兴趣不大。直到 19 世纪，在欧洲殖民国家支持下，基督教传教士大量涌入，亚洲各国政府也承认西方的学术和制度是生存的关键，此时印刷文化才开始流行起来。[4]

在这些国家，枪炮被迅速采用，而印刷术的普及却进展缓慢，二者之间的鲜明对比意义非凡。枪炮符合既有统治集团的利益，集团成员往往是军事精英，枪炮使他们能够巩固其权力并扩大领土边界。印刷术则与这些目标无关，甚至会颠覆他们的权力。然而，在中国，正如前一章所指出的，情况却截然不同。[5]朝廷的文官是一群文学精英，其成员对艺术、儒家哲学和他们的田庄兴趣浓厚。他们对书籍永不满足的需求推动了彩色印刷等创新。16 世纪 80 年代，中国使用五色印刷系统制作了第一本带有彩色插图的书籍。而早在1340 年，就已有了双色（红色和黑色）印刷的试验。

尽管朝鲜和日本的口语非常不同，但是使用的文字基本上与中国相同。中国印刷的书籍也会出口到这两个国家。朝鲜有完善的印刷工场，其产品在中国很受推崇；朝鲜的技术中也有活字印刷术。而在日本，直到 1600 年左右，雕版印刷几乎只用于佛教寺院的活动。1592 年，丰臣秀吉入侵朝鲜；他的战利品之一就是活字印刷设备，这些设备很快就在宫廷中流行起来，用于印刷典藏版的日本文

---

4 Green, "Persian Print"; Green, "The Uses of Books in a Late Mughal Takiyya"; Reed, *Gutenberg in Shanghai*.

5 Tsien, *Paper and Printing*; Chia, *Printing for Profit*; Chia and De Weerdt, *Knowledge and Text Production*.

学经典作品。1590年，耶稣会传教士引进了一种西式印刷机，也使用活字，用于印刷基督教文本和字典；但由于基督教在1597年被禁，这种印刷机在当地没有激起什么水花。[6]

到1640年，朝鲜和西方的活字印刷术都已不再于日本使用，日本的印刷者们用起了雕版印刷。活字印刷对于许多流行文学的自由版式而言并不适用。然而，比用什么印刷技术更重要的是，日本正在产出有关技术主题的新书，包括关于航海（1618年）和数学（17世纪20年代）的作品。在这些书中，有几本采用了中国的彩色印刷法，让图表呈现得更加明晰。公元1700年后，艺术书籍和彩色印刷品的生产变得越来越重要了。[7]

16世纪和17世纪，中国也印制了一些技术书籍，不过数量少得出人意料。[8]一部名为《天工开物》的作品，是我们了解明代技术的主要知识来源。[9]该书首次印刷于1637年，由生于1587年的江西地方政府官员宋应星撰写。该书描述了食物、衣服以及日常生活中必需的大多数物品的全部生产过程，并配有极为清晰的插图。这部书共分为三个部分，详述了各种工艺和技能，其中重点突出了农耕（"五谷"）和纺织技术，而金属和武器的生产则在第三部分单独讨

6 Tsien, *Paper and Printing*, pp. 341–345.

7 Chibbett, *The History of Japanese Printing*.

8 Bray, *Technology and Society*.

9 Sung, *T'ien-Kung K'ai-Wu*; Golas, *Picturing Technology*, chap. 5.

论。在这之间，第二部分描述了一系列杂项工艺：造船、马车制造和造纸。还有一部分详细讨论了陶瓷，其中内容包括砖、瓦以及陶器的制造。

不过，宋应星这本书特别意味深长的一点是，他似乎对写这种普通无趣的主题感到愧疚，将自己写书的动机归结为"任性"。他写道："丐大业文人，弃掷案头，此书于功名进取，毫不相关也"（雄心勃勃的学者无疑会把这本书扔到他的桌子上，不再理会；这是一部与官场上的晋升法门毫不相干的作品）。他的态度与一些历史学家对中国文化的解释是一致的，即儒家统治阶层对数学和物理现象兴趣索然，因为他们宁愿通过良好的组织能力和高效的政府来解决现实问题，而把机械和生产留给手工业者和企业家去琢磨。[10]

在当时，这种态度似乎相当合理；彼时中国经济强盛，其中农业产量不断攀升，各类行业蓬勃发展（包括纺织、陶瓷、炼铁，当然还有印刷）。然而，一些历史学家却认为，这一时期是中国科学和技术的停滞期。那时正是欧洲科学革命的阶段，这样比较来看，中国似乎已经落于人后了，尽管北京的耶稣会传教士依然在将欧洲的发展情况告知朝廷官员，同时也将中国技术成就（包括农

---

10 Sung, *T'ien-Kung K'ai-Wu*, 5; Needham, *History of Scientific Thought*, p. 163，关于官方对技术的兴趣更细致的叙述，见 Schafer, *Cultures of Knowledge*。在《工开万物》（*The Crafting of the Ten Thousand Things*）中，薛凤（Schafer）展示了宋应星如何利用他对明朝技术和物质文化的调查，来传达关于自然过程及其对有效政治行动的影响的有力论据。

业、蚕工、瓷器生产等）的信息传回欧洲。例如，耶稣会士阳玛诺（Emmanuel Diaz）就有一本于 1615 年用中文印刷的关于天文学的小书，他在其中加入了一页关于望远镜的内容和一幅土星的插图，这幅图原出自 1610 年伽利略出版的一本有关他借助望远镜获得的发现的著作。邓玉函（Johann Schreck）与王征合作，于 1627 年出版了《奇器图说》（*Diagrams and Explanations of the Marvelous Devices of the Far West*），其中就包括对望远镜的介绍。此后不久，望远镜就在中国得到了制造和使用。而在 1644 年最终颠覆明朝的危机中，耶稣会传教士还在枪支制造方面提供了建议。[11]

若要对上述现象做出评述，我们就须得了解欧洲的科学革命是如何使西方较之其他文化逐步取得技术优势的。这里我们采取的观点是，重要的不是某个发现或发明，而是一系列处理技术信息和整合技术（及管理）理念的新方法，即基于测量、数据表格、分类和次级分类的手段来进行分析，甚至还要用到绘图和物理模型。

闭塞的技术系统？

有一项来自西方的创新，被其他文化中的历史学家们着墨尤

---

11 Elman, *On Their Own Terms*; Waley-Cohen, *The Sextants of Beijing*.

其，那就是重锤时钟。彼时中国和印度仍在使用水力钟，日本则是亚洲唯一一个在 17 世纪制造西式的重锤钟，改进钟表设计的国家。[12] 一位作者称，当时的亚洲技术正处于停滞阶段，采用的是"闭塞的技术系统"（blocked technical system），亚洲各地缺乏制钟作坊就是证明。[13] 但矛盾的是，亚洲大部分地区都有持续的、相当活跃的技术发展，包括印度的造船业和纺织业，以及前文提到的中国各种各样的产业。此外还有许许多多的个例，如彩色印刷术，以及美洲新作物（包括玉米和甘薯）在亚洲的迅速传播。

还有一个突出的例子，即印度和中国的棉花加工技术在公元 1200 年后稳定发展，以应对国内和国外市场。[14] 棉花一直是印度最主要的纤维作物，但在中国，棉花在公元 1300 年后才开始取代大麻和苎麻的位置。此后，棉花的种植范围迅速扩大。其中一个原因是人口的增长：棉花每公顷的纤维产量比大麻和苎麻高得多。另一个原因是，棉织物更保暖、更柔软，也更光滑。但是，大麻和苎麻的纤维很长，很容易纺成纱，而棉花是在中国最早得到使用的短绒纤维，需要专门的设备来清除棉籽，打理开短纤维进行纺织。在 1300 年左右，人称黄道婆的女人在上海地区掀起了中国第一次的棉花热潮，她从自己南方的家乡引进了优质的棉花种植和加工方法。

12 Frumer, *Making Time*.

13 Gille, *The History of Techniques*, pp. 380–407.

14 Riello and Parthasarathi, *The Spinning World*.

据说，黄道婆带来了轧棉机、大弓和多锭脚踏纺车（可能都源自印度）。[15] 之后，中国纺织业的又一项重大发明是轧光辊（calendering roller），用于修整布匹，使其具有光泽。在 1700 年至 1730 年间，在一个轧光行业的集中地区，雇用的人数从 6 人激增到近万人。棉花生产的其他部门也相应扩张。与此同时，再看中国的丝绸行业，随着经济的发展，奢侈品的需求量节节攀升，在丝绸上织造复杂图案的精巧的提花机（图 6.1）也越来越普及。而这些发展可能与波斯使用的类似织机有所关联。

中国的技术系统显然不是闭塞的；创新和生产规模扩张未曾停歇，有效地应对了资源匮乏（恰恰鼓励了创新）和劳动力增长（这一点则限制了对节省人力的机器的使用）所带来的压力。然而，中国（及其他地区）却没有产出足够的技术类书籍，这表明他们的创新是在经验和工艺的基础上进行的，而没有技术文献中所注重的分析性思考。就这点看来，这些文化（和分析性文化相比）可能确实面临着技术发展的障碍，因为对于许多技术而言，仅靠手工艺匠人的操作所能带来的技术改进毕竟是有限的。[16] 例如，现在人们知道，生长在富含钙质土壤上的茜草植物制成的染料能产生特别深的红色。传统上，手工业者根据经验调整工艺，以处理不同质量的茜草，但完全不了解钙及其影响。这种经验论操作最终会走到尽

---

15 Bray, *Technology and Gender*, p. 215.

16 Long, *Openness, Secrecy, Authorship*.

時懸尚新巧　女工慕慕精勤　照眼暗紛紅紅應勤　照眼暗抛華字　殿勤續錦文字　曲折折回思　更將無限思　織作雁背雲

图6.1 由两个人操作的提花机，其中一个人负责实际织造，另一个人则坐在高处，控制图案的变化。这些精巧的织机在中国的丝绸工业中被广泛使用了几个世纪，至今生产高质量丝绸的手工业还在使用（摘自焦秉贞《耕织图》，基于公元1145年赠送给宋朝皇帝的楼璹的原画册重绘）

头，无论是在这个领域还是其他方面，要打破尽头上的阻碍，通常需要更仔细地分析特定的工艺，并将其中涉及的许多因素概念化（conceptualize）。记录数据及进行化学分析是很重要的。以18世纪40年代土耳其的茜草红染剂引入法国后取得的经验为例。法国化学家迪阿梅尔·德·蒙索（Duhamel de Monceau）很快认识到钙（或石灰）有助于茜草加深红色，在这一坚实的基础上，提出改进建议就更可行了。[17]

随着机械技术的发展，可对比的分析和概念化的程序，往往依靠测量和比例绘图。据说比例图是由意大利建筑师菲利波·布鲁内莱斯基（Filippo Brunelleschi）在公元1420年之前发明的。当然，自那时起，建筑师和地图绘制者也开始越来越多地按比例绘制图纸，很快，像英国人马修·贝克（Matthew Baker）这样的船工也开始这样做。船舶设计中使用的另一种技术是按比例建造模型。伽利略，这位数学家兼使用望远镜的先驱者，在他1638年《论两种新科学及其数学演化》（*Two New Sciences*）的专著中提出了测算、比较模型与真实尺寸实物强度的原则。这相当于提出了另一种新的分析方法。伽利略的理论被应用于（比如在17世纪70年代和18世纪90年代的）管道、横梁和桥梁的模型测试，其测算结果也用在全尺寸实物的建设上。

---

17 Riello, "Asian Knowledge."

我们在这里强调印刷，是因为如前所述，随处可得的书籍可以培养分析性思维的习惯。这一点在中国、日本和西方可能都是一样的。但李约瑟认为，虽然许多 17 世纪的欧洲人将这种分析应用于机械学科，但在中国，具有同样思维习惯的人则更有可能将其应用于分析公文或解决语言学难题。[18]

这种兴趣差异的一个结果，也体现在对钟表的态度上。在西方，时钟被认为具有宇宙论的深远意义，代表了太阳在天空的穿行，并暗示了行星的复杂运动。在 11—12 世纪的中国和伊斯兰诸国（见第二章），学术界对天文钟的研究表明，人们已经尝试过对机械原理进行一些概念化梳理。这两个文明在数学方面齐头并进，伊斯兰世界的三角学和代数尤为突出。但是到了 1601 年，当耶稣会教士利玛窦（Matteo Ricci）向中国皇帝介绍欧洲的时钟时，他在报告中称中国并没有真正研究数学的人，那里也没有什么新的创造出现。公元 1100 年以前制造的东方大钟已不复存在，其背后的思考也已经被遗忘。因此，中国引进欧洲钟表时，并没把它和宇宙奥秘联系到一起。中国的手工业者从欧洲同行那里学到了如何为鉴赏家们制作钟表，而鉴赏家们——与在欧洲一样——则主要把这些仪器视为美丽精巧的机械奇观。[19]

在有些地方，天文观测站是传播数学概念、钟表技术和一些技

---

18 Needham, *Introductory Orientations*, p. 146.

19 Pagani, "Clockmaking in China."

术图纸绘制技巧（特别是比例尺地图）的特色机构。在前几章中，我们注意到印度、伊斯兰诸国和中国都有天文台的存在。钟表和数学之所以未能在亚洲达到欧洲那样蓬勃发展的状态，与这些天文台未能兑现它们的早期承诺有关。但在 16 世纪的印度，可能是在阿克巴统治时期（1556—1605），贝拿勒斯城古老的天文台得以修复。后来，在欧洲天文学的影响下，印度和中国的其他天文台也都得到了改装和重建。

在伊斯兰世界，1575 年至 1577 年间，伊斯坦布尔建了一个天文台，这是一场时钟在哲学和数学方面的小小复兴，但意义非凡。它不仅配备了天文仪器，还为方便进行地理工作而装配了地球仪和地图。[20] 地图中可能包括皮里·雷斯（Piri Reis）的作品，他是一名土耳其海军军官，因公元 1521 年前绘制的地中海港口和大西洋地图而闻名。而负责天文台的塔居丁（Taqial-Din）学习了早期的伊斯兰机械学作品，并受 13 世纪贾扎里作品（见第二章）的影响，编写了自己的机械著作。1565 年，塔居丁撰写了关于钟表机械的著述，其中谈及西方所有最新的设计。他还为天文台建造了一个时钟，但他也注意到从荷兰和德国进口的钟表价格十分低廉，由此怀疑土耳其的钟表商们是否能够与之竞争。伊斯坦布尔的天文台并没能开放很久：由于受到抵制印刷术的保守分子们施

---

20 al-Hassan and Hill, *Islamic Technology*, pp. 10–12, 16.

加的压力，它很快就被关闭了。由此，皮里·雷斯的地图和塔居丁的技术书籍几乎断绝传承，而在枪炮发展中发挥了主导作用的各个帝国，也未能为新技术思想生根发芽而提供土壤。就未来的发展而言，重要的不仅仅是各种硬件，还有制图、图表和印刷书籍背后的那些思想理念。

从这个角度来看，亚洲最重要的发展，是 17 和 18 世纪日本出版的技术书籍、中国少数的科学著作、印度凤毛麟角的科技事件（如 17 世纪 30 年代在泰姬陵的设计中使用模型，以及 18 世纪末一些印度造船者系统性地运用了比例图来造船）。这样的例子不多，而且彼此间是孤立的；而西方正累积、孕育着潜在新技术的巨大优势，这都要归功于把技术上的疑难问题概念化的能力，而且这种能力还在不断提升。

组织模式和机械化的种种概念

这种将问题概念化的能力于 15—17 世纪发源于欧洲，而传统上对这种能力的解释往往只将其联系到科学革命（scientific revolution），而忽视了它与技术本身的相关性。有时，人们对科学革命的定义比较狭隘，没有认识到新出现的与管理、组织和技术有关的实际问题，都需要用新的思路来解决。但大多论述都承认，英国法学家弗朗西斯·培根（Francis Bacon）在 17 世纪初的著作抓住了这些新思路、新办法的精髓。[21] 培根不仅写了如何从收集、分类和分析事实的角度进行科学研究，还写了应当如何如何组织科学工作。

关于科学革命对技术的影响，重要问题并不只在于科学发现在新技术上的应用。这方面的例子不多，最突出的是蒸汽机发明者在17世纪对大气压力的发现的应用（第七章）。关于科学革命，更重要的是，培根的作品谈到了该如何分析问题并统筹操作来解决问题。例如，在17世纪，用机器的模式来类比各种过程的习惯，从研究钟表和宇宙，延伸到了对人体（心脏被视为是一个泵）、思维过程［1642年布莱兹·帕斯卡尔（Blaise Pascal）发明了一台计算机］[22] 以及对人类行为和组织的研究。正如卡洛琳·麦钱特（Carolyn Merchant）对科学革命的重新诠释中所说的，"机器……是技术力量的象征"，而与作为"宇宙秩序的象征"的钟表形成鲜明对比的，是17世纪欧洲码头由人力踏车操作的重型起重机，象征着"机器在组织人类生活中扮演的角色"[23]。

我们发现，在这一时期的欧洲，人们正在逐个分析那些手动操作的机器和设备，包括火枪、测量设备和手工纺车。在每个案例中，人们分析的目标都包括操作者手臂和手指的动作，这样分析是

---

21 例子可见 Wootton, *The Invention of Science*。

22 Ifrah, *The Universal History of Computing*.

23 Merchant, *The Death of Nature*; Merchant, "The Scientific Revolution."

为了重新设计机器、组织任务，使操作者能工作得更快。[24] 这种重新组织还可能包含以更有效的方式来培训操作员，或将一项任务分给好几个人。一个很好的例子是拿骚的莫里斯（Maurice of Nassau）的工作，他在公元 1600 年左右担任尼德兰的执政，当时荷兰正在抵抗西班牙对低地国家的统治。虽然莫里斯在学校学的是数学和古典文学，但他对军事程序特别感兴趣。在指挥荷兰的军队时，他十分注重行军和武器使用方面的系统性训练。莫里斯研究了装填和发射火枪所需的复杂的动作，但即使是做得最好的士兵也没法做到精准射击。当士兵们挨个瞄准射击时，子弹总是四处乱飞，打不到同一个点上。在莫里斯的分析中，他把士兵们的操作分为一连串的 42 个单独动作，然后他把每个动作都单独解释、附上图示，并为其起一个具体的命令词。再之后，通过教学，士兵们就能根据喊出的口令统一做出这些动作。他发现，在多次练习这一连串动作后，经过训练的士兵犯的错误更少了，并能迅速、稳定地发射一组杀伤力极大的子弹，在战场上发挥更大的威力。[25]

在 18 世纪，同样的分析性思维被应用于用生产棉纱的纺车。据观察，操作纺车的妇女要用手指完成一项重要的动作，即将粗捻的棉纤维放入纺车中，而下一个动作则是用手臂来完成。分析这些动作不是为了使操作者的行动更有效率，而是为了能用机械

24 Alexander, *The Mantra of Efficiency*.

25 McNeill, *The Pursuit of Power*, pp. 127–139.

取代她们的角色。1738 年左右，刘易斯·保罗（Lewis Paul）认识到，可以用成对的轧辊将棉纤维送入机器，就像纺纱工用手指做的那样。人们尝试了各种办法，想将纺纱工手臂的动作用机械取代，最终在 18 世纪 60 年代，阿克莱特（Arkwright）和哈格里夫斯（Hargreaves）分别发明了机器，两台机器都成功地做到了这点。[26]

手臂的训练、劳动分工和工业机器的设计都需要相似的方法：分析手臂、手和手指的复杂动作，将其分解为许多更简单的小动作。这样一来，人们就可以重新组织原有的任务，而执行者们也能以统一的标准进行合作，其产出的效率也会更高。

丝织厂的新发明

尽管培根作品的读者可能已经意识到了分析和组织统筹任务的新原则，但这种认识并没有在大众间得到普及。然而，并非所有机械化的发明（如纺织业）都源自分析性思考（对纺纱工的手部动作进行细致研究）。在一个经常见到和讨论机器的文化中，这样的机械化发展也许更多的是水到渠成的自然反应。不过要促成这样的发展，除了需要从流程分析中培养的洞察力外，还要有来自世界其他

---

26 Hills, *Richard Arkwright and Cotton Spinning*; Hahn, *Technology in the Industrial Revolution*, chap. 2, "Myths and Machines."

地区的纺纱和相关工艺的技术转移——这一技术对话从未停歇,甚至还与几个世纪前起源于中国的发明有所往来。这一点上,英国一家为丝袜生产纱线的先驱工厂就可以做证。

这家工厂建立于1702年,坐落在英国中部的德比(Derby),它一开始配备了来自荷兰的捻丝机,由一个直径4米的水车驱动。但工厂的生意并不成功,直到几年后被约翰和托马斯·隆贝(John and Thomas Lombe)接管。约翰在意大利待了几个月后,从那里引进了更好的设备,其实是约翰作为工业间谍,偷偷地复刻了那边丝绸厂使用的机器。约翰回来后,托马斯申请了一项专利,其中就包括在英国使用按照意大利生产线制造的机器;然后在1718年到1721年间,他开始扩建德比的工厂。[27]

英国在丝绸制造业的另一个发展分支是在印度。东印度公司在孟加拉有一个仓库/工厂,主要负责从当地生产商那里购买丝绸。从蚕茧中解出丝线过程很慢,以至于限制了总产量;所以,为了加快生产速度,他们于1769年从意大利引进了绕线机和缫丝机。一些意大利工人被招募到孟加拉,并向当地工人传授丝机的使用方法。最初,所有的机器都归东印度公司所有,但它们实在太过成功,到1800年,已有许多的印度商人拥有并用上了这样的机器。[28]

---

27 Calladine, "Lombe's Mill"; Hahn, *Technology in the Industrial Revolution*, p. 68, p. 113.

28 D. Kumar and Desai, *The Cambridge Economic History of India*, p. 286; Hutková, "A Global Transfer."

绕线机或缫丝机的功能是将蚕茧中的细丝绕在一个线轴上（第二章）。18世纪英国使用的机器（图6.2，上图）与中国使用的机器（图2.2）就极为相似。两台机器在一端都有一个加热的水盆，里面放着蚕茧，另一端是一个安置在木架子上的大捆线轴。两种机器都有一套引导装置，通过这些装置，两根蚕丝就会从水盆中的蚕茧里拉到线轴上；同时，二者还都在机器框架的一个角杆上有一个机关，能将把引导装置来回移动（机关在图2.2和6.2中分别标记为B和b）。二者最主要的区别是，中国机器的线轴是用脚踏板驱动的，而英国机器用的则是以手转动的曲柄。

图2.2和6.2中的机器之间的相似性可以从几个方面来解释。我们不应假定它们之间有直接的联系，但考虑到这两幅图都是绘于19世纪的插图，它们可能代表了欧洲和中国之间相对较新的技术的交叉融合。两者过于相似，不太可能毫无关联，尽管图2.2中绘制的操作很像是19世纪的，但它也符合1090年前后人们对纺织作业的描述。因此不难得出结论，在很早很早的时候，这项技术就从中国传到了意大利；有可能是在13世纪，当时马可·波罗和其他意大利人正在访问中国。这些插图还意味着，纵使丝绸文化走过漫漫长路，从中国出发，一路经拜占庭和伊斯兰文明抵达西方，在这一漫长过程中，缫丝的设备却没有发生太大的变化。同时还需注意，欧洲的捻丝机（图6.2，下图）与中国的麻纺或苎麻纺机（图2.3和2.4）也有不少相似之处。

与大多数技术转移一样，英国对意大利丝机的复制激发了当地

缫丝机

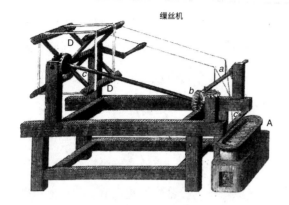

捻丝机

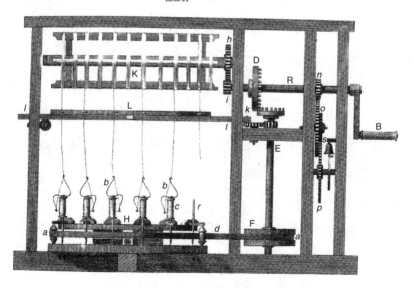

图6.2 缫丝机（上）和捻丝机（下）。这种缫丝机可能与孟加拉和德比使用的纺丝机类似。图中两种机器都是由手摇柄驱动的，但捻丝机通常由磨坊的水车驱动［摘自里斯《艺术、科学与文学通用词典》（Rees, *Cyclopedia*）］

的创新：我们再次发现，来自某一文化的机械中的巧思，往往能在其他地方引起回响。在这个例子中，德比丝绸厂引起了棉纺和亚麻纺织界的极大兴趣，当隆贝在1732年申请延长他的专利时，棉花制造商们极力反对，因为他们希望对隆贝的机器进行改造，以便加工他们的那种长纤维。当时，人们正努力仿照丝织设备来设计棉纺机。最明显的例子是刘易斯·保罗发明的纺纱机，他的想法是用辊子来模仿人类纺纱者的手指动作，这一点前文已经提到了。尽管保罗以辊子纺纱的原理与丝织厂中的设备都大相径庭，但他的机器部件在圆形框架上的排列序列则与丝厂中的一些机器非常相似，这表明保罗的创意确实可以追溯到丝绸工业。

1739年、1743年和1748年，保罗和他的合伙人约翰·怀亚特（John Wyatt）建立了配有这种机器的棉纺厂。但他们的成功只是昙花一现，一部分是因为生产的纱线质量不高。然而，最终失败似乎更要归结于保罗-怀亚特工厂的工作纪律和组织方面的问题。一封写给保罗的信件里说，那天只有一半的雇员到岗。[29]

理查德·阿克赖特（Richard Arkwright）参考了保罗仿照纺纱工手指动作的而设计的辊子放置序列，做出了效率更高的纺织机器。阿克赖特被认为是工厂棉纺的先驱，因为他不仅有更好的机器，而且似乎在解决纪律和组织问题方面也更加老到。同样值

---

29 Wadsworth and Mann, *The Cotton Trade*, p. 433. 有关保罗和怀亚特机器的更多细节，请参阅 Hills, *Power in the Industrial Revolution*。

得注意的是，阿克赖特的第一批工厂建立在诺丁汉和德比郡，离德比丝厂不远。德比丝厂是阿克赖特这一类工厂的鼻祖，在阿克赖特的机器设计、使用水车驱动和工厂组织方面都能找到前者的影子。

这一时期使用的机器有一个非常重要的特点，那就是它们使工厂主能够要求员工每天工作很长的时间，而这些员工以前是在家里使用手动机器，按照自己的节奏工作的。人们对 18 世纪纺织机械发明的影响做了很多研究，但直到 18 世纪 60 年代，该行业实际使用的机器还是非常传统的，传承自好几个世纪之前。真正新颖的是工作纪律和组织工作的方法，这点在种植园和当代军队中都是如此。

工厂与种植园

有些人认为军事组织和机械化之间存在某种联系，他们有时会把骑兵部队比作战斗机器。他们将军事的隐喻延伸到其他组织形式，特别是劳动分工，他们认为这种训练和系统化控制的逻辑，在广义上对欧洲文化产生了极为强烈的影响，特别是从 17 世纪开始。在 17 世纪的荷兰，人类行动协同模式的变化，正伴随着武器从长矛和戟到火枪的转变，而这一点又呼应了工业生产从手工艺到流水线模式的变化。可以说，欧洲工厂中到 1800 年发展起来的新的资本主义生产形式在欧洲军队中早有体现，也就是说，军事组织的发展影响了后来民用工业的发展。[30]

关于"军事组织影响了工厂生产的发展"这一观点已不新鲜，尽管通常来说它很有说服力，但并不全面。彼得·沃斯利（Peter Worsley）和西敏司（Sidney Mintz）都提出了有说服力的论点，即生产组织的另一个同等重要的理念根源是种植园农业。[31] 沃斯利追根溯源，求索到 1420 年左右葡萄牙在马德拉群岛的糖业种植园，种植园主驱使奴隶进行劳动（刚开始是一些白人奴隶，然后从 1450 年开始用非洲奴隶）。这样看来，早在公元 1600 年之前，一种精心策划、具有严格工作纪律的劳动分工就已初具雏形。西敏司也写道，甘蔗的生长周期和加工要求决定了生产过程中需要严格且不间断的工作节奏，还需要一种时间意识，"这种意识后来成为资本主义工业的核心特征"。[32] 沃斯利认为，种植园是后来在名为"工厂"的制造单位的范本，工厂工人的劳动强度很大，无法把控自己的工作，以至于工人称工厂制度为"工资奴隶制（wage slavery）"。

应该特别指出的是，在当时算新鲜事物的是糖业种植园的"组织"模式，而非技术。在马德拉群岛以及后来的加勒比海岛屿，欧

---

30 McNeill, *The Pursuit of Power*; Alder, *Engineering the Revolution*.

31 Worsley, *The Three Worlds*; Mintz, *Sweetness and Power*, pp. 46–61; Curtin, *The Rise and Fall of the Plantation Complex*.

32 Mintz, *Sweetness and Power*, p. 51.

洲人使用的甘蔗种植、加工的方法最开始是从伊斯兰诸国和西西里岛获得的。15 世纪，制糖业在摩洛哥有重要地位。就在马德拉岛开始殖民化的几年前，也就是 1415 年，摩洛哥北部城镇休达（Ceuta）被葡萄牙人入侵，而摩洛哥是制糖相关技术的鼻祖之一，掌握着如甘蔗粉碎机之类的技术要领。事实证明，马德拉岛的种植园盈利丰厚，对欧洲出口的糖的规模也迅速扩大。到 1493 年，岛上共有 80 位工厂经理负责糖的生产。

当糖业种植园在加勒比地区发展起来时，源自伊斯兰的技术再次被投入使用。17 世纪 90 年代，水稻作物被引入美国南卡罗来纳州时，非洲的技术也转移到了新大陆的种植园。英国殖民者之前曾在弗吉尼亚州种植水稻，用的可能是意大利的方法。然而，美国历史学家利特菲尔德（D. C. Littlefield）认为，南卡罗来纳州的沼泽地只能种另一种不同的水稻，他引述证据说明，那种水稻是 1696 年从马达加斯加引进的。

无论南卡罗来纳州的水稻是否源自马达加斯加，利特菲尔德都有理有据地向我们展示出，在美国这一地区工作的奴隶都来自西非，现在的科纳克里（Conakry）附近，那里长期以来一直在种植水稻，通过小水库或池塘来储水灌溉作物。来自这一地区的奴隶所拥有的技能对美国农民大有裨益，特别是女性奴隶，她们在移栽水稻时的灵巧（每分钟可栽种 50 株）被前往非洲的旅行者注意到了。公元 1700 年左右，西非和南卡罗来纳州之间的技术越发相似，甚至延伸到（用草木灰）施肥的细节，以及使用挖空的树干来制作水闸和排水沟。[33] 这样看来，从西非而来的技术转移一说多半是成立的。这个例子和当时的许多其他案例一样，说明欧洲人对技术的独特贡献在于其组织生产的模式，即通过控制劳动力来提高产量。同时，他们也从各地借鉴实践技术。

彼时欧洲流传着许多关于组织的新概念，劳动分工就是其中的一个；但在亚洲的旅行者们也不禁注意到，当地的手工业早已发展出了同样的特点，即将制造业的生产流程分为许多次级的工作任务。据说在中国，一个瓷盘或瓷碗要前后经 70 个工人的手才能完成，各人在处理陶土、烧窑、装饰或上釉的细节流程上各有专长。但是，这种分工的目的与欧洲主流的那种分工有些不同。与其说中国的劳动分工是为了加快生产速度，倒不如说是为了让每个工人专精某项技能，最终产出质量非常高的产品。[34]

在 18 世纪的印度，英国观察者们注意到，棉布加工有时会用到 4 个不同的工人，而在英国只有一个人做这项工作，而且，孟加拉生产的极其精细的薄纱也要经过许多繁复的流程才能制成，这些工序在西方根本无法复制。然而，当在孟加拉的欧洲商人想要订购一批自己指定的图案的棉布时，印度手工业者交单的时间就说不准了。商人感到他们对这些买卖基本失去了控制，在预先支付了款项

---

33 Littlefield, *Rice and Slaves*; Carney, *Black Rice*.

34 Ledderose, *Ten Thousand Things*.

的情况下他们更为不满。[35]

英国东印度公司在印度和其他地方经营的贸易站被称为 factory（代理行），因为它们是公司的代理人（factor）的经营中心。这些贸易站通常设有一个仓库，但很少会配有生产设施。然而，它们也是公司操控其购买的纺织品的生产的地方，也许正是在这个意义上，factory 这个词最终被借来指代英国的制造厂、车间和作坊。这样讲似乎有些道理，因为英国的一些早期工厂不仅容纳了生产过程，也是手工纺织及其他形式的家庭手工业（cottage industry）的组织中心。同时，印度的一些贸易站，最初只是监督生产意义上的代理行，但后来也更多地参与了生产制造的过程。到 17 世纪 70 年代，东印度公司会定期给许多织工们开工资，某些生产单位拥有多达 300 名工人，他们负责给布匹手工印花或者缫丝。其目的则始终是要贯彻某种工作纪律，更好地控制生产。

虽然这些改变都是由欧洲公司牵头推动的（因为他们希望购买棉花和丝绸纺织品，再在欧洲转售），但印度本地也有先例。尽管印度的纺织品大部分产自农村地区的家庭作坊，但在王室工厂（一直持续到 18 世纪 80 年代）、印度商人和织工经营的企业中，也都聚集着专业工人。而在孟加拉，商人织工经营的企业尤其多，那儿是最好的棉花（平纹细布）制造和丝绸工业的中心。纺织高手有时

---

35 Riello, *Cotton*, chap. 5, "The Indian Apprenticeship."

能坐拥大量资本、数台织机，并能雇用其他工人作为学徒。在 18 世纪 50 年代，一些这样的纺织业主雇用了一百个甚至更多的学徒，但这些学徒往往不会同时在一个屋檐下工作。而那个时候，孟加拉最重要的商业中心达卡（Dacca，或称 Dhaka）三分之二的布匹出口还是由印度商人经手销售，我们不应假定欧洲人在所有事上都占了先机。[36]

---

36 Riello and Roy, *How India Clothed the World*.

第七章

三次工业运动，1700—1815 年

资源困境

从 1500 年到 1750 年，欧洲和亚洲许多地方的人口几乎翻了一番，其中包括中国、日本、印度和欧洲西部。世界渐渐从 14 世纪毁灭性的流行病与战争中恢复过来（第三章），而这样的人口增长，也使全球人口总数达到了前所未有的水平。当然，这也意味着人们对食物、燃料和木材的基本需求节节攀升——较之以往可能增加了一倍以上。在许多地方，从美洲引进的新作物帮助提高了粮食产量，尤其是马铃薯、甘薯、玉米和木薯。事实上，可以说正是得益于这些作物的传播，世界人口才能加速增长。[1] 不过传统谷物也实现了增产，特别是在中国——在 17—18 世纪的大部分时间里，水稻

---

1 McNeill, "How the Potato Changed the World's History"; Mazumdar, *Sugar and Society*; McCann, *Maize and Grace*; Carney and Rosomoff, *In the Shadow of Slavery*.

产量似乎都在缓慢而稳定地增长着。[2]

中国多个产业产量扩大的例证在第六章中有所提及，这一趋势在18世纪也在延续。持续运行的高炉不断产出铁，经营规模不断扩大，一个铁厂可能会雇用数百人。一些历史学家认为，彼时中国的产铁量已达到了历史巅峰。[3]而纺织品和陶瓷的生产也在不断发展，同时米酒、酱油等各种消费品的商业生产也在拓展，这一切都反映了繁荣程度的普遍提高。我们甚至发现在公元1700年后，越来越多的小作坊在仿制西方进口的望远镜和机械新产品，以迎合收藏家。

但是，在这一切的创新和进取之后，到了1800年，中国经济发展出现了困难。最大的问题可能在于，随着人口的持续增长，新的土地被农民开垦，粮食生产的增长却以牺牲棉花、木材和动物饲料的种植为代价。虽然中国的森林砍伐速度和规模可能没有早期英国或美国那么夸张，但当地森林面积毕竟有限，可供砍伐的树木也越来越少。中国官员愈加担心，建造宫殿、寺庙和船舶所需的大型木材现在必须从东南亚进口，同时家庭和工业上使用的木炭也日渐见底。从印度进口原棉缓解了当地的种植压力，但依赖木炭的金属加工行业所承受的压力却越来越大；但也有生产者成功地用煤炭和

2　Bray, *Technology, Gender and History*, chap. 2.

3　Wright, "An Economic Cycle in Imperial China?"; Wagner, *Ferrous Metallurgy*.

焦炭取代木炭，作为主要燃料。[4]

中国社会拥有高度成熟的农业系统，受过教育的人民对农业的兴趣也极其浓厚，这或许可以解释为什么中国扩大粮食生产的步伐总是比克服资源短缺的工业方法发展的步子更快。与其他开支相比，粮食相对便宜，这意味着支付给劳动者的实际工资也可以保持较低水平。相比之下，购买一辆车、制造一台机器或饲养用于拉犁和运货的动物，成本都要更高。因此，公元 1800 年后，人们倾向于使用更多的人力来耕种土地、抽水、生产纺织品，甚至运输货物。像那些为 13 世纪纺织业制造的水力机器（图 2.3 和 2.4），那时在中国已不太常见。

在作为工业化摇篮的欧洲西北部地区，情况则非常不同——相比于其他材料和成本，粮食价格和工资永远是更高的，所以人们更有理由使用机器来代替人力。然而，更主要的是，人们开始创新地使用煤炭，同时引进了蒸汽机，二者结合，让人们可以利用新的资源来打破自然环境（原本）对生产的限制。这便促成了所谓的"工业革命"——尽管这个词有很多不同的含义。[5]

"革命"这个词，在某些情况下，体现在工业变革所带来的社会或经济的飞速变化上；在另一些情况下，当讨论聚焦于技术时，

4　Menzies, *Forest and Land Management in Imperial China*; Elvin, *Retreat of the Elephants*; Pomeranz, *The Great Divergence*.

5　Hahn, *Technology in the Industrial Revolution*, introduction, pp. 1–21; Pomeranz, *The Great Divergence*.

似乎那种革命性在于多个创新间的相互关联，并且它们总是会聚合起来，有时能形成一股创新的浪潮，引发快速的技术变革。一些学者群体也在这个意义上讨论 20 世纪和 21 世纪的"新工业革命"（见第十二章）。在本章中，从 18 世纪到 1815 年间的种种发展被归纳为三次"工业运动"（industrial movements），而非一次单独的工业革命。其中，第一场运动处理了资源问题，比如前文已提到的燃料。这一领域的创新，让一些西方国家在物质生产方面取得了决定性的优势。

因依靠土地资源（大约相当于现在所谓的可再生资源）而来的发展制约正在慢慢解除。但在这种转变结束之前，最关键的资源短缺往往在木柴或木材上。木炭是许多工业（包括炼铁）的基本燃料，而这些工业领域的两项重要活动就包括伐木以及在封闭的木堆中炭化木材（图 7.1）。炼铁工业的木炭燃料取自矮林中的幼树。这种木材会在 10 年内再生，因此周期性地使用林地就可以无限期地维持既有的鼓风炉的生产。但困难在于，随着工业规模的扩大，炉子数量越来越多，如何才能找到更多的林地来填补新的需求呢？解决这种资源短缺的方法，是用煤炭代替木柴，或用焦炭代替木炭。

18 世纪，在英国、荷兰和其他海洋国家，用于建造房屋和船只的大型木材也越来越少。应对船舶木材短缺，一种办法是进口木材，另一种办法是在国外造船，最终，从 19 世纪 30 年代开始，人们开始用铁来造船。

蒸汽机、铁与煤炭

可以说，在18世纪，英国和中国（以及其他几个国家）都面临着人口增长带来的类似（但又不完全相同）的资源短缺问题。英国相对成功地解决了这些问题，但这一成功最初并不是来自更先进的技术，而是源自对外来理念异常开放的态度，以及由此而产生的少量卓越创新。

英国的纺织业也与意大利的丝绸生产商展开了技术对话，其中一些生产商使用的是很早以前在中国发明改进的设备（第六章）。至于蒸汽机的发明，最关键的创造理念来自意大利和德国（特别是大气压力的发现），以及法国人丹尼斯·帕潘（Denis Papin），他在17世纪80年代发明了一种差不多的蒸汽机（但没有把它改进为经济适用的机器）。[6] 1712年，英国的托马斯·纽科门（Thomas Newcomen）根据类似的理念开发了一种可以驱动水泵从矿井中抽水的蒸汽机。它的工作原理是在汽缸内通过冷凝蒸汽来形成部分真空空间，然后大气压力就会使活塞下降。图7.2展示了同一类型蒸汽机的后期改良版本，仍然是在汽缸内冷凝蒸汽的基础上工作。这种使用蒸汽动力的方式效率很低，因为汽缸在每个冲程中都要进行冷却和再加热。但是这种蒸汽机烧的是煤，而非木材，在英国，几

6　帕潘的工作在英文的蒸汽机历史书中没有得到很好的体现，但可以参见 Kitsiko-poulos, *Innovation and Technological Diffusion*, p. 20。

图7.1 通过在封闭的木堆中炭化木材来制造木炭，图中显示了制作的不同的阶段，从刚点燃的木堆（左前）到接近完成的坍塌的木堆（图远景处）。有个人在采伐树苗，以用于新的木堆（远景左侧）［摘自《环球杂志》（*Universal Magazine*），1747年，由铁桥谷博物馆提供］

乎所有的此类蒸汽机都在煤矿使用（主要用于抽水），所以可以用很低的成本获得燃料。

　　在一个多世纪的时间里，英国的木柴价格一直以两倍于大多数商品的速度上涨。煤炭作为一种燃料被越来越广泛地使用。人们纷纷将家庭壁炉和烟囱改造成烧煤的。而工业生产也在努力跟上这一改变，尽管有时煤只有在先转化为焦炭时才适合作为工业燃料使用。1709 年，亚伯拉罕·达比（Abraham Darby）在什罗普郡（Shropshire）的科尔布鲁代尔（Coalbrookdale）工作时发现，焦炭

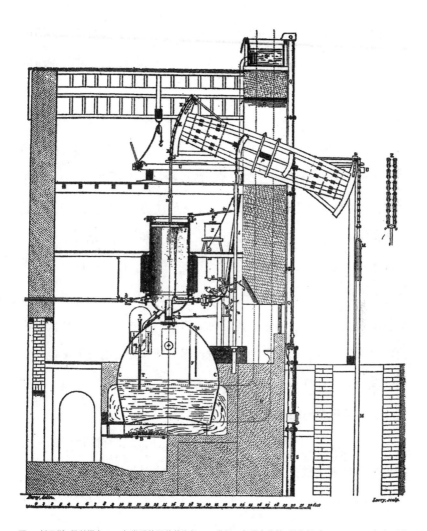

图7.2 托马斯·纽科门在1712年发明的那种蒸汽机，18世纪70年代由约翰·斯米顿（John Smeaton）加以改进。这台蒸汽机被设计用来从英格兰东北部的一个煤矿抽水。锅炉和汽缸在中间偏左的位置。矿井的顶部在其右边，中间有一根沉重的杆子，用于连接蒸汽机和下面矿井中的水泵［摘自法里《蒸汽机论》（Farey, A Treatise on the Steam Engine），由铁桥谷博物馆提供］

可以代替木炭来为高炉供能。很明显，一旦克服了这些技术上的困难，焦炭高炉将使英国钢铁工业摆脱重大的环境限制，即对木炭的依赖。

因此，英国引入焦炭炼铁被视为一个重要的里程碑，甚至有人称之为工业革命的起点。但是，焦炭炉想要一飞冲天仍需时间，因为产出的产品质量总是参差不齐，难以控制。大约在公元1760年之后，以焦炭炼制铸铁的技术才真正获得成功；然后，这一工业分支开始飞速发展。[7] 几个世纪之前，在中国，焦炭高炉的使用使河北地区炼铁工业的生产规模迅速扩张（第一章），但亚伯拉罕·达比在1709年开发的另一种焦炭高炉则是一项完全独立的发明。达比对中国的工艺一无所知。但两地面临的一个共同因素是由林地供应的木炭出现短缺，限制了铁的产量。作为独立发明的典型案例，这种情况说明，即便在不同的地方、不同的时间，同样的环境制约因素也能导向相似的结果。

显而易见，11世纪中国的焦炭高炉之所以没有像后来的英国高炉那样带来突破性的变革，是因为中国的创新没有得到蒸汽机的补足。到1734年，在英国的采煤区，有多达100台这样的机器正在从矿井中抽水。一些因大水泛滥而无法踏足的煤层现在可以开采了。对于蒸汽机的发展来说，它很幸运有这么多矿井亟待其帮

7　Hyde, *Technological Change in the British Iron Industry*.

助，毕竟最开始的时候，蒸汽机只有在煤矿中使用时才能盈利。纽科门蒸汽机的热效率（thermal efficiency）只有 0.5% 左右，还要耗费大量的燃料。当时蒸汽机的另一个局限在于，它只被设计为抽水装置，因此没有用于矿井的极少数蒸汽机也只被用于各种装饰性喷泉，比较著名的是在伦敦和欧洲各地的大花园中。[8]

尽管有这些不足之处，但蒸汽机还是迅速与钢铁工业产生了密切联系。制造蒸汽机最难的地方就是制造汽缸。它必须用金属铸造，而这一过程与铸造大钟或大炮面临着同样的困难（大钟或大炮最初是用青铜制造的，后来才有可能用铁铸造）。同样，蒸汽机汽缸起初是用黄铜制造的，但 1718 年，一个铸铁汽缸在科尔布鲁代尔问世了。18 世纪 20 年代，更多的铁汽缸被制造出来，到 1731 年，为蒸汽机机铸造铁汽缸已经成为科尔布鲁代尔当地的一项常规业务。

在这一地区，蒸汽机的抽吸作用也首次被用来为高炉鼓风。中国的高炉依赖人工驱动的风箱（图 1.1），只是偶尔会使用水车。在英国，高炉是由水力风箱鼓动的。因此，在干旱时，高炉作业经常不得不停止。1742 年，科尔布鲁代尔用一台蒸汽机抽水，从而使水力风箱可以一直保持运转。在接下来的几年里，带铁制汽缸的泵被引入以取代风箱，从 1776 年开始，同样是在什罗普郡，这类机器

8　Wise and Wise, "Reform in the Garden."

开始直接由蒸汽机来驱动。这使高炉摆脱了对水力的依赖，另一个限制铁的生产的因素也就此消除。因此，蒸汽机的发展是与钢铁和煤矿行业共生的，后两者都需要蒸汽机来实现生产发展，同时也为蒸汽机的进步迭代做出了贡献。

18世纪中期，当人们尝试改善早期焦炭炉炼铁的不完善之处时，也是在詹姆斯·瓦特（James Watt）开始对蒸汽机进行彻底改造之前，英国解决木材和燃料短缺问题的办法，主要是从木材和木炭资源更丰富的国家来进口。英国使用的铁大约有一半来自瑞典和俄国的木炭炉。一段时间以来，俄国在逐步建立规模庞大的制铁业，到1780年左右，它成了世界上主要的铁出口国。同时，英国通过从瑞典和俄国（还是这两个国家）以及北美进口木料，部分解决了造船用木材的短缺问题，但一些船主选择干脆在国外建造船只。据称，1774年，英国大约有三分之一的新船都是在美国东部沿海地区建造的，尽管这种做法很快就被独立战争打断了。英国东印度公司也经常在印度建造船舶，在拿破仑战争期间，英国皇家海军也开始在印度建造战舰。

这样一来，通过技术革新和海外活动，英国克服了单纯依赖陆地资源所带来的经济增长的限制。将海外土地吞并，开发为殖民地的举动，也在扩大英国的资源基础方面发挥了关键作用。然而，有人认为，工业界仍然面临着资源短缺的问题，大约到1820年之后，英国不断增加的人口中的大多数人的生活水平才有了显著提高。

有些历史学家用人均铁产量（即总人口中的人均产量）的估计

值来说明，当铁工业摆脱了对木炭燃料[9]和水力的依赖后，其生产水平就有可能取得突破性的提高。在大多数前工业化经济体中铁的人均年产量低于两千克，以英国为首的西欧在 18 世纪 90 年代超越了这一数字，到 1805 年，其人均铁消费量可能达到了 5 到 6 千克。[10]

第二次工业运动

关于什么是工业革命，有几种不同的视角来衡量。除了有关煤、铁和更广泛的自然资源的问题外，历史学家们关注的另外两点是：第一，技术上的新发展如何在创新浪潮中聚合；第二，生产的组织方式如何变化。这些问题交织在一起，因为 1760 年后，英国生产铁的成本降低，铁也比之前更容易获得，这使得技术在其他各个方面都迎来了创新机会，尤其是在桥梁、建筑、农具和机器的设计方面，当时的种种创新都汇集到了机械工程的各个方面。再加上蒸汽动力的新应用方式，第一批火车和汽船应运而生。

这些都是举世瞩目的重要发展，但同时也可以说，以工厂系统的发展为代表的生产组织的变化，带来了更大的社会和经济影响。第六章讨论了这一论点的几个方面：无论是德比丝绸厂还是理查

---

9 Boserup, *The Conditions of Agricultural Growth*.

10 Mitchell, *Statistical Appendix, 1700–1914* (see, e.g., pages 747, 773, and elsewhere).

德·阿克赖特的第一家棉纺厂，都不曾引入颠覆性的新技术。在这些地方，真正重要的——甚至是革命性的——是劳动力被圈在一个工厂建筑中，并且必须以（水轮驱动的）机器设定的速度工作。

纵观 18 世纪和 19 世纪第一个 10 年中英国的整个工业图景，我们可以看到不同创新之间密切的互动，就如铁制架构和蒸汽动力相互补充，促进了工厂生产的进步。但也有那么一段时间，动力来源的转变——从木质燃料到煤炭，从木材到铁，从马力和水车到蒸汽机——似乎与生产组织的转变和工厂系统的引入并无交集。生产组织方式的转变归为第二次工业运动似乎有其道理，它与大致同时代的第一次工业运动中的技术实践里的材料变革不同，但又紧密地纠缠在一起。

第二次工业运动在英国（以及不久后的其他国家）的典型表现体现在纺织业，即丝绸和棉花的纺织、染色和棉布印花。不光是新机器，工作纪律也促进了产量的增加，特别是在纺纱厂，严格的工作时间和机器制定的工作节奏相辅相成。最初，隆贝对丝绸的加工及阿克赖特对棉花的处理，都是与焦炭炼铁和蒸汽动力的应用分头发展的。这一点在早期工厂对传统动力（水车，有时甚至是马车）和机器的制造（木材、铁匠制造的少数铁零件，以及钟表匠制造的齿轮）资源的依赖上就可见一斑。事实上，这些工厂的建造是如此墨守成规，以至于其中的一些机器甚至与早期伊斯兰世界和中国的设备没有什么区别（第二章和第六章）。

这种情况在 18 世纪 80 年代开始改变。1782 年和 1784 年，詹姆斯·瓦特申请了至关重要的发明专利，使蒸汽机终于首次成功地用于驱动工厂机器；在这10年中，许多棉纺厂开始引入铸铁支柱，以支撑在日益沉重的机器下下沉的地板。1796年，铁制横梁首次用于工厂建筑，到1800年，铁被越来越多地用于轮子、轴和机器的框架建造中。水车仍然是一个重要的动力来源，而现在人们能用铁来制造更大、更高效的水车了。[11]

因此，尽管早期英国纺织厂主要体现的是一场由一些相当基本的机器促成的生产组织革命，但1785年后，它越来越多地反映了与能源和材料的来源有关的第一次工业运动（正如本章所定义的）。然而，棉花在英国纺织业中日渐提升的地位同时也反映了另外一种革命。

亚麻和羊毛产于不列颠群岛及北欧，而这些地方基于此类纤维的纺织工业已有很长的历史。但是，棉花没法在北欧的气候中生长，因此，当地不断扩大的棉花工业只得完全依赖于进口原材料，同时还要靠改造那些用于纺纱、染布等工艺的陌生基础纺织技术。不过，尽管一些原棉是从印度等地进口的，但棉花作为种植园作物在美国的发展则与英国工业的革新进程几乎齐头并进。

英国人是如何获得处理相对陌生的纤维的技术的？这就说来话长了。正如我们所看到的，说到丝绸，现成的技术是英国人从意大

---

11 Pacey, *The Maze of Ingenuity*, pp. 165–178.

利复制的。捻丝机在一定程度上推动了棉纺设备的发展（第六章）。而这个技术习得过程中的其他因素，还包括了纺织业中一些习得机械知识的人的聪明才智，他们对用传统纺车纺纱时棉花状态的观察，以及他们对棉纱那潜在广阔市场的敏锐发觉——这些棉纱总是供不应求，棉纱生产的速度都快赶不上织工消耗棉纱织布的速度了。在这样的情况下，一项新的发明诞生了，那就是 18 世纪 60 年代的珍妮纺纱机（Hargreaves Spinning Jenny）。

优质进口商品的挑战

推动英国纺织业发展的另一个因素，是自印度进口的布匹带来的挑战。英国制造商们既无法做出像孟加拉平纹细布那样精细的织物，也无法像印度人那样印染出绚丽的色彩和美妙的图案——经过洗涤后，欧洲织物上的印花往往会褪色，但印度的印花却依旧鲜艳如初。在英国纺出的棉纱，即使是用阿克赖特的机器，也不够细、不够结实，无法织出平纹细布。英国的纺纱业者并没有仔细探询他们的印度同行是如何产出如此高质量的产品的，而要是他们询问了，结果可能也会让他们大感失望，因为这样的精细活儿主要是通过艰苦和费力的手工纺纱实现的。因此，纺纱技术并未得到转移，但它们之间切实存在着一种技术对话，即印度的产品向欧洲人展示了高水准产品能高到什么程度，并激励创新者们不断前进。这种激励的效果，表现在塞缪尔·克朗普顿（Samuel Crompton）在 18 世纪末发明的走锭细纱机上，英国终于有了能与印度比肩乃至超越印度的高质量纺织品。

公元 1700 年之前（在英国和法国限制印度织物进口之前），在欧洲销售的那些色彩最丰富、图案最吸引人的印度布匹，往往产自南亚次大陆的东海岸，尤其是本地治里（Pondicherry）附近。在这里，布匹通常用染料或媒染剂手工上色，染色流程也包含了许多个复杂的工厂。[12] 而当欧洲纺织生产商们试图复制这些高质量的纺织品时，他们立即认定这个过程太慢，需要更快速的生产方法。为了复刻本地治里布上的华丽图案，欧洲制造商选择借鉴的不是手工绘画之类的费力技术，而是基于印刷术的快速印染方法，他们使用"波斯"木版印刷模具或与之相似的古吉拉特邦的木版印刷方法（图 7.3）。然而，他们仍然保留了印度技术的许多细节方法，包括与茜草红一起使用的媒染剂和马靛蓝染色相关的蜡染法。

欧洲人小规模地在布料上使用木版印染已有几个世纪。而这次的新颖之处则在于，人们改进了这种技术用上了印度和波斯的鲜艳色彩和不褪色染料等技术。17 世纪 70 年代，英国、荷兰、法国和瑞士几乎同时（首次）成功地仿制了来自印度的进口产品。其中一家影响深远的早期印刷厂属于威廉·舍温（William Sherwin），坐落

---

12 Irwin and Brett, *Origins of Chintz*; Riello, "Asian Knowledge."

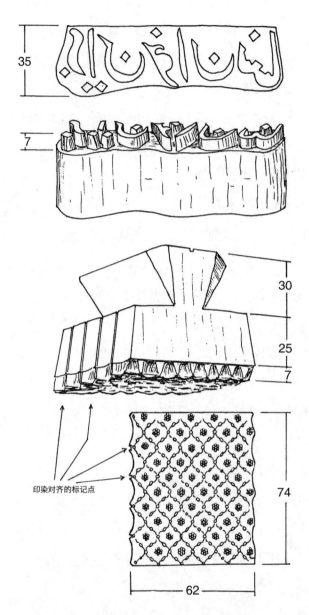

图7.3 印度的两块用于印布的木版，透视图和印刷面视图。尺寸单位为毫米。上图是一个刻有波斯文字母的木版，横向反转（插图来自东印度公司1800年后收集的样例，现存于伦敦维多利亚和阿尔伯特博物馆）

于伦敦利河河畔（River Lea）。到了18世纪40年代，欧洲已经积累了如此多的经验，以至于瑞士巴塞尔（Basel）一家印刷厂的老板在回答关于印度染色技术的问题时说，印度大部分技术已经在当地使用，好像亚洲的技术他们都已经学尽了似的。18世纪50年代，法国政府放宽了对印度式印花布的禁令（最开始是为了减少昂贵的亚洲进口产品），在此基础上好几家新的本地工厂发展了起来。其中最大的一家在奥朗日（Orange），1762年那里印染了17 400多套布。所有这些工厂都使用了与印度技术相似的工艺，但为了节省劳动力，工艺都经过了调整；欧洲工艺依然不够好，终究没法复刻印度布匹上那鲜艳靓丽的红色。[13]

土耳其的染色方法与印度的染色方法有着千丝万缕的联系，也可以产出人们想要的那种红色。因此，来自曼彻斯特的染色师约翰·威尔逊（John Wilson）派了一个年轻人去土耳其的伊兹密尔（士麦那）以便"取得……土耳其红（Turkey red）染色的秘方"。这个年轻人在士麦那待了很长的时间来学习语言，而威尔逊也在这个项目上花费了相当多的钱。最终，在1753年，他"应聘进入了他们的染坊，并得到了内部人员的指导"，但这个染色过程似乎太过漫长，而且属于劳动密集型，这种方法在当时的英国并不能带来盈利。[14] 威尔逊（和其他英国染工）接下来去找了法国生产高质量染

13 Juvet-Michel, "The Controversy over Indian Prints."

14 Musson and Robinson, *Science and Technology in the Industrial Revolution*, 343n, p. 252.

布的生产商，但发现他们最好的染色法也同样源自土耳其，多来自亚美尼亚的花布染工在18世纪40年代移民到法国，在马赛和鲁昂等纺织中心建立了印染作坊。

与此同时，新的布匹印花技术也得到了发展，包括用铜版在印刷机里印花，这样人们就能复刻木版印花实现不了更加精美复杂的图案了。伦敦和巴黎附近的茹伊（Jouy）有采用这种工艺的顶尖工坊，其中法国使用的一些设备是在18世纪70年代从英国进口的。另一项创新是用滚筒或圆筒来印花，这大大加快了整个印染过程。瑞士和英国都是这种技术的发源地，它也成为欧洲大陆（在法国米卢斯）大规模印刷廉价纺织品的技术基石；而在英国，从1785年起，兰开夏郡纺织区也在用它了。

英国、法国和瑞士的染工和印花工之间的这些频繁交流，说明一场活跃的技术对话正在展开。但是，尽管种种创新由此诞生，但英国染工们仍然无法掌握印染鲜红色的秘密。最终，当几个法国人在一个土耳其裔染工的陪同下搬到曼彻斯特地区，其中一个人在1781年建立了一个土耳其红染色厂时，他们得到了答案。1785年，理查德·阿克赖特的一位苏格兰合伙人也说服了一位名叫帕皮永（Papillon）的法国染工在格拉斯哥附近开办了一家土耳其红印染企业。

这一系列的进展之所以在此时发生，都与英国印花棉布（calico）的快速增产有关。calico这个词来自南印度港口卡利卡特（Calicut）的名字，指的是一种没有平纹细布（muslin）那么精细的布。要生产这种印花棉布，阿克赖特工厂的机器纺出的纱线正合适。阿克赖特一直在游说政府，说服政府降低对英国制造的花布的消费税。1775 年，即减税后的第一年，英国进口了 193 万米的印花棉布，其中大部分来自印度，只有 5.2 万米花布是英国制造的。到 1783 年，进口量下降了三分之二，而英国的产量则急剧上升。随着需要染色的棉布数量的大大增加，自然而然，印染厂也在兰开夏郡和苏格兰生产花布的地区附近遍地开花。

这个行业的另一个创新来源是科学研究。几位法国化学家曾尝试推演出一些大致的染色理论，其中一个小发现是钙矿物质在茜草红染色工艺中的作用，这在第六章中提到过。这些化学家中最突出的是克劳德-路易·贝托莱（Claude-Louis Berthollet），他在 18 世纪 80 年代开发了氯气漂白工艺。也有一些历史学家对科学在工业革命中的作用持怀疑态度，他们指出，当时化学的发展还处于十分初级的阶级，氯气漂白是其唯一的真正贡献。但是，科学家们记录实验结果的习惯，加之他们通过提出理论将过程概念化的行为偏好（无论这些科学过程有多少不足之处），都引出了新的方法，让人们能积累更多、更有用的实践真知。也正因如此，在印度、波斯和土耳其使用了几个世纪的工艺才得以被迅速推广，同时孕育出许多新的应用方法。

第三次工业运动

在谈及工业革命的历史著述中，印度的棉花贸易总是被当作背景而含糊提及，草草略过。直到近年全球史流行之前，费尔南·布罗代尔（Fernand Braudel）是为数不多认识到印度对英国技术创新带来的重要影响的作家之一。[15] 自 2000 年以来，广受欢迎的全球史著作正视了印度棉产业的功劳，尤其写到了印度和英国纺织业之间的密切关联。[16] 这种影响的一个方面就是印度织物的低造价和高品质。在印度的纺织区，劳动力充足，工资却很低。因此，印度商人没有什么动力去实现机械化生产；正如布罗代尔所说，这种生产成本使印度"走上了另一条路"。但在英国，除了刚才讨论的染色技术的迁移外，人们还发明了新的机器，以期在价格和质量上与印度布匹竞争。

然而，英国贸易的的确确影响到了印度，促进了当地的科技变革，而且这种贸易带来的影响确实很大，我们可以说这是第三次工业运动，虽然地点是在印度，但与前文描述的两次英国工业运动紧密相关。[17] 印度的工业运动包括纺织、化工和造船业的扩张。纺织业整体上虽然机械化水平很低，但孟加拉确实引入了缫丝机（见第六

15 Braudel, *Civilization and Capitalism*, p. 522.

16 仅就棉花而言，例子见 Riello and Roy, *How India Clothed the World*; Riello and Parthasarathi, *The Spinning World*; Riello, *Cotton*; Hahn, *Technology in the Industrial Revolution*。关于丝绸方面的技术对话，见 Schafer, Riello, and Mola, *Threads of Global Desire*。关于瓷器，见 Finlay, *The Pilgrim Art*。

17 这就是布罗代尔观点的含义；相关数据总结于 D. Kumar and Desai, *The Cambridge Economic History of India*。

章）。[18] 同一地区，也有一些纺织能手投资购买了额外的织布机，一些大型的织布集团也随之发展起来。纺织品生产依赖于一系列化学品，包括植物染料和用作媒染剂的矿物物质。就产量而言，印度的纺织生产可能达到了相当大的规模，但其资本投资还是非常少。

举例说来，在拉贾斯坦邦（Rajasthan），茜草红染剂所需的媒染剂明矾来自一种废料：铜矿周围倾倒的废弃破碎页岩，经过加工处理，便能得出明矾。第一步是将页岩浸水，泡在一排排陶罐中。要用到的陶罐数量巨大，但它们的成本和建造蒸发室的费用想必是这个过程中唯一的资金成本。人们会把台板固定在页岩丘的侧面，然后在上面把陶罐排成一长排（图 7.4）。每一罐页岩都要换三次水，水从一个罐里倒到另一个罐里，直到颜色变成灰蓝色。然后人们会把陶罐放到蒸发室中。一部分水会由此蒸发，然后陶罐就被静置在那，等待剩余的水和沉淀物分离。在这期间，蓝色的硫酸铜晶体会析出，然后被移除。之后，人们会再次倒出液体进行沸煮，然后加入硝石。硝石与溶液中的铝盐发生反应，在容器的底部结晶，形成明矾。[19]

在拉贾斯坦邦的凯特里（Khetri），这个提取明矾的产业就地发展，拥有大约 50 个蒸发室（见图 7.5）。值得注意的是，这里所用的设备非常简易，与本地治里附近的织物印染、艾哈迈达巴德的棉

---

18 Hutková, "A Global Transfer."

19 P. C. Ray, *History of Chemistry in Ancient and Medieval India.*

图7.4 1800年左右，印度拉贾斯坦邦的明矾生产。铜矿周围废土堆里的页岩被浸泡在一排排的罐子里（远景），然后被带到蒸发室（左）［绘图：黑兹尔·科特雷尔，基于P. C.雷的《古代和中世纪印度的化学史》（*History of Chemistry in Ancient and Medieval India*）中的信息绘成。］

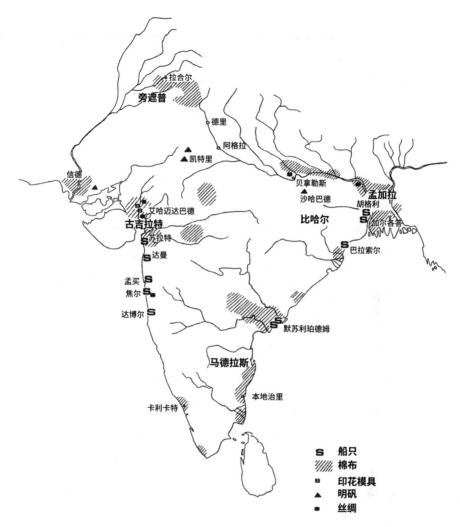

本书插图系原文插图

图7.5 18世纪印度的造船中心和与纺织品出口有关的手工业的分布图［根据乔杜里（Chaudhuri）、欧文（Irwin）、布雷特（Brett）、慕克基（Mookerji）、P. C.雷提供的资料］

布印花的简朴性如出一辙。在本地治里，印染过的织物铺在露天的地上，而在艾哈迈达巴德等地，染色、印花过程之间，人们都是在河里清洗织物的。这种极简的设备有助于降低成本，但这（同样）意味着投资生产能产生的额外利润少之又少。

相比之下，投资贸易就很赚钱了，因为在印度制造的廉价布匹在海外市场的售价是成本的三到四倍，而且在 18 世纪的印度，很多人都有大笔钱能用来投资。这些人就包括贾加尔·塞特（Jagar Seth）的银行集团以及苏拉特（Surat）和孟买等港口的许多帕西人（Parsi）和古吉拉特的银行家们。欧洲公司有时会贷款给这些公司，在 1720—1721 年与南海泡沫事件（South Sea Bubble）相关的金融危机中，英国东印度公司认为可以通过"在印度贷出、取息"来维护其在伦敦的摇摇欲坠的地位。[20]

在投资贸易（而非生产）的浪潮中受益的一个技术分支是造船业。因此，这一时期印度最重要的工业运动总是与各大造船中心脱不开关系（图 7.5）。此时造船业的主要客户大约有三种：商人、各地统治者和欧洲公司。用于沿海贸易的小型船只完全是本土设计，而 18 世纪建造的大多数大型船只在船体和帆的设计上则都与欧洲船只相似。然而，印度建造的船只在船头和其他细节的设计上自有其特点，而且在木板之间的接缝上运用了独特的木工技术，这些接

---

20 Chaudhuri, *The Trading World of Asia*, p. 447.

缝都是用槽口嵌接的，严丝合缝。

这种印度木工与欧洲设计的融合，反映了印度技术长期以来的世界主义特点。很多人评价16世纪莫卧儿王朝的发展时，会说阿克巴皇帝鼓励贸易和工业的政策非常具有前瞻性；但也有人批评他目光短浅，没有很好地重视手工业者和工程师的正规培训。[21] 印度统治者之所以会忽视专业培训，是因为他们可以轻而易举地从其他国家雇到技术人才，这些人往往是军队里的雇佣兵。纺织贸易中也有许多亚美尼亚人和波斯人，航运业中也不乏阿拉伯人。当印度商人参与船运投资时（这些船为了抵御海盗往往会装配枪支），他们经常招募欧洲人担任船长或射击指挥官。不过在造船方面，印度人具备丰富的专业知识，所以很少让欧洲人参与进来。

孟买的造船历史显示，与其说印度商人依赖欧洲的技术，不如说欧洲商业重度依赖印度的技术。当时的孟买船坞（Bombay Dockyard）属于英国东印度公司，该公司于1686年在那里建立了其在印度西部的基地。起初，船坞只建造小型船只，但在1736年，当有人提议扩大造船计划时，东印度公司发现自己缺少木匠，于是从苏拉特招募了熟练的技术工。4年里，他们在一位英国木匠师傅的指导下工作，这个师傅去世后，苏拉特的木匠路基·瓦迪亚（Lowjee Wadia）被指派代替他的位置，在整个工程中挑起大梁。比

---

21 Ikram, *Muslim Civilization in India*.

如，东印度公司 1750 年建造一个用于修理船只的干船坞时，就是由路基·瓦迪亚选址的。船坞长 64 米，在路基·瓦迪亚的监督下进行了两次扩建。1774 年瓦迪亚去世后，他的长子接替了父亲的木工工作，另一个儿子担任助理。此后直到 1885 年，孟买船坞的所有木匠能手都是瓦迪亚家族的成员。

起初，船坞最主要的任务是维修工作，建造的也只有小型船只。但在 1768 年，孟买船坞开始造一艘 500 吨的大船。1778 年，又一艘 749 吨量级的船由此下水。当这艘船在第二年到达伦敦时，东印度公司非常高兴，又订购了一艘设计相同的船。到了 18 世纪 90 年代，由于英国木材短缺，孟买建造大船的任务也越来越多。此外，随着拿破仑战争的进行，英国皇家海军也需要更多的船只，于是他们向孟买询价，想知道在那里建造军舰的成本如何。1802 年，海军少将托马斯·特罗布里奇（Thomas Trowbridge）直接写信给贾姆希德吉·瓦迪亚（Jamsetji Wadia），说孟加拉的造船厂也送来了估价，但他对那里的造船师们"没什么想法"。贾姆希德吉给海军少将的回信让英方对他更加信任，而依皇家海军以往的经验，瓦迪亚也很靠得住。就这样，他们放弃了最开始派遣英国船匠监督建造的想法，觉得这样没有必要；皇家海军只是寄来了图纸，让贾姆希德吉的团队照图施工。[22]

---

22 Wadia, *The Bombay Dockyard and the Wadia Master Builders*, p. 194.

还有一两艘船是迟至 1816 年才在孟买建造的，是莱达级护卫舰[23]，其架构是参考 1782 年俘虏的一艘法国船设计的（从俘虏船只到建造舰艇中间漫长的时间差，也说明了英国海军所用的设计发展相当缓慢）。在孟买建造的船只受到了法国设计的强烈影响，但也融入了印度技术的细节。从 18 世纪 90 年代到接下来的 20 多年里，孟买船坞为英国皇家海军建造了 22 艘舰艇。在服役期间，这些船因结实耐用而广受赞誉。例如，在 1809—1810 年的冬天，皇家海军舰艇"萨尔塞特号"（HMS Salsette）是唯一一艘在波罗的海的远征途中受到冰块撞击还幸存下来的船。同样令人印象深刻的是"亨可马里号"［HMS Trincomalee，或称"闪电号"（Foudroyant），莱达级战舰之一；图 7.6］的纪录，它在两百年后仍然能在海上航行。[24]

一位名叫利什曼（Lishman）的英国人统计汇编了 1736 年至 1859 年期间在孟买建造的船舶的数据（表 7.1）。由于船坞为东印度公司所有，大部分船只都是为其建造的。还有许多船也是为孟加拉领航服务队（Bengal Pilot Service）建造的，该服务队也为东印度公司服务。在其他船只中，除了为英国海军建造的船只外，有些是为马斯喀特（Muscat，位于阿拉伯半岛）的苏丹的海军建造的，有些是为私人使用制造的——其中很多是当地商人。举例说，在 18 世

---

23 莱达级护卫舰是 1805 年至 1832 年间英国海军建造的 47 艘皇家海军 38 炮级护卫舰。——译者注

24 "亨可马里号"现在作为一个浮动博物馆保存在英国东北海岸西哈特尔普尔（West Hartlepool）的一个专门建造的码头内。

图7.6 1817年在孟买的干船坞的"亭可马里号"，支起的临时旗杆说明船正准备下水，或者要从船坞驶出。虽然大多数船舶都是在船台上建造的，但"亭可马里号"却在竖起桅杆、准备出海之前一直待在干船坞里［插图由约翰·内利斯特（John Nellist）根据码头的照片和对该船目前的状况研究完成，同时感谢哈特尔普尔船舶修复公司（Hartlepool Ship Restoration Company）的帮助］

纪 80 年代建造的船只中有三艘是为孟买的帕西商人建造的。

在 1815 年前的 50 年间，许多技术都在不断进步，尤其是越来越多的铁制品（螺栓、板材、支架）正用于各种建设项目，其中大部分是在印度生产的。与英国一样，船舶通常是在船台上建造的，但也有一些新船的建造和旧船的修理是在孟买多功能的干船坞中进行的（图 7.6）。

印度另一个重点造船区位于孟加拉的胡格利河（Hooghly River）河畔。慕克基（Mookerji）曾引用这一地区的统计数据，[25] 尽管这些数据不如利什曼关于孟买船坞的数据完整，但将两者进行比较研究还是很有意义的。[26] 这一地区的主宰者依然是东印度公司，但许多私人的船只也会从附近的加尔各答驶向亚洲各港口以及伦敦，往来不休。

在该地区建造的一些最大的、用于长途航行的船只也用上了欧洲的纵帆装置（schooner rig）。表 7.1 清楚地向我们展示了，无论是在孟买还是在胡格利河，在 19 世纪的前 20 年，船舶产量达到了顶峰，然后开始下降。这反映了欧洲拿破仑战争的影响，即在 1806 年至 1813 年间，造船用木材的价格达到了最高点；在这些年里，在印度造船有极大的成本优势。但 1815 年战争结束后，英国海军

---

25 Mookerji, *Indian Shipping*, pp. 249–251.

26 N. Lishman, quoted in Wadia, *The Bombay Dockyard and the Wadia Master Builders*, p. 329.

渐渐不再需要从孟买订那么多船了（1829年后彻底停止订购）。不过，1820年后印度造船业的急剧衰退也反映了政治形势上的变化。

去工业化[27]

18世纪，印度通过纺织品贸易以及印度银行家和商人对航运的投资，参与了欧洲工业革命。纺织品和造船业的发展构成了一场重要的工业运动，但如果说印度正准备踏入本国自己的工业革命，那就大错特错了。印度的蒸汽机并没有得到发展，其煤矿资源稀少，机械化程度也不高。

图7.5显示，工业主要在沿海地区蓬勃发展。内陆大部分地区经济衰退，由于莫卧儿帝国的解体和战争的干扰，灌溉工程遭到破坏和忽视。尽管莫卧儿帝国的政治弱点自1707年以来就很明显（1739年，一支波斯军队在德里重创了莫卧儿军队），但还是英国人在帝国崩溃时趁虚而入，得到了最大的好处。在1757年至1803

---

27 本章探讨印度"去工业化"时，原文曾多次提到英国对印度的"invasion"（入侵），却并没有直白地用到"colonizing"（殖民）等词，即使去工业化本身是殖民带来的长久问题。对此，作者表示在本书成书的20世纪90年代，人们对"殖民"的观感仍然十分暧昧，很多人——无论是来自目前被殖民地还是来自殖民发起国——都认为殖民行动带来的利大于弊，英国为印度带去铁路是好事，等等。但作者在此想强调的是战争及其后果的恶劣性，所以撇去了当时人们怀有暧昧憧憬的"殖民"一词，而反复使用"入侵"。这种书写方式也是来自欧洲与亚洲不同的通识教育背景。但为了方便理解，故本章部分地方将入侵改为殖民，已经作者许可。——译者注

年期间，英国控制了除西北部以外的大部分印度领土。这之后，东印度公司就开始掌管着主要的经济部门，并通过改变税收和征税方法，迅速削弱了印度大银行家的权力。

印度在欧洲的市场因来自兰开夏郡的机织纱线和印花布的竞争而缩水，同时，英国针对印度进口产品征收的高额关税也对印度造成了打击。此外，英国还对航行到英国的印度制造的船只设置了许多限制规定。从 1812 年起，这些印度造的船只运送交付的任何进口产品都要支付额外的关税，这一点肯定是表 7.1 中记录的造船业衰退的一个因素。

表7.1 孟买船坞和胡格利河区域所造船只数目统计

时期	孟买船坞	胡格利河（孟加拉）
1736—1760*	26	
1761—1780	40	无确切记录
1781—1800	35	35
1801—1821*	58	237
1822—1840*	$43^a + 5^b$	104
1841—1860	$11^c + 13^b$	无大型船只

注：表中数据未包括排水量在 100 吨以下的船只。1790 年后，许多船只的排水量都超过 1 000 吨（具体数据来源请见正文）
* 估测时段可能长 / 短于 20 年整，时段包括首尾两年
a 包括 5 艘蒸汽动力船（汽船），木制船身由印度制造，发动机来自英国。
b 铁制内河汽船，造船用的铁制部件来自英国，后在孟买进行组装。
c 包括 9 艘汽船，木制船身。

然而，还是有少量印度船只继续航行到英国，1839 年赫尔曼·梅尔维尔（Herman Melville）从美国出发抵达英国时，正有一艘印度

船停靠在英格兰西北部的利物浦码头。这是来自孟买的"伊洛瓦底号"（*Irrawaddy*），梅尔维尔对此写道：

> 40 年前，这些商船几乎是世界上体型最大的；直到现在它们依然大过一般的商船。（这些船）完全由印度本地的船工建造，他们……水平远超欧洲的工匠。[28]

梅尔维尔进一步点出，大多数印度船只上用作索具的椰棕绳索往往弹性过大，需要人们时刻留心，而一位印度历史学家也确认了这一点。[29] 因此，伊洛瓦底号上的索具在利物浦的时候就被换成了麻绳。西沙尔麻绳是椰棕绳在印度的一个替代品，在加尔各答的一些船只上使用效果很好。

南亚次大陆落入英国手中后，人们对印度的态度发生了明显的变化。在此之前，旅行者在印度的农业和冶金等技术中发现了许多值得钦佩的地方。然而，1803 年后，工业的迅速发展加剧了英国殖民的傲慢。几年前看起来很了不起的印度技术，现在也可以由英国工厂以更低的成本实现了。印度被说成是相当原始的，而且人们越来越认为它最合适的地位是为西方工业提供原材料，包括原棉和

---

28 Melville, *Redburn*, chap. 34. 虽然这本书是一本小说，但梅尔维尔的评论是基于他 1839 年到英国旅行时的直接经验。

29 Qaisar, *The Indian Response to European Technology and Culture*, pp. 28–30.

靛蓝染料，同时充当英国商品的市场。这一方针也体现在 1813 年前后的一系列事件上，彼时东印度公司放松了对贸易的垄断，使其他英国公司可以任意向印度出售制成品。由此，英国的廉价进口产品，加之对印度商人施加的层层阻碍、限制，统统侵蚀着印度的纺织业、炼铁业和造船业。这样一来，就使印度陷入了快速去工业化（deindustrialization）过程。[30]

到 1830 年，情况已经变得非常糟糕，甚至一些身处印度的英国人也开始抗议。有人感叹道，"我们已经摧毁了印度的制造业"，他恳求应该对丝织业提供一些保护，"这是印度仅存的奄奄一息的制造业了"。另一位观察家对这种"商业革命"感到震惊，因为它给"印度的许多阶层带来了如此多、如此强烈的痛苦"。[31]

可以说，印度并非没有资本主义，但其经济并没有朝着本土工业化的方向发展。机器并未得到发展，似乎是一个证明，尽管在 18 世纪，炼铁工业和火药厂的水车使用都有所增加。

回顾这段贫穷衰落时期之前的时期，我们一定会被印度造船业的成就震撼，它培养了技术纯熟的木匠，形成了一种大规模的组织模式。它还培养了绘图员和关注机械的人；其中一位造船师阿尔达塞·库尔塞吉·瓦迪亚（Ardaseer Cursetji Wadia）于 1834 年在家

---

30 在这种情况下，"去工业化"这个词被以下文献采用：Goonatilake, *Aborted Discovery, Science and Creativity in the Third World*, p. 93; Hobsbawm, *Industry and Empire*, p. 49.

31 Simkin, *The Traditional Trade of Asia*, p. 287.

中安装了煤气照明，并建立了一个小型铸造厂，为蒸汽发动机生产零件。假使印度未被殖民，一直保持独立，英国的工业化很可能会影响印度，让技术和创新从船厂传播到其他行业。而事实上，这种发展被推迟到 19 世纪 50 年代及以后，即第一个机械化的棉纺厂开业的时候。意味深长的是，支持这一后期工业发展的一些企业家，正来自 18 世纪在孟买造船、投资海外贸易的一些帕西人家族。

枪炮与铁路：亚洲、英国、美国

来自亚洲的启发

英国之所以成功征服了印度，并不是因为英国有优越的军备，毕竟印度的军队装备更加精良（图 8.1）。更重要的原因其实在于之前莫卧儿政府的崩溃，以及许多印度人与英国的合作。不过，英国的几次胜利要归功于良好的纪律和大胆的战略，特别在阿瑟·韦尔斯利（Arthur Wellesley，未来的威灵顿公爵）指挥的部队中。韦尔斯利的贡献展示了西方技术组织方式的特点。虽然印度军队可能有很好的军备，但他们的枪炮尺寸不一、差别巨大，因此无法进行精确的武器演练，而且他们制作不同规格弹药的流程也过于复杂。相比之下，韦尔斯利的炮兵部队是标准化的，只使用三种尺寸的野战炮。指挥官本人对炮车的设计和牵引炮车的牛都给予了高度重视，这样他的炮兵就能像步兵一样快速移动，不会因为车轮断裂而耽搁。

反观印度，他们的火炮经常面临的一个主要批评是炮车的设计不佳。[1]尤其是在 1760 年之前，许多炮车甚至都比四轮手推车好不了多少（图 8.1）。不过那些火炮本身往往具有出色的设计和做工。虽然有些是进口的，有些是在外国工匠的帮助下制造的，但许多黄铜大炮、迫击炮，以及骆驼部队的重型火枪都是印度设计的。英国人经常会接管使用缴获的印度野战炮，在一次关键战役中，英国缴获了 90 门炮，韦尔斯利写道，其中 70 门是他"见过的最好的黄铜军械"。[2]它们可能是在印度北部制造的，也许是在阿格拉的莫卧儿大兵工厂生产出来的。

印度人从 16 世纪开始就用黄铜制造枪炮，而欧洲人最开始只能相对少量地生产这种合金，原因正如第五章所解释的那样，欧洲缺少冶炼锌的技术。然而，到了 18 世纪，欧洲开始大量生产黄铜，伦敦附近的伍尔维奇兵工厂（Woolwich Arsenal）也开始铸造黄铜大炮。一些欧洲国家为了生产黄铜，还特意从中国进口金属锌。但是，从 1743 年开始，英国布里斯托尔附近的一家冶炼厂开始使用焦炭作为燃料生产锌，同时德国也开发了锌冶炼厂。18 世纪末，英国每年从远东进口的锌仅为 40 吨左右。不过，1797 年访问中国的英国代表团特别注意到了当地冶炼锌的方法。[3]这些方法与印度使用

1　这从 Pant, *Studies in Indian Weapons and Warfare* 中的插图以及韦尔斯利为改进印度制造的炮车所做的努力中可以看出（转引自 Weller, *Wellington in India*）。

2　引自 Cooper, "Arthur Wellesley's Encounters"（我还要感谢 Randolf Cooper 在这个问题上的与我的私下交流）。

3　Needham and Lu, *Spagyrical Invention*, p. 212.

图8.1 18世纪下半叶的印度武器（从前景到远景）：废弃的炮筒、坐姿发射的长筒火绳枪、骆驼部队使用的重型火枪、黄铜大炮以及它们右边的迫击炮。图中的炮车并不典型，但类似的炮车在18世纪60年代就已使用；迫击炮也是那个年代的［绘图：黑兹尔·科特雷尔，依据的资料包括埃格顿（主要战役中的武器数量和类型）以及潘特（Pant）和印度军队展的图片资料，英国陆军博物馆（National Army Museum），伦敦，1987年］

的工艺非常相似，都是先熔炼金属后再进行冷却。有人猜测，1743年的布里斯托尔冶炼厂的冶炼法是基于印度的做法来的，但也不能排除英国独立发明的可能性。

另一个来自印度的技术迁移的例子则更明确，英国军队在南亚次大陆首次遭遇了火箭弹，这是他们闻所未闻的武器类型（图8.2）。印度火箭的基本技术来自公元1500年前的奥斯曼土耳其或叙利亚，不过中国人发明火箭的时间还要更早。在18世纪90年代，某些印度军队就有装备火箭的大型步兵部队了；在印度迈索尔（Mysore）的法国雇佣兵学会了制造火箭。当英国军械局（British Ordnance Office）在寻找这方面的专家时，威廉·康格里夫（William Congreve，其父是伍尔维奇兵工厂实验室的负责人）承诺按照印度的方式设计火箭。一次成功的演示后，大约200枚由他设计的火箭被英国用于1806年对法国布洛涅（Boulogne）的攻击中。从1000米外发射的火箭点燃了这座城镇。这次成功之后，火箭被欧洲军队广泛采用；然而，还是有一些指挥官，特别是威灵顿公爵，对这种无法精确瞄准的武器不屑一顾，在19世纪后期火箭也被束之高阁，不再使用。然而，接下来发生的事情却是整个英印关系的典型写照。1817年，康格里夫建立了一家工厂来制造火箭，其部分产品出口到印度，为在那里作战的英国火箭部队提供装备。

18世纪欧洲人感兴趣的另一项亚洲技术是农具设计。1795年，英国农业委员会收到了关于印度播种机和犁的报告。一个世纪前，荷兰人对爪哇使用的中国式犁和扬谷机产生了浓厚的兴趣。这之后，一群造访广州的瑞典人带了一台扬谷机回国。[4]就像这样，好几台扬谷

4　Bray, *Agriculture*, pp. 375–377.

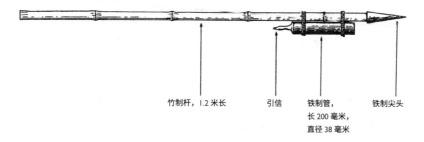

竹制杆，1.2 米长　　　　　引信　　　　铁制管，　　　　铁制尖头
　　　　　　　　　　　　　　　　　　　　长 200 毫米，
　　　　　　　　　　　　　　　　　　　　直径 38 毫米

图8.2 18世纪80或90年代的印度军用火箭。这种火箭在发射前每个重达4千克，射程约为1 000米。火箭在用来对付骑兵时可以通过惊吓马匹造成混乱，也被用作攻城武器。［插图依据的资料包括卡曼（Carman）、P.C.雷的作品和李约瑟等《火药的史诗》，第517—519页。］

机被出口到了欧洲不同地区，类似的清理脱粒谷物的设备也很快就在欧洲制造出来。其中一台机器的发明者约纳斯·努尔贝里（Jonas Norberg）承认，他"最初的灵感"就是来自"从中国带来的"三台机器，但他还是得造一种新的机器，因为中国的机器"不适合我们的谷物种类"。荷兰人同样发现中国的犁不适合他们的土壤类型，这激励了他们开发新的设计，采用弯曲的金属犁板，这种犁板与欧洲多年来一直使用的效率较低的扁平木板形成了鲜明对比。

　　在上述的大部分案例中，特别是在锌的冶炼、火箭和扬谷机方面，欧洲人确实详细研究了亚洲的技术。就火箭和扬谷机而言，在随后的欧洲发明中存在着模仿的因素（不过在冶炼锌方面可能没有）。不过在其他情况下，欧洲和亚洲之间更常见的技术对话则与上述模式不同，往往是欧洲的创新受到亚洲产品的质量或生产规模的挑战，而由此转向不同的方向——正如我们在纺织业的各个方面所看到的那样；而有时，技术对话要更局限一些，主要是巩固了人们对已经掌握的技术的信心。英国吊桥设计师的著作中会不时提到中国，反映的就是这种情况。中国人在桥梁建设方面享有盛名，在1700年之前，彼得大帝曾要求从中国派遣桥梁建设者到俄国工作。后来，欧洲出版的几本书中描述了各式中国桥梁，其中尤为引人注目的是用铁链制成的大跨度吊桥。[5]

在西方开发吊桥的人中，有从1801年开始建桥的美国人詹姆斯·芬利（James Finley），还有英国人塞缪尔·布朗（Samuel Brown）和托马斯·特尔福德（Thomas Telford）。大约在1814年，布朗设计了一种扁平的锻铁链节，特尔福德后来将这种铁链用作其吊桥的主要结构链。但除了借鉴这种具体的技术外，特尔福德最需要的是证明悬索原理（suspension principle）能解决他当时面临的问题。芬利的两座最长的桥分别横跨美国东部的梅里马克河（Merrimac River）和斯库尔基尔河（Schuylkill River），跨度分别为74米和93米。而特尔福德的目标，则是用他176米的梅奈桥（Menai Bridge）来跨越几乎两倍的距离。在什罗普郡一家铁厂进行的实验，使人们对铁链的强度充满信心。但特尔福德为了确保万无一失，可能还曾在更远的地方求索。他在一本笔记本上提醒自己"要调查中国的桥梁"。后文的措辞显示，他看到了一本新出的小册子，其中倡议用"链索桥"来跨越苏格兰的福斯湾（Firth of

---

5 Needham, Wang, and Lu, *Civil Engineering and Nautics*, p. 149.

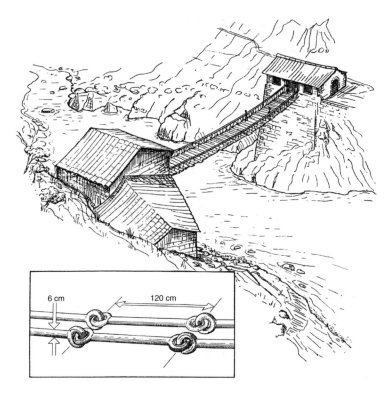

图8.3 江底桥，一座横跨云南牛栏江的中国铁链吊桥，在1726年的一本帝国百科全书中有所提及（但建成时间可能更早）。这种铁链吊桥一般会使用两种链条，一种是约30厘米长的传统焊接环节（由2厘米粗的铁条制成）。另一种则是由更长、更重的铁条组成，如这座桥用的那样。插图显示了扶手处的双链的尺寸。其他链条位于桥板之下 [基于莱斯利·佩西（Leslie Pacey）和肯尼思W. 梅（Kenneth W. May）的照片绘制]

Forth），这一主张也是部分基于中国的例子提出的。[6]

　　中国的吊桥是用锻铁链或铁条制成的链条简单建造的（图 8.3）。桥面由铺设在几条平行铁链上的木板组成，其他铁链则位于扶手链

6　Anderson, *Report on a Bridge of Chains*. 相关的特尔福德笔记本由伦敦的土木工程师协会持有，并被 Hague, *Conway Suspension Bridge* 引用。亦可见 Douglas, *Crossing the Forth*。

的高度。因此，桥面向下弯曲，最低点在跨度的中心，行人和驮马可以顺利通行，但车辆就无法通过了。特尔福德估计不会想要仿造这种桥梁结构；但是，中国式吊桥极长的跨度还是说明了悬索原理有其潜力可挖。它们无疑为福斯大桥的拟议者带来了灵感，甚至也可能稍稍地激励了特尔福德。而更直接的技术迁移则并非来自中国，而是来自美国。布朗和特尔福德从托马斯·波普（Thomas Pope）1811 年出版的一本书中了解到了詹姆斯·芬利在美国的工作。

铁路的到来

当特尔福德在梅奈海峡上建造的大吊桥于 1826 年完工时，一种新的运输技术也已经问世了——蒸汽驱动的铁路运输。铁加工技术的进步是促成铁路运输的关键，这样人们就可以建造坚固的铁轨了。第一座铁路蒸汽火车头是由理查德·特里维西克（Richard Trevithick）于 1802 年在什罗普郡的科尔布鲁代尔铁厂制造的（第六章）。两年后，特里维西克在南威尔士的佩尼达伦（Penydarren）首次展示了一个能运作的蒸汽火车头，令众人信服。但这些火车头对于当时的轨道来说太重了，所以铁轨经常发生断裂。

1812 年左右，英格兰北部的一些煤矿铁路开始使用火车，在此之前，这些地方都是由马匹牵引马车。这些火车在铸铁轨道上运行得很好，但真正实现长途铁路运输的一个重大进展是在 1820

年或 1821 年，当时诺森伯兰（Northumberland）的贝德林顿（Bedlington）铁厂的一家轧钢机生产出了长度为 4.6 米的坚固锻铁轨道。这些铁轨被铺设在 1825 年开通的斯托克顿（Stockton）和达林顿（Darlington）铁路上。与大多数早期的铁路一样，这条铁路是为煤矿服务的，但它也运送乘客。虽然马匹被用来在部分线路上牵引列车，但火车头的地位空前突出。许多游客前来参观这条线路，包括一位来自美国宾夕法尼亚州的游客、两位已经在普鲁士倡导建设铁路的德国人，以及一位法国工程师马克·塞甘（Marc Seguin）。

塞甘是那个时代的典型工程师，他的发明和投资，反映了各个国家和工业部门之间密切交织的技术对话。[7] 在为（和他家里有关系的）纺织业和造纸业开发各种新的机器和设备，建造了两座用钢丝绳代替铁链的先驱性吊桥之后，塞甘已经声名鹊起。于是，在后革命时期的法国，他的兴趣转向了蒸汽动力在运输业、工业和商业上的潜力。1825 年，当他与乔治和罗伯特·斯蒂芬森就蒸汽火车设计进行通信，同时安排访问达林顿时，塞甘刚刚为一种火管锅炉（tubular boiler）申请了专利，该锅炉用于为罗讷河（the Rhône，法国的主要河流）上的汽船提供动力，在他访问英国时，他已经将该锅炉进行改装以适用于火车。回到法国后，塞甘以斯托克顿和达林顿铁道线路显著的工业和经济潜力作为论据，说服法国政府投资铁路。

---

7 Cotte, *Le choix de la révolution industrielle*.

1826 年，塞甘和他兄弟们经营的公司获得了在圣艾蒂安（Saint-Étienne）和里昂（Lyon）之间修建客货两用铁路的特许权。这条长达 57 千米的新铁路是之前马力轨道的延伸，部分由火车头驱动车身，但仍有部分由马匹提供动力，将在那之前与世隔绝的、山区中的圣艾蒂安的丰富煤层，与罗讷河畔的里昂的纺织业及其他工业连成一脉。这促进了圣艾蒂安采矿业的发展，使该市渐渐成为国家钢铁和军备生产中心；通过提供方便易得的廉价煤炭，铁路也促进了里昂的工业转向蒸汽驱动模式。

这两个城市之间的地形崎岖不平，工程十分复杂，因此这条线路完成后也被誉为技术上的胜利。但是，铁路建设面临的最重要的障碍是社会问题：不愿意放弃土地的农民们坚决反对。要购买这 90 多块土地必须经过谈判，当一个愤怒的小农场主决定用猎枪解决问题时，塞甘险些丧命。与此同时，里昂郊外的日沃尔（Givors）公社的居民提出了激烈的抗议，以至于铁路的路线不得不移到罗讷河的另一边。塞甘不得不在建设铁路、桥梁和隧道中做出妥协，这提醒我们，技术对话不仅涉及变革的支持者，也涉及反对者，不仅涉及新技术的使用者，也涉及拒绝者，他们共同塑造了最终的技术成果，而这些成果在后来者眼中可能是技术挑战下的简单却合理的回应。[8]

---

8 Pinch and Bijker, "The Social Construction of Facts and Artefacts"; Oudshoorn and Pinch, *How Users Matter*; Hahn, *Technology in the Industrial Revolution*. 英国海军部对蒸汽船的反对（见注 16）是另一个典型的例子。

铁路运输的理念飞快流传，斯托克顿和达林顿铁路线的原型也使许多其他地方蠢蠢欲动。很多地方缓慢而不可靠的运输阻碍了贸易发展，这些地方正计划着修建铁路。欧洲各地也建成了几条铁路，而在美国，巴尔的摩和俄亥俄州的线路在 1827 年至 1830 年期间建成。这条铁路是在美国充分了解了斯托克顿和达林顿铁路的情况下铺设的，具有与英国同类型的铁轨和相同的轨距。同时，在 1828 年和 1830 年之间，斯蒂芬森兄弟还建造了一系列火车头，包括他们著名的"火箭"（Rocket）（这个名字一度成了热门话题，因为其同名武器在西方仍然十分新颖），他们最终抛下了特里维西克式的火车原理，转而为新一代带有管式锅炉和卧式汽缸的发动机打下基础。[9]

美国第一个重要的火车设计师是约翰·B. 杰维斯（John B. Jervis），他为自己在奥尔巴尼（Albany）和斯克内克塔迪（Schenectady）之间建造的线路进口了一台斯蒂芬森火车头。像当时所有的英国火车头一样，它只有四个轮子，杰维斯发现它在急转弯处要么直接失去了动力，要么就问题频发，而急转弯恰是这条线路的一个特点。经过反复讨论，杰维斯设计了一种新的火车头，后部设有一对驱动轮，发动机前面设有一个四轮转向架承担重量。这个车头是在当地制造的，确定它能顺利运行后，杰维斯在 1833 年

9　Rolt, *George and Robert Stephenson*.

改造了斯蒂芬森火车头，并在前面加上一个四轮转向架。斯蒂芬森车头的性能得到了极大的改善，转向架也很快成为美国火车头的标准配置。因此，美国的蒸汽火车并不是简单地从英国迁移而来的技术；就如本书所写的其他许多例子一样，这更像是一场对话，过程中引进而来的技术得到了许多创新性的回应。

在铁路作为一种运输系统的发展中，另一项起着关键作用的发明是电报。它不仅会发出列车接近的信号（从而促进安全），而且对铁路的有效管理也很重要。而电报能有效运作，关键在于可靠、经济的电池。在英国，这种电池是由伦敦国王学院（King's College London）的詹姆斯·丹尼尔（James Daniell）研究开发的，他的同事惠斯通（Wheatstone）教授帮助威廉·库克（William Cooke）开发了第一台英国电报机。重要的是，这项发明的首次演示是在1837年尤斯顿（Euston）站和卡姆登（Camden）之间的伦敦—伯明翰铁路上进行的，然后是在大西部铁路（Great Western Railway）上展演。

在这种类型的电报中，人们可以通过观察一个或多个移动的指针来接收信号，这些针可以指向左边或右边，表示不同的字母。在英国使用这种设备之前，塞缪尔·莫尔斯（Samuel Morse）就已经在美国试验了一种不同形式的电报机。[10] 他的成功也取决于高效电池的开发，在这方面他得到了来自纽约的教授伦纳德·盖尔（Leonard

---

10 L. Coe, *The Telegraph*.

Gale）的帮助。更重要的是，一位名叫阿尔弗雷德·韦尔（Alfred Vail）的机械师提供了帮助。韦尔-莫尔斯电报机最初具有一个关键性优势，即接收仪器能将他们发明莫尔斯电码的点和破折号标记在一张移动的纸条上。但是，当人们发现操作员破译仪器发出的声音可以比阅读纸上的信息还要快时，韦尔-莫尔斯电报表现出了其更大的优势。音响器（sounder）作为接收器时，操作员根据信号每分钟可记录 40 到 50 个字。随着时间的推移，这个系统几乎全球流通；莫尔斯在 1840 年为他的设备申请了专利，到 1850 年，电报网络已在迅速扩大。

1856 年，第一条铁路跨过密西西比河后，关于铁路在开辟美国西部和促进农业发展方面的作用已无须赘述，但草原上别具一格的先驱铁轨旁，设有一排电报杆（图 8.4）。铁路公司是电报的主要用户，交通和通信方式齐头并进，一起发展。

铁路与工业化

虽然蒸汽铁路是在 19 世纪的前 30 年里在英国发展起来的，但 1830 年后它在美国的扩张速度更快。到 1840 年，美国已建成约 4 600 千米的线路，而英国有 2 400 千米，欧洲的大陆上有 1 500 千米。美国的这种高速建设的速度是通过廉价建设实现的，与英国相比，美国铁路的弯道更急，坡度也更陡。

图8.4 19世纪60年代在美国大草原上修建的铁路通常伴随着电报线（绘图：黑兹尔·科特雷尔）

图8.5 在19世纪的炼铁厂中轧制锻铁块和铁条。如果要大量生产铁轨，同时使其具有足够的强度以承受火车的重量，那么发展轧机以生产锻铁轨是至关重要的［摘自奈特《实用机械学词典》（Knight, *The Practical Dictionary of Mechanics*），铁桥谷博物馆提供］

随着铁路建设速度的加快，制造铁轨和火车需要空前数量的铁。在许多方面，正是钢铁工业的技术成功使英国能够建设铁路。燃烧焦炭的高炉为更大的生产量提供了必要的支持。在耐用的锻铁轨道普遍流行之前，人们必须设计出将生铁转化为锻铁，将白热的长铁条轧成铁轨的新方法（图 8.5）。

鉴于这些创新都是在英国完成的，因此，想要修建铁路的其他国家最初难免要从英国制造商那里进口铁轨，甚至火车头。同时，这些国家也在推动当地钢铁工业迅速发展，以便制造自己的铁轨。在欧洲，首先是比利时，然后是德国和法国，纷纷走上了这条道路。[11]

美国的情况有所不同，美国的工业基础最初比法国和英国薄

---

11 Fremdling, "Railroads and German Economic Growth."

弱，但对铁路的需求和涉及的距离更大。这样一来，美国很快就占据了英国出口铁轨份额中很高的比例，而英国钢铁工业的繁荣与美国的铁路建设也由此紧密相连。实际上，通过以优惠条件提供铁轨，一些英国铁匠成为美国铁路线的重要投资者。值得注意的是，在19世纪50年代，英国开通了约5 000千米的铁路，但美国修建的铁路长度达到了惊人的3万千米。

其他行业有制造机器经验的人都可以制造火车头，特别是棉纺业，而且这些车间有许多通用的工具。因此，在19世纪30年代，在马萨诸塞州洛厄尔（Lowell）的纺织厂附近的机器车间，以及宾夕法尼亚州的费城，火车头制造都得到了大力发展，在那里，鲍德温火车厂（Baldwin Locomotive Works）由一个以前制造纺织印刷机器的企业发展而来。该企业以及其他美国发动机制造商的成功，使1836年后的美国几乎没再进口任何火车头，到1839年，美国450台火车头中的大部分是在国内制造的。

想要无限生产铁轨却意味着更大的困难；它更多地取决于大宗铁的生产，而这又与1830年美国刚刚开始的钢铁工业的变革息息相关。虽然生产生铁的高炉和将生铁转化为锻铁的反射炉（reverberatory furnace）与英国的可堪伯仲，但还是需要进行一些重新设计，才能燃烧宾夕法尼亚州丰富的无烟煤。他们的进展很快：在19世纪40年代，80%的铁轨还需从英国进口，但在1856年，美国国内的铁轨产量就超过了进口量。

通过这些发展进程，铁路建设不仅刺激了美国铁厂和生产车间的发展，还为欧洲的许多国家带来了同样的影响。因此，铁路和支撑其运营的工业有时会被描述为 19 世纪中期整体发展的主导产业。然而，在欧洲大陆，由比利时、德国和法国北部组成的工业核心区，与南欧和东欧组成的外围地区之间存在着重大区别。在核心区，有确凿证据显示，许多工业的增长是由铁路的发展带来的。在外围地区（西班牙可以作为一个例子），铁路有时则无利可图，甚至是当地的负担。有历史学家指出，"铁路梦"及其投射的快速现代化的前景在西班牙是如此具有说服力，以至于有一段时间，几乎所有可用的投资都进入了铁路，而"真正的制造公司"却被忽视了。[12] 因此，尽管到了 19 世纪 60 年代，西班牙已建立起了一个庞大的铁路网络，但它并没有真正为西班牙的发展和经济做出什么贡献。那些铁路公司主要是由法国持股控制的，而如采矿业等工业公司则由英国公司把控着命脉，那些最重要的铁路线路都是通往港口的，这样就方便西班牙的矿石被运往英国加工并服务于英国的发展。尽管西班牙视其铁路为发展的象征，但实际上，每年铁路运营带来的利润大部分都流到了法国和英国持股人的手中。

这时，与欧洲核心地区相比更边缘的地方也开始修建铁路，特别是阿根廷。[13] 那里的第一条铁路于 1857 年开通，设备从英国进口。

---

12 Nadal, "The Failure of the Industrial Revolution in Spain, 1830–1914."

13 关于拉丁美洲经济体中铁路历史的最新文献回顾，见 Butler, "Railroads, Commodities, and Informal Empire in Latin American History"。

它的第一个火车头原本是为一条印度铁路建造的，但印度不需要，于是火车头被送到了阿根廷。这意味着阿根廷的轨道必须按照与印度相同的宽度铺设，即 1.67 米。这段插曲似乎很典型地说明了，外围国家总是承受着随机又武断的技术决定。

　　然而，在利用铁路促进国家发展方面，阿根廷比其他国家更成功。政府有意寻求外国资本来建设新的线路，但它也采取了措施，以确保选择的路线符合当地的要求，而不仅仅是为外国人创造利润。如果一条线路需要通过人口稀少的地区，而且预计交通量不大，政府会保证投资者有 7% 的资本回报。这样一来，具有良好农业潜力的空旷地区就有可能享有铁路服务了。与美国一样，铁路成为阿根廷某些地区的一种开发定居手段，同时使牧场主和谷物种植者能够进入市场和港口。

　　1880 年后，阿根廷铁路建设蓬勃发展，线路铺建非常迅速，1882 年至 1892 年间共铺设了约 8 500 千米的铁路。农业发展也形势喜人，阿根廷成为向欧洲出口粮食的重要国家，一些最早的有冷藏功能的船在 1876—1877 年试行，运来了阿根廷的肉类货物。此时，阿根廷的食品出口业在商业上是成功的，技术上是先进的，并获得了大量利润。但是，这些钱并没有被投资于进一步的工业发展，大部分钱都回到了外国投资者手中。富裕起来的阿根廷地主们也把大部分现金花在了国外。另一个问题是，食品出口业的利润如此巨大，以至于它吸引了过多本就有限的投资资金。就这样，阿根廷的经济并没有实现多样化。钢铁厂和工程行业的发展并没有取得进展，而这些行业却恰恰是铁路刺激地方工业化发展的媒介。

许多其他国家也有与阿根廷类似的情况，如墨西哥，在 1876 年至 1910 年期间修建了 2 万千米的铁路，使农业和矿产出口增加，而真正的工业发展却很少。关键问题是，当地对铁路的投资到底能否被其他行业的投资所平衡。如果不能，那么这些地方的铁路在技术上仍然需要依赖核心国家，资源也不断地从外围流回核心国家。当我们考量亚洲的铁路发展时，我们会发现，俄国和日本确实对支持性产业进行了大量投资。在中国，早在 1900 年之前就有一家能够制造钢轨的钢铁厂，一个新的煤矿也在河北省得到开采，但除此之外几乎没有其他任何发展。印度当地有很好的工程投资潜力，也有一家新的钢铁厂，但其在发展的道路上却依然面临着层层障碍。

造船业与印度的枪炮

在进一步讨论铁路建设之前，我们需要看到，蒸汽动力在亚洲的首次重要亮相不是以火车之名，而是在炮艇上。[14] 1824—1825 年，英国人通过伊洛瓦底江进攻缅甸时，发现了内河蒸汽船在战争中的潜力。他们在印度水域部署了三艘汽船，因为他们意识到，即使像

---

14 本节在很大程度上借鉴了海德里克（Headrick）关于技术和帝国主义的两本重要
   著作：*The Tools of Empire* 和 *Power over Peoples*。

伊洛瓦底江这样的大河，大型的帆船也无法在有限的空间内进行机动操作。汽船执行的任务之一是将军舰拖到上游，但事实证明它们在战斗中也非常有用，因此在接下来的 20 年里，内河船只的设计特意考虑到了在战争中的性能。

在 1840—1842 年与中国进行的第一次鸦片战争中，英国有了大规模使用这种船只的机会。英国人向中国出口了大量的鸦片，而这些鸦片是在他们的殖民地孟加拉地区种植的。其目的是抵消进口中国茶叶的开支——由于工人阶级家庭开始经常消费这种曾经奢侈的饮料，进口茶叶的成本在不断飙升。中国人对这种毒品贩运的规模感到震惊。在一封写给维多利亚女王的信中，一位中国官员写道："我们听说，贵国不允许人们吸食这种毒品。如若它是有害的，那么你们又怎能让别人暴露在它的邪恶力量之下，供你们来谋取利益，这样岂不有违天律？"[15]

然而，英国人认为，在这个问题上，自由贸易比道德原则更重要。因此，中国阻止鸦片进口的努力却反而激起了英国在 1841—1842 年发起的"惩罚性远征"，英国海军舰艇一路沿着中国的河流进发。1842 年，他们打算封锁大运河与长江的交汇口，因为众所周知，该运河在向中国首都北京供应粮食方面有着至关重要的作用。他们使用了几艘蒸汽船，其中以一艘全副武装的铁壳蒸汽

---

15 "闻该国禁食鸦片甚严，是固明知鸦片之为害也。既不使为害于该国，则他国尚不可移害，况中国乎？"，出自林则徐《谕英国国王书》。——译者注

船"复仇女神号"（Nemesis）为首，该船当时刚刚由位于伯肯黑德（Birkenhead）的莱德船厂（Laird shipyard）在英国建造。[16]

19世纪50年代，英国人在对中国的第二次鸦片战争和在缅甸的进一步战争中使用了蒸汽炮艇。再之后，英国在缅甸沿海地区建立了一个行政部门，在这个部门的推动下，一家私营公司成立了，负责在伊洛瓦底江上经营商业汽船服务。随着交通的改善，当地大米出口扩大了，而且英国人在当地用从苏格兰运来的零件建造了更多的船。

为改善印度和英国之间的通讯，汽船技术的发展也另辟蹊径。孟买的英国人想要建设一条邮递通路，即让蒸汽船从孟买驶到红海源头，信件从那里经陆路转发，然后再通过地中海进行航运运输。孟买船坞为这一服务建造了一艘400吨的船，其历史在第七章中有所描述。它于1829年下水，配备了两台从伦敦莫兹利（Maudslay）的工坊送来的80马力的发动机。这艘船很好地完成了它的任务——在也门的亚丁城（Aden）被强行攻占，变成英国的一个船只补给站后，它就在那里服役了。[17]

造这艘船的经验启发了孟买的一位造船师，使他对蒸汽机和其他西方工程进行了详细的研究。这就是阿达塞·库尔塞吉·瓦迪亚

---

16 作为这个过渡时期的典型船只，"复仇女神号"除了蒸汽机外，还带着风帆。开发新战舰的成本和风险不是由英国政府承担，而是由东印度公司承担：当时英国海军部"反对蒸汽船和铁船"（Headrick, *Power over Peoples*, p. 200）。

17 Barak, *Powering Empire* 描述了在建立大英帝国的过程中装煤港的重要性。

（Ardaseer Cursetji Wadia），第七章末尾提到他建造了一个煤气照明厂和一个用于制造发动机零件的铸造厂。1838年左右，当孟买船坞开始常态化地组装汽船时，东印度公司任命他为机械总监。[18] 东印度公司与位于伯肯黑德的莱德船厂合作，该船厂开创了拥有铁制船体的内河汽船，到1841年，在库尔塞吉的监督下，船工们用伯肯黑德运来的零件组装了五艘这样的船。

库尔塞吉对发动机的研究，说明印度对西方技术的反思已经开始迭代，但在印度当时的状况下，这种技术对话几乎没有机会发展成形。随着螺旋桨代替了桨叶、铁制船体代替了木制船体，欧洲和亚洲之间的技术差距进一步拉大了。特别是螺旋桨，它为蒸汽船在海上和河流上的成功开辟了道路，第一艘将螺旋桨和铁制船体结合在一起的船是"大不列颠号"蒸汽船（SS Great Britain），于1843年根据英国工程师伊桑巴德·金德姆·布鲁内尔（Isambard Kingdom Brunel）的设计完成。大约从这个时候开始，半岛东方轮船公司（Peninsular and Oriental Company，简称P&O，又名铁行轮船公司）逐渐成为印度水域最大的大型蒸汽船运营商。需要注意的是，他们让孟买船工做的唯一一项工作就是建造驳船，用于给他们的船只添加燃料。1869年，随着苏伊士运河的开通，汽船终于取得了最终的胜利，因为帆船无法在该运河上通行。

---

18 Wadia, *The Bombay Dockyard and the Wadia Master Builders*, p. 330.

然而，印度也有一项技术积极回应了西方的创新，那就是枪炮的制造。事实上，1800年后印度的技术快速进步，给英国军队在征服的最后阶段带来了许多麻烦。直到19世纪40年代的锡克战争（Sikh Wars），南亚次大陆的西北部地区才被占领。那时，锡克部队比早期的印度军队更加训练有素，而且当地统治者推行了一场积极的装备重整运动。锡克人在1810年组建了新的马炮部队，配备了重新设计的炮车，并在1813年招募了熟练的工人来为新扩建的军工厂工作。到1821年，位于拉合尔（Lahore）和阿姆利则（Amritsar）的锡克族地盘上的铸造厂已经生产了400门重炮和迫击炮，而在1831年之前，他们又生产了350门炮。火枪也是在当地生产的，但同一时间从国外购买的枪支也使锡克部队能够学习西方的最新技术。例如，火绳枪和燧发枪（flintlock musket）总会面临的一个问题是由于火药受潮而无法在潮湿的天气里有效发射。这就让想在雨中射杀鸟类的英国冒险家们格外恼火。他们想要开发更可靠的枪支，也由此对其他爆炸性物质进行了一系列的化学研发，从而设计出了一种不那么受天气影响的带有火帽（percussion cap）的枪。19世纪20年代，这种新型枪支在英国和美国猎人间大受欢迎。到1825年，锡克人军队已经获得了这些武器，但直到1836年，英国军队才首次批准使用带火帽的枪。

　　1843年，英国人向信德省推进。在海德拉巴（Hyderabad）和米亚尼（Miani）的战斗使锡克族中心地带进一步强化了军事准备工作。据说在这一年，锡克军工厂和仓库的雇员人数上升到5万多人，到 1845 年又增加到 7.2 万人。很可能是花在武器上的钱太多，导致了他们的"财政崩溃"。因此，英国人之所以能在 1849 年最终占领该领土，部分原因是锡克人的经济枯竭，而不是因为他们的武器装备不足。[19]

美国制造

现在，欧洲的枪支正飞速发展，从法国的米涅步枪（Minié rifle）和普鲁士军队重新装备的后装步枪（breech-loading rifles）就可见一斑。[20] 美国也出现了一系列重要的创新，包括柯尔特式左轮手枪（Colt revolver）、史密斯威森（Smith and Wesson）连发步枪，以及在内战期间出现的第一批机枪。这些创新大大拉开了西方国家与其他国家之间的实力差距，这不仅是因为他们的新武器更具杀伤力，而且还因为西方国家新开发的炼钢和机床应用的工业技术极大地提高了生产力。在此之前，亚洲和欧洲的枪支主要是用手工方法制造的，亚洲的工匠总能够复制出西方的枪支，或者生产出他们自己设计的枪，其质量也往往超过西方的工艺标准。

---

19 Pant, *Studies in Indian Weapons and Warfare*. 在 Headrick 对同一主题的讨论中，我们可以看到 Pant 的评论：*Power over Peoples*, pp. 162–163。

20 Headrick, *The Tools of Empire*, p. 99–100; Rosenberg, *Technology and American Economic Growth*. 另可参见 Hounshell, *From American System to Mass Production*。

西方的钢铁生产之所以能迎来革命性的变化，在于其引进了能以相对低廉的价格大量生产钢铁的工艺。最初，这要归功于贝塞麦酸性转炉炼钢法（Bessemer process），该工艺由宾夕法尼亚州的威廉·凯利（William Kelly）和英国的亨利·贝塞麦（Henry Bessemer）独立开发，并由后者于 1856 年获得专利。在克服了早期的困难后，贝塞麦炼钢法在美国得到了广泛的应用。很快，西门子–马丁的平炉炼钢法（Siemens-Martin open-hearth process）也开始使用。然后，西德尼·吉尔克里斯特·托马斯（Sidney Gilchrist Thomas）和他的亲戚展示了如何用（因含有磷而）无法在贝塞麦或西门子–马丁炼钢法中使用的矿石来炼钢。这大大降低了成本，使这种新式钢成为军队枪管的标准原材料。就这样，到 1875 年，非西方国家的铁匠再也无法复制或修补欧洲的枪支了。

另一种制造枪支的新方法起源于 19 世纪 20 年代的美国，当时联邦政府在弗吉尼亚州的哈珀斯费里（Harpers Ferry）建立了一个步枪实验工厂。工厂的目标是按照精确规定的尺寸制造枪支部件，以便任何部件都能在一支枪和另一支枪之间互换。这样一来，人们就可以用库存的备件替换损坏的部件来快速修理枪支，而不必专门重做一个新的部件，而且在工厂组装新枪的速度也会更快。联邦军械部（The federal Ordnance Department）很快下令，无论是在马萨诸塞州的春田兵工厂（Springfield Armory）还是私人公司，所有为其制造的枪支都要有可替换的部件。就这样，承包商们获准使用哈珀斯费里开发的技术，其中包括与车床和其他机床一起使用的量具和夹具，以确保金属部件和木制枪托都能被加工成标准尺寸。

来到美国的英国访客们发现这种方法相当独特，而将其称为"美国制造系统"。它的重要性在于，早先发源于纺织生产的工厂系统，现在可以用于组织生产枪支和其他机制复杂的设备了。换句话说，用较少的熟练工人和机器主导的工作节奏，美国可以制造出超越手工方法的枪支、时钟、耶尔弹簧锁（Yale locks，从1855年开始）和其他所有标准化的机械产品。缝纫机（1846年以后）、打字机（1868年以后）、收割机和自行车都是这样制造的。其中许多物品价格足够便宜，于是进入了人们的日常家庭生活；而如果无法制造标准化、可互换的部件的话，这一切都将是不可企及的。

这个原理听起来很简单，但是不用熟练工人不断锉削过大的部件或进行其他调整，就制造出能严丝合缝组装的精确部件，这个过程其实面临着重重困难。新的机床是一定得有的，如19世纪40年代发明的转塔车床（turret lathe）和1861年的万能铣床，此外还必须设计出自动控制方法，使这些车床能够以正确的精度做出机器零件。

这一连串的发明，不仅其本身意义重大，而且还是一个历史标志——标志着美国不再只是其他国家技术的纯借用者，而成为技术变革的关键发起者。如果说"美国制造体系"代表了技术进步的全新方向，这种说法显然有其道理，但它忽视了早期美国创新者的聪明才智，如詹姆斯·芬利、奥利弗·埃文斯（Oliver Evans，高压蒸汽机的先驱）、约翰·杰维斯和塞缪尔·莫尔斯的同事们。这些人都不是简单地借用或完全依赖从其他地方迁移而来的技术，而是在利用国际交流或对话中的一部分技术理念来创造全新的发明。芬利是中国以外第一个认真建造铁质吊桥的人。埃文斯的发动机和莫尔斯的电报机，也都与当代英国的同类产品不尽相同，而且在许多方面甚至比英式的更加成功。同样，关于可换部件和精密机床的想法也是国际交流的一部分，英国早前就应用了这种技艺（不过都是用于制造特定的产品，如船舶索具的滑轮组和一些纺织机械）。

很少有不依赖已在流通的理念完成的全新发明，技术迁移也往往不是机器或概念的单向传播。技术进步通常来自交流对话，即技术理念的双向沟通。

印度铣床和钢铁厂

在这场国际对话中，我们已经讨论了一些印度技术扮演的角色，也提到了如果船厂当初能自由发展的话，它们可能会成为现代技术向各个领域传播的中心。[21] 而在 1853 年后，铁路工厂的情况也是一样。但在英国的占领下，印度的造船业趋于收缩，而当铁路开始建设时，印度人被排除在所有技术之外。印度被迫扮演了最粗陋

---

21 关于本节，见 D. Kumar and Desai, *The Cambridge Economic History of India*，具体案例研究，见 Harris, *Jamsetji Nusserwanji Tata*。

的技术转移中的角色，即技术的被动借用者，而非对话的参与者。

印度的第一条铁路是 1853 年从孟买出发的一条短线。关于印度的铁路有这样一项安排，即其所得利润归英国投资者所有，而损失则由印度的税收来支付，就这样，许多铁路公司很快成立。到 1870 年，有 7 500 千米的线路开放，但在这之后，许多线路是由政府而非私人公司建造的，而为了省钱，他们通常会将轨道建得更窄。

到 1902 年，英属印度境内的铁路长度超过了亚洲其他地区的总和，但相关的工业发展却寥寥无几。当地已经在开采煤矿，为火车和蒸汽船提供燃料，到 1900 年，也有部分煤炭出口。但是，当孟买开始建立大型铁路车间时，它们的主要功能是用英国制造的零件组装火车车头和车厢。机械工业依然原地踏步；事实上，在 20 世纪末，孟买唯一一个真正的机械工厂属于一家起重机制造商。

英国人将印度视为一个农业国家，还操纵印度的土地税，以鼓励生产出口作物，如原棉和靛蓝染料。苏伊士运河开通后，印度的小麦和玉米也被大量出口到欧洲，即使在 19 世纪 70 年代印度一度陷入灾难性饥荒，这种出口也未曾断绝。基本谷物的出口进一步削弱了这个因几十年的去工业化而陷入贫困的国家。[22] 不过，英国的政策也引来了一些有益于灌溉工程的投资，其目的不仅是促进作

---

22 Davis, *Late Victorian Holocausts*, p. 121.

物出口，在 1877 年和 19 世纪 90 年代末的饥荒之后，这样做也是为了防止未来再度发生饥荒。起初，英国的水利工程基本上只包括重建那些荒废已久的旧灌溉系统。这些工程涵盖了重建南印度的高韦里大坝（Cauvery Dam）和修复德里附近的亚穆纳运河（Jumna Canals）。后来，许多真正意义上的新建工程也慢慢开展起来，在信德省（从 1873 年开始）和旁遮普省（1880 年至 1901 年）开辟了新的土地，让人们得以定居和耕作。[23]

然而，印度并不是只靠英国投资农业和铁路，当时仍有一些印度商人有资本可以进行投资。他们通过小规模的贸易或作为英国公司与当地原棉、靛蓝和鸦片生产商之间的中介，度过了去工业化最糟糕的那段时间。尽管英国的政策旨在引导他们的投资远离任何能促进印度工业发展的东西，但一些企业家并没有因此而气馁。在 19世纪 50 年代，他们的机会终于出现了——来自兰开夏郡的廉价布匹曾一度使许多印度人失去了生意，但那会儿这些英国的布匹终于开始涨价了。

1851 年，一名印度商人开设了第一家配备机械化纺纱机器的棉纺厂。19 世纪 60 年代，兰开夏郡的工业遇到了困难——其原棉供应因美国内战而中断，但这对印度来说却是个好消息。到 1870 年，

---

23 虽然英国宏伟的运河项目无疑扩大了粮食和原材料的商业生产，为殖民地国家带来了额外的税收，并使那些被授予或拥有土地的贵族农民富裕起来，但不太积极的影响包括疟疾的蔓延、贫富差距的扩大以及最终的环境问题。（Hardiman, "The Politics of Water"; Minsky, "Of Health and Harvests"）

印度拥有了 12 家机械化的工厂，主要集中在孟买和艾哈迈达巴德，其中装配的机器等同于 27 万个纱锭。到 1887 年，这一数字增加到 160 万，到 1900 年增加到 500 万。由于当地缺乏机械工业，所有这些机械设备都必须得从国外进口，有时还需要依赖欧洲技术人员进行维修。起初，所有的机器都来自英国，但印度的工厂主们并没有一味地坚持使用英国的技术；很快，他们就进口了美国设计的更先进的环锭纺机（ring-spinning machine）。

黄麻是印度的另一种纺织纤维，主要生长在孟加拉。从 1800 年起，东印度公司就想推动黄麻出口到英国，用来织造与粗糙亚麻布差不多的织物。30 年后，苏格兰邓迪市（Dundee）的亚麻纺纱厂开始用他们的机器纺制黄麻。邓迪工厂逐步扩大着孟加拉纤维的进口规模，以制造世界贸易过程中所必需的麻袋、麻布和帆布：大多数散装货物都是包装在这类布料里运输的（就比如阿根廷小麦从潘帕斯草原到欧洲市场的漫长旅程）。在很长一段时间内，印度仅仅负责提供原材料。最终，黄麻厂还是在印度建立起来，但第一个由印度企业家全资拥有的黄麻厂直到 1918 年才开业。它是由甘希亚姆·达斯·贝拉（G. D. Birla）创立的，他之前有着贸易相关的从业经验（尤其是棉花），但没经手过制造业。

这些发展中有一个特点，即许多企业家与 19 世纪的苏拉特商人及孟买船工属于同一社会和种族群体。他们中的许多人（贝拉除外）都是帕西人。最突出的莫过于贾姆希德吉·塔塔（Jamsetji Tata），他于 1868 年成立了一家棉纺公司，并于 1877 年在那格浦尔

（Nagpur）开设了当地著名的"女皇皇后纺织厂"（Empress Mill）。其他人则来自瓦迪亚家族（前文已讨论过其在造船和蒸汽工程中的角色）；瓦迪亚家族建立了孟买染色、纺纱和纺织厂，总共拥有 18 万个纱锭。

1875 年，孟加拉发展起小规模的现代钢铁工业，但其他重工业的进程却表现平平，直到贾姆希德吉·塔塔将他的棉纺厂赚得的一部分财富投资到贾姆谢德布尔（Jamshedpur）来建造钢铁厂。是他决定建立这个企业的：他选择了厂址，并做了许多初步规划。然而，钢铁厂于 1907 年开业在那之前的 3 年，他却去世了。这个项目实际上得到了英国人的肯定，他们提供了技术支持，还同意让这座钢铁厂向印度铁路出售钢轨。后来，塔塔工业公司成为印度最大的工业联合体，拥有各种各样的机动车工厂以及机械和金属加工企业。

这样看上去，好像这样的发展之所以在印度姗姗来迟，都是因为铁路没能发挥其在欧洲和美国的催化作用，船厂也没能发现其潜力。在很长一段时间里，对机械工业和炼铁熔炉的投资，并没有与新铁路线的投资齐头并进。钢铁厂和纺织厂的出现，也不像在西方社会那样，能彻底改变整个印度社会；它们只是率先领跑的孤岛，却依然被变化较慢的传统农业经济所环绕。

第九章

铁路帝国，1850—1940 年

俄国的轨道

1869 年，美国第一条横贯大陆的铁路大张旗鼓地完工，将"大海与闪亮的大海"[1]联结起来，为当时仍属偏远的西部地区和人口更加稠密的东部各州之间提供了安全快速的交通条件。[2]在更远的北方，1885 年，横贯大陆的加拿大—太平洋铁路线建成，通过这个项目，加拿大展示了自己从海岸这头延续到海岸另一头的统治力，打消了美国想要向西北扩张国境的想法。

亚洲的老牌帝国也从这些发展中吸取了经验和教训。一些国家试图利用铁路来展示对偏远地区的主权，鼓励经济和行政发展。因

1　sea to shining sea 指从太平洋到大西洋，出自歌曲 America the Beautiful 歌词。——译者注

2　本节的主要来源是 Westwood, *A History of Russian Railways*。

此，16世纪和17世纪还在的所谓火药帝国（第五章），也开始转变成为"铁路帝国"。[3] 俄国政府、奥斯曼帝国政府以及最终的中国政府将铁路视为实现现代化的重要工具。日本在扩展自己帝国的过程中修建了大量铁路；而印度，当然了，铁路是为了巩固英国的统治而修建的。

在俄国，一些铁路显然是为了建立帝国而修建的。举例说来，俄国吞并中亚各汗国之后，于1879年开始修建一条联结里海港口和前汗国首都布哈拉、撒马尔罕以及最终塔什干的铁路。然而，其他线路则是工业化政策的产物，或者是为了给到那时还闲置的领土带来人口并开发其农业潜力——特别是在西伯利亚，随着铁路的发展，那里的人口迅速增加。该地区因其丰产的小麦作物和繁荣的黄油出口业而闻名。[4] 但俄国第一条主要铁路是圣彼得堡和莫斯科之间的线路，该线于1843年开始建设，1851年开通。虽然他们聘请了一位美国顾问，但沙皇坚持认为这条铁路应该是俄国工程师的作品，而且其铁轨应该尽可能多地来自俄国的钢铁厂（但一部分还是从英国进口的）。在美国的帮助下，圣彼得堡附近的前亚历山德罗夫斯克火炮铸造厂被重新整装为火车厂，所有的发动机和火车车辆都是在那里制造的。许多桥梁起初是用木材建造的。工程师茹拉夫斯基（Zhuravskii）设计了几座巧妙的木拱桥，这些拱桥的石质桥墩

---

3 最近对铁路帝国主义的文献和辩论的回顾，见 McDonald, "Asymmetrical Integration"。

4 Mote, "The Cheliabinsk Grain Tariff."

图9.1 19世纪70年代在圣彼得堡—莫斯科铁路上更换木桥。这是一条双轨线路，因此在更换一条轨道上的
材料时，另一条轨道还可以继续行车。在这里，仍在使用的轨道下是1851年以前建造的一座木拱
桥，而人们正在安置一个长16.7米的新锻铁梁。这些铁件是从英国进口的 [摘自马西森《铁的工程》
（Matheson, *Works in Iron*），铁桥谷博物馆提供]

非常结实，后来桥梁的木材被换成锻铁大梁时，那些石质基座也依
然屹立不摇（图9.1）。

　　俄国很快就开始建设其他铁路线路了，但随着计划的扩大，自
给自足变得越来越难。许多火车头现在由美国费城的工厂提供，铁
轨和投资资金则来自法国和其他西方国家，这也导致了许多不愉快
的经历。外国工程师不了解俄国的气候规律，而他们设计的桥梁也
就没有考虑到春季的洪水；石质结构的建造也往往很糟糕；许多建
筑结构上的失败也由此而来。同时，外国公司经常在非必需品上大
肆花钱，然后利用俄国政府对资本回报的保证来索取国家资金。

然而，到 1878 年，俄国欧洲部分已经拥有了超过 2 万千米的铁路网，而且第一条穿越乌拉尔山脉进入亚洲的线路刚刚开通。经过改进的轧机使俄国能够生产更多的铁轨，从 1874 年起，钢取代了锻铁成为铁轨的建造材料。俄国朝着技术自给自足迈出的更引人注目的一步，是 1882 年在基辅建立的一个研究火车头设计的实验室——这是世界上第一个这种类型的机构。蒸汽火车可能是源自西方的技术转移，但在一位名叫鲍罗丁（Borodin）的俄国工程师的领导下，基辅的实验和细节创新导致了一种独特的双缸复合发动机，能够很好地节约燃料。其中一个版本，即有四组车轮的货运火车头，非常适合俄国的条件，以至于这种发动机被制造了超过 9 000 台。

　　与此同时，俄国已经扩张到远东地区。符拉迪沃斯托克（海参崴）命名于 1860 年，是通往太平洋的门户，但当地气候和地形都使得与这一地区（无论是陆路还是海路）的对外交通异常困难。加拿大—太平洋铁路同样跨越了一个气候条件苛刻的区域，而这条线路的成功也侧面说服了俄国人，从莫斯科到符拉迪沃斯托克整个 9 000 千米的路线可以而且应该有一条连续的铁路。西伯利亚大铁路于 1891 年在其东端开始建设，不久后在西端也开始建设。四年后，中俄两国达成协议，一条通往符拉迪沃斯托克的捷径可以通过中国东北，1903 年，一条铁路在那里通车。而更长的完全在俄国境内的路线则于 1916 年开通。

　　西伯利亚大铁路是国有的，但俄国的其他线路是由私营公司建造的，其中许多还是与外国投资者合作的。而在 19 世纪 90 年代，事实证明政府的工业政策是非常成功的。外国利益集团最糟糕的做法已经得到遏制，在杰出的财政部长谢尔久斯·维特（Sergius Witte）的领导下，铁路正在以鼓励其他重工业的方式发展。到1898年，已有多家钢铁厂投入运营，有13家炼钢厂在生产铁轨。工程建筑工作和煤矿产业也在发展壮大。到1913年，俄国的工业生产仅次于美国、德国、英国和法国，并且已经建成了大约7万千米的铁路。

但在如此广阔的领土上，高工业生产量并不一定意味经济或军事力量的强大。1905年，在一场部分在海上、部分在中国领土上进行的短暂战争中，日本击败了俄国，这让当时所有认为亚洲国家不可能击败西方大国的人都感到震惊。其结果，就是日本接管了俄国人在中国东北南部修建的铁路。

日本技术

传统观点认为，日本的工业和军事发展，是1868年明治维新后不久从西方快速转移技术的结果。[5] 这场"保守的革命"结束了德

---

5 Morris-Suzuki, *The Technological Transformation* 是一本关于日本现代化过程中的技术的重要而易懂的书，探讨了德川时期和明治时期之间许多值得注意的连续性。另外可见 T. Smith, *Native Sources of Japanese Industrialization*; Wittner, *Technology and the Culture of Progress*。

川统治（其起源在第五章中提到），并给日本带来了一个以天皇为中心的更集权的政府。一个现代化的公务员制度出现了，许多相关改革涉及银行、公司法和土地税的制度性变革。新的土地税制度为政府的工业举措带来了收入，但这意味着现代化的部分代价是农民的持续贫困。尽管日本进行了许多改革，但仍有重要因素绵延未改，特别是强大的商人阶层；例如，三井公司可以追溯到1683年。日本在技术方面也有连续性，包括日本对西方技术长久以来的关注，以及日本对传统技术和地方创新的重视。

从17世纪30年代开始，日本收缩与西方的贸易，只留下一个小小的荷兰贸易站。1720年，欧洲书籍的进口被放开了。一些日本学者学会了荷兰语，并从进口文献中研究医学、农业和其他技术科目。在这个受教育程度极高的社会中，翻译得到授权，译作也广泛流传。到1820年，日本出现了研究西方学术的兰学，少数年轻人被悄悄送到国外学习西方技术。虽然当时的德川政府在名义上不赞成这种活动，但各种地方统治者都鼓励它们，特别是在萨摩、佐贺和长州等地，不久后这些研究就证明了它们的价值。

例如，日本中央政府责令佐贺县保卫国家的重要贸易港口长崎。中国在第一次鸦片战争中失败后，外国入侵日本的威胁越来越大，佐贺当局开始通过安装新的炮台加强长崎的防御。到当时为止，由于传统的炼铁方法只能产生少量的优质铁，日本的大炮大多是用青铜铸造的。但是铜现在稀缺且昂贵，制造53门新炮的成本令人望而却步。佐贺当局以一本翻译过来的荷兰书为指导，决定改用欧洲的铁质大炮铸造方法。佐贺县在1850年建造了它的第一个实验性反射炉，随后很快又建造了两个。1853年，佐贺县成功地铸造了它的第一门铁炮，到1857年，它已经成功完成了中央政府订购200门这种新炮的订单。与此同时，附近的萨摩藩在1853年建造了一座反射炉，在1854年建造了一座高炉，并获得了能够钻出大型枪管的机器。其他地方和中央政府也很快建立了新的熔炉，主要用于军备，但同时也为制造工艺工具和农具的车间提供铁。

到1868年，日本有了11座使用中的反射炉，全都是基于相同的荷兰范本。技术上的挑战包括获取制作砖块的那种特定黏土，培训工人制作不熟悉的金属部件的技能，对日本矿石进行预处理，使其符合荷兰的冶炼工艺，以及找到有效的方法来组织劳动力。过程中不乏失败，但也有成功。重要的一点是，这些旨在使进口技术模式适应本土材料和专业技术的试验，启动了一系列连锁反应，带来了许多变革。[6]

1854年，8艘美国军舰抵达日本，以加强前一年由海军准将佩里（Perry）代表美国政府提出的要求——开放某些港口为美国船只提供给养，日本的闭关锁国也就此结束。佩里惊讶于日本人对西方科学和工程竟然已了解得如此之多。不过荷兰的研究已经使日本人熟悉了许多技术理念，包括蒸汽动力的使用。专门制造传统天文

---

6 T. Smith, "The Introduction of Western Industry," p. 139; Morris-Suzuki, *The Technological Transformation*, pp. 57–61.

仪器和自动装置的日本工匠巧妙地建造了西方创新的装置模型，然后他们用这些模型来推演、开发全尺寸炉子或带桨叶的船的建造工序。日本人决心建造能与美国的舰艇相媲美的船只；日本建造的第一艘蒸汽船于 1855 年在萨摩完成，参考了最初于 1837 年出版的荷兰蒸汽机论文的译本。同时，日本政府也争取到了荷兰的帮助，在长崎和其他港口建立了现代造船厂，其中就包括下田。1862 年下田开始建造一艘蒸汽船，1866 年该船在各方协助下完工。在 1853 年佩里提出他的要求时，日本还没有西式船只。到 1868 年，当德川政府倒台并被新的明治政权取代时，日本已有大约 150 艘西式船了。[7]

　　然而，日本早期的工业发展并不只有铁厂和蒸汽船。这些工业的扩张是缓慢的，部分原因是日本缺乏大量铁矿石，部分原因是资金短缺。日本的第一家钢铁厂直到 1896 年才开业，比中国晚两年。正如大来佐武郎（Okita）和洛克伍德（Lockwood）所指出的，在 19 世纪 70 年代和 80 年代，一些传统技术占据更重要的地位，特别是纺织业和农业。[8] 这两个经济部门的利润被广泛地（主要通过土地税）再投资。事实上，现代化计划成功的最早迹象之一是农业生产的大幅增长，其中部分是通过扩大耕地面积，部分是通过改进技术，使土地得到更密集的利用，这涉及对水稻移栽、施肥和灌溉的

7　Morris-Suzuki, *The Technological Transformation*, p. 61–63.

8　Okita, "Choice of Techniques of Production"; Lockwood, *The Economic Development of Japan*.

关注。农业的增产满足了不断增长的人口的需求，同时产生了可以资助其他发展的资源。[9]

至于纺织业，我们可以说日本相比印度有一个强大的优势，那就是它有能力从手工业生产直接迈入机械化工业，而不用经过中间的去工业化时期。比如说，日本最成功的出口产品之一是生丝。[10]从1868年到1893年，生丝的生产稳步增长，长久以来该行业提供了日本一半以上的出口收入。到1905年，日本的生丝出口量与中国持平，供应了世界市场的三分之一。不久之后，日本超过了中国，成为法国等拥有大型丝织业的国家的最大供应商。改进的缫丝机在这一扩张中功不可没，但更关键的变化不在于技术的改进，而是在于组织生产方式的进步。政府对蚕茧生产者的持证上岗制度使蚕丝质量得到了更好的控制，而三井等公司也进行了大规模的市场营销。

在棉花工业方面，明治维新后不久日本就引入了配备西方进口纺纱机的大型工厂系统，但织布仍在小作坊中进行，使用半传统的手工动力织机。大来佐武郎分析了这种选择对节约稀缺资源的影响：这意味着劳动力中的现有技能得到了很好的运用。

毫无疑问，日本从明治时期之前继承下来的最伟大工业技术，即那些与组织和商业相关的技能，而这些技能在管理引进的新技术

---

9 Francks, *Technology and Agricultural Development*.

10 Wittner, *Technology and the Culture of Progress*.

时发挥了作用。将进口的纺纱机械与本地制造的织布机一起使用就是一个例子；而丝绸行业的品控也是一个例证。日本在聘用外国技术顾问时是非常谨慎的；尤其是他们的所有开销都由日本人支付，而这也清清楚楚说明了到底是谁说了算。

当时最大的外国人群体之一是在威廉·卡吉尔（William Cargill）手下工作的英国铁路工程师和管理人员，而卡吉尔从1871年开始与当地人井上胜合作，联合负责日本的铁路和电报。英国人监督了日本第一条铁路的建设，即1872年开通的东京—横滨线。但政府官僚和铁路管理部门之间出现了摩擦，井上胜威胁要辞职。这些冲突最终致使日本政府决定尽快取消外国援助。因此，英国人在1881年京都—大津线的建设中突然离开了。此后，日本铁路继续依赖进口的铁轨和设备（直到1900年为止），而只有在设计大型桥梁时才会请来外国工程师。

日本政府大力扶持铁路和造船厂的发展，在1868年至1913年期间，政府为这两个行业提供了大量补贴。大来佐武郎评论说，铁路吸收的资本比其他形式的运输手段要少，部分原因是因为其采用了1.08米的窄轨。他指出了铁路发展带来的许多好处，但在谈到造船厂和重工业时却说它们"为了军事需要……仓促建造"。大来佐武郎指出，军备生产刺激了日本机床工业的发展，而火车和纺织机械的制造也同样会刺激了该工业不断前进。

创新与对话

日本接受的技术转移共通过四个渠道进行：（1）从西方进口机器；（2）雇用外国工程师（特别是铁路、电报和机床专家）；（3）与外国公司签订协议（特别是在纺织机械和电力供应方面）；（4）迅速发展科学和技术教育。为了实现第四点，日本雇用了外国教师，他们主要在 1877 年成立的东京大学工作。但日本教师接受培训的速度也十分惊人，到 1893 年，那里已经没有外国教授了。

于东京大学任职的外国人之一，是一位名叫阿尔弗雷德·尤因（Alfred Ewing）的年轻苏格兰人，他曾在爱丁堡从事海底电报电缆等学术研究。1878 年开始在东京工作后，尤因受当地情况的启发，发明了一种改进的地震仪（seismograph），即测量地震振动的仪器；[11] 作为那个时期主流兴趣的典例，该仪器后来被用于测量铁路桥的振动以检查其安全性。更重要的是，尤因和四位日本同事进行了关于磁性材料的重要研究，别的不说，这单单对改进电动机就带来了诸多影响。在尤因五年合同结束，离开日本后，日本继续研究着这类工作，迎来了科学进步和合金钢的创新。

尽管近年来所有的日本技术史——特别是莫里斯-铃木（Morris-Suzuki）清晰透彻的著作——都令人信服地论证了日本在这些技术转

---

11 Clancey, *Earthquake Nation*, p. 72.

移中积极和创造性的一面，但在日本研究领域之外，人们仍然普遍认为日本人只是复制了西方技术。不过日本对磁性材料的研究显然不是简单的复制；尤因和他的日本同事之间的对话开辟了一条研究路线，这项研究也在日本独立地进行着，一直持续到 20 世纪二三十年代。在工业方面，进口机器促成了纺织机械、电力照明和火车头设计的独立发展。因此，即使在没有像尤因那样的个体接触的领域，我们也可以说日本和西方存在着一种技术对话，即进口技术和设备刺激了当地的创新。

在前几章中，我们观察到这种对话发生在公元 1300 年左右从中国向欧洲转移早期火器技术时（推动欧洲发明大炮），以及 1830 年左右从英国向美国转移火车建造技术时（刺激了回转式火车转向架的发明）。日本的另一个例子发生于 19 世纪 70 年代和 80 年代，当时日本正在进口现代纺纱机，但传统的纺织方法也仍在使用（与 18 世纪中期英国的情况不同，当时英国的手纺工无法跟上织布机的步伐，而在日本则恰恰相反）。为了挖掘新纺纱设备的潜力，达到更快的生产速度，日本创造了一种踏板式织机来提高织造过程的速度。40 年后，当纺织业已经实现了机械化时，日本人从最著名的英国制造商——奥尔德姆（Oldham）的普拉特（Platt）兄弟那里进口了自动织机。然而，很快，日本的技术人员设计出了一款改进后的自动织机，即丰田自动织机（Toyoda loom）。现在轮到英国从技术对话中学习了，1929 年普拉特兄弟公司获得了在英国生产丰田织机的独家授权。

创新往往反映了技术转移接受国的社会和经济状况。劳动力的相对短缺经常被认为是美国创新的一个因素；一个例证就是美国在 19 世纪 40 年代为铁路建设引进的蒸汽动力机械铲子。而这项技术直到 19 世纪 90 年代才有规模地转移回英国，因为毕竟英国有大量报酬极低的非技术工人（其中许多人来自爱尔兰）。

日本也有类似的考虑：人口快速增长，其领导层不愿意接受来自海外的资本投资或贷款，因此在 19、20 世纪之交，日本劳动力充足，但资本稀缺。小作坊式的纺织和其他传统的生产形式因为吸收的资本少，反而得以长期生存。发展经济学家费景汉（Fei）和拉尼斯（Ranis）将日本的许多创新描述为"部分现代化"（partial modernization），其目标是在不用大量投资的情况下增加生产。在其他地方，他们认为"本土技术创新"是使推动资本投资的一个因素，但他们也强调了组织层面上创新的作用：例如，重新安排轮班工作，就可以使昂贵的机器带来更大的产量。[12]

这再次体现了日本独特的组织方法。仅仅从机器和技术的角度出发，是不可能充分理解一项技术的。机器总是在生产模式的组织和管理的框架内使用，而组织上的变革往往是重要技术发展的核心。在第六章中，我们看到了英国纺织业的工业革命的源头，即其源于一种结合——来自意大利和印度的技术与英国长期以来的传统

---

12 Fei and Ranis, "Innovation I"; Fei and Ranis, "Innovation II."

操作的结合，所有这些都被重新思考、重新发展，以将新的见解融入组织生产的模式中。结果就是工厂系统的诞生，其特点是机器定调的工作节奏。最近由莫里斯-铃木、克兰西（Clancey）、维特纳（Wittner）等人撰写的日本技术史，正展现了一幅越发细致的技术发展图景，呈现了进口技术如何被改造以符合该国与众不同的组织理念。[13]

帝国主义层面

日本早期工业化时，恰逢欧洲帝国主义处于鼎盛时期，欧洲国家在发展军备方面的好胜心越来越强。在英国，从 1884 年到 1914 年，海军军费的开支增速比陆军快了 3 倍，海军工程也成为英国技术的前沿，就像 50 年前铁路是领先部门一样。因此，一些最优秀的科学家被吸引来解决该领域的问题，比如从移动的船只上精确控制进行远距离射击的火炮。创新工作主要集中在两个最大的武器制造商那里，即阿姆斯特朗（Armstrong）和（从 1888 年起）维克斯（Vickers）。直到 1914 年，他们都在与德国的克虏伯公司（Krupp）以及法国的主要军火制造商共享技术信息和专利权。尽管他们要忠

---

13 这些历史学家的工作建立在日本历史学家的开创性研究之上；由于几乎所有的学术研究都是以日文发表的，所以无法包含在这里的参考文献中。

于国家政府的同时还要作为武器供应商在国外市场上竞争，但这里的技术发展是一项跨国事业。

日本也被卷入了这场运动，尽管并没有像某些人所说的那么早。直到 1896 年，日本的钢铁厂才有能力支持这样的活动，而日本建造的第一艘大型战舰的龙骨直到 1905 年才铺设。在此之前，日本政府从英国购买军舰，英国也协助培训海军人员，1902 年，英日海军条约[14] 的签署使这种安排正式化了。

然而，日本已经在 1894—1895 年与中国的短期战争中展示了其军事力量。战争的根源是在朝鲜的利益冲突，后者长期以来一直是中国的藩属国。日本军队击败中国后，希望能把朝鲜变成日本的殖民地，因为日本通过对欧洲列强的观察了解到殖民地是如何为工业提供原材料、为制造品提供市场的。但西方列强加以阻止，直到 1910 年，日本才全面占领朝鲜，而 1895 年中国根据《马关条约》割让的台湾立即落入日本的殖民统治。在朝鲜，日本收购了由美国工程师于 1896 年开始修建的第一条铁路，以实现其目标。

英国与日本建立同盟时，其主要关注点是俄国势力的崛起和日本能与之抗衡的潜力。俄国不仅修建了一条横跨中国东北的铁路以到达符拉迪沃斯托克，而且还租赁了中国的大连和旅顺港口。符拉迪沃斯托克为俄国提供了一个深水港，使其海军和商业船队可以直

---

14 此即英日同盟，即两国为维护各自在中国清朝和朝鲜的利益而结盟互助，旨在遏制俄国在远东的势力扩张。——译者注

接进入太平洋。但符拉迪沃斯托克的港口在冬天会结冰。大连和旅顺则坐落于更南边的地方，在黄海的巨大海湾中得到很好的庇护，不仅是通往太平洋的全年海上入口，而且还能由此通过陆路前往朝鲜。俄国修建了新的铁路线，将这些城市与西伯利亚大铁路的网络连接起来，同时派遣了大量的兵马守卫这些线路。

日本担心俄国在其认定的势力范围内进一步扎根壮大，于1904年袭击了旅顺港，到1905年年底，日军在陆地和海上作战中都击败了俄军。根据随后签订的条约，日本接管了旅顺及其铁路线，并成立了一个被称为"南满洲铁道株式会社"（"满铁"）的组织来经营这些铁路。"满铁"成了日本对资源丰富的中国东北进行经济和政治渗透的主要机构。这条铁路本身特别重要，它让日本获得了急需的、额外的煤炭和铁矿石储备，而这条铁路所经营的采掘业，也是帝国主义列强利用铁路服务的一个典型例子。有人定论道，"南满铁路……堪与东印度公司和哈得孙湾公司（Hudson's Bay Company）并列，被称为历史上重要的半官方经济组织之一"。事实上，日本研究人员借鉴的不是英国经验，而是参考了荷兰东印度公司的架构，通过"满铁"将商业和国家利益结合起来进行经营，这也许反映了日本长期以来对荷兰学术的重视。[15]

至于中国其他地区，在经历了灾难性的内战和叛乱时期（1852—

---

15 Chamberlain, *Japan over Asia*; Moore, *Constructing East Asia*; McDonald, "Asymmetrical Integration"; Vogel, *China and Japan*, p. 190.

1860 年）以及欧洲列强的几次入侵之后，人们对通过采用西方技术来复兴和自强的政策进行了大量讨论。[16] 他们在制造现代武器（从1860 年开始）、蒸汽船航线的运营盈利（1872 年成立）以及发展电报公司（1881 年）等方面都取得了进展。各个煤矿和唐山附近的一家炼铁厂也得到了发展，1890 年后，中国有了棉纺厂，而棉纺厂内负责修理机械的工坊也功不可没，促进了新技能在中国生根扩散。[17] 这些企业在很大程度上依赖来自英国（汽船）、丹麦（电报）和其他西方国家的工程师，而且由于中国的自强政策仅限于获取、学习新技术，这些企业的发展也面临着重重桎梏。当时的中国高层反对引进能使这些技术高效施展的新组织形式；而正因如此，中国也没有像1868 年后的日本那样迎来体制改革。这些决策的结果之一就是新项目长久以来一直难以筹集资金，另一个结果则是政府对各项企业盈利随意征税。

　　另一个影响中国发展的因素是 1840—1842 年第一次鸦片战争后，中国军队又数次败于欧洲军队。欧洲列强要求为欧洲在中国的贸易飞地取得治外法权，并在一些通商口岸安置舰队。虽然欧洲人的强制贸易使中国商人习得了西方贸易方法的经验，但它也带来了消极的影响。中国起初强烈抵制铁路的发展，特别是因为所有拟议

---

16 关于中国的早期工业发展，见 Feuerwerker, *China's Early Industrialization*; Zelin, *The Merchants of Zigong*; Naughton, *The Chinese Economy*, pp. 43–51。

17 Elman, *On Their Own Terms*, pp. 359–386; Baark, *Lightning Wires*; Köll, *From Cotton Mill to Business Empire*.

的线路都以通商口岸为终点，中国也（正确地）视其为欧洲扩大经济剥削的谋划。[18]

中国第一条成功建成的铁路建于1882年，是一条短线，为唐山附近的煤矿服务。6年后，该线延伸到天津港，新增145千米。当时想要继续扩建该线路可能会面临许多异议，但在1894—1895年的战争中被日本击败后，中国重新燃起自强发展的积极性，很快就制订了从北京向南延伸的长线铁路设计计划。此后，铁路建设迅速发展。其资金主要来自外国贷款，但也有一些中国本土的投资和管理。与此同时，汉阳铁厂也在着手安置高炉、平炉炼钢厂和制造铁轨的轧机。[19]虽然汉阳铁厂的部分资金来自中国股东，但一家德国公司和一家日本银行也提供了贷款，德国还提供了技术援助。钢铁厂的产量起初并不尽如人意，但重要的是，1894年之后，中国至少可以自行生产部分钢轨来建造自己的铁路了。

到1913年，俄罗斯帝国和日本帝国都有了可观的铁路系统。中国的铁路网初具雏形，而印度则有一个非常密集的铁路网络（第八章）。这四个国家全都拥有现代化的钢铁厂和一些其他工业。然而，就未来的前景而言，重要的不是这些发展的先进程度，而是由谁来控制它们，以及每个国家是否在经营铁路所需的基本设施方面

---

18 关于铁路的影响——包括政治和管理以及经济和技术，见 Chang, "Technology Transfer in Modern China"。

19 Kennedy, "Chang Chih-Tung and the Struggle for Strategic Industrialization."

自给自足。这是图 9.2 中的一个关键点，该图展示了 1940 年的局势。如果铁路主要是在西方的控制下，为西方的利益服务而建造的，则被归类为西方建造的铁路。"西方建造"一词涵盖了政府和企业家之间的各种商定，企业家们包括当地和外国的投资者、工程师、承包商，以及身在欧洲和美国的供应商。在奥斯曼帝国和中国，外国公司获得了修建铁路的特许权，有很大的行动自由。例如，在奥斯曼帝国，从位于博斯普鲁斯海峡的伊斯坦布尔穿过伊拉克，一直到巴士拉的线路的概念完全是由德国工程师威廉-冯-普雷塞尔（Wilhelm von Pressel）设计的。[20] 这条线路在德国的控制下开始建设，但在 1914 年，第一次世界大战的爆发使德国的资源流回欧洲，该铁路未能完工——这条线路的失败非常典型，没有本土相关产业的充分支持，而是依赖西方的持续供应，就很容易落入这样的境地。

相比之下，俄国和日本在一开始经历了与外国工程师的不愉快的相处后（以及在俄国与西方公司的矛盾），牢牢把控住了其帝国的铁路建设。尽管图中标记为"俄国建造"的铁路往往利用了西方的技术、投资和设备，但从 19 世纪的最后 20 年开始，这些铁路的建造都服务于俄国的政策。它们也得到了俄国快速发展的机械工业的支持。日本建造的线路在其建设开展的 10 年之后，虽然还需

---

20 关于奥斯曼帝国的铁路帝国主义，见 Mentzel, *Transportation Technology*, pp. 37–43。

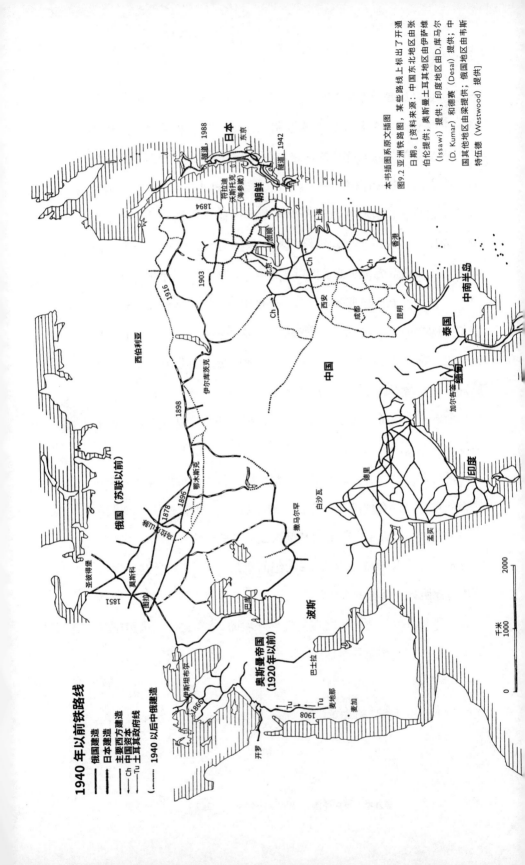

图9.2 亚洲铁路原文插图

本书插图系原文插图，某些路线上标出了开通日期。[资料来源：中国东北地区由伊萨维（Issawi）提供；奥斯曼土耳其地区由D.库马尔（D. Kumar）提供；印度地区由D.库马尔（Desai）和德赛（Desai）提供；中国其他地区由梁提供；俄国地区由韦斯特伍德（Westwood）提供]

偶尔进口铁轨和火车头，但已几乎完全独立于西方的专业知识和资金了。

1905 年日本战胜了俄国，激发了中国日益壮大的要求控制本土铁路的运动；到 1914 年，超过 70% 的铁路投资资本为中国人所有。如果说在日本开始加强对中国领土的控制之前中国新建线路寥寥无几（见下文），那更多是中国体制本身的弱点所致，而非因为中国缺少商业企业。在海外经营的华人企业家往往比在国内经营的企业家要更成功，就比如那些在马来亚购买和经营被欧洲业主因亏损而放弃的锡矿的人。到 1913 年，马来亚的锡产量为每年 5.1 万吨，其中四分之三是由华人企业开采的。这一成功大概是基于华人（相较于欧洲人）对因地制宜的技术有更好的判断。他们用简单的小型蒸汽机取代了欧洲人过于复杂的设备，这些蒸汽机驱动带有水力喷射器的泵来移走碎石。中国承包商也在马来亚修建铁路，经常在欧洲人不愿意冒险的地方投入资金。在这里，以及在 1914 年后的中国，"当地铁路的欧洲建造"这一说法越来越需要加上一些限定词了。

银色几何巨像

1869 年，美国第一条横贯大陆的铁路竣工，在照片和版画中出尽风头：一列来自太平洋沿岸的火车与来自东边的犹他州的普罗蒙特利（Promontory）的火车相遇——最后一条铁路就在普罗蒙特利铺设完成。[21] 通过复杂的工程壮举将遥远的地方联结起来有着非同寻常的象征意义,这点同时还体现在犹他州的线路交会和其他几条长途铁路的同时完成上,这一切都汇集成了一种强烈且乐观的愿景,即技术潜力无穷,未来可期。[22] 在海中传输信息的海底电报电缆也是这愿景的一部分:公众对 1857—1858 年的第一条大西洋电缆抱有巨大热情。

然而,许多铁路项目的建设目的是非常务实的,往往并没有其他的目标。在非洲和南美洲的大部分地区,建造的铁路线路只用来联结港口和矿场或种植园,以便将所生产的原材料运往欧洲。因此,当地几乎没有发展起客运交通网络。在巴西,通往咖啡种植园的铁路轨距各不相同,因此,即使路线交会,火车也无法从一条线跑到另一条线上。其他铁路则是为了在当地市场销售欧洲商品而建的,这是中国和印度的许多铁路的建设动机之一。还有一些铁路是被用来运送军队和扩大军事控制的,特别是在印度和东非。许多这样的线路为了降低建设成本而选择采用窄轨,同时对火车的尺寸和功率也做了限制。为了克服上述限制,一些卓越的创新就此诞生,比如加勒特机车(Garratt locomotive),其锅炉和发动机单元安装在三个独立的铰接式车架上,这减少了铁轨需要承担的重量,并有

---

21 关于铁路的象征意义,特别可以参考 Marx, *The Machine in the Garden*; Headrick, *The Tools of Empire*, pp. 183, 187, 194。关于开发象征性方面的工程师的传记,见 Harriss, *The Eiffel Tower*; Rolt, *Isambard Kingdom Brunel*。

22 Nye, *American Technological Sublime*, chap.3, "The Railroad: The Dynamic Sublime."

助于火车在线路上进行弯道转向。加勒特机车在 1907 年诞生于澳大利亚，随后由一家英国公司进行制造，用于非洲和印度的铁路建设，这种机车特别能克服地形的障碍，包括大吉岭茶区的山坡。

然而，某些情况下，实用性则会被搁置一旁；我们发现有证据表明，在美国横贯大陆的线路和跨大西洋电报的启发下，富有远见的规划出现了。一条横跨撒哈拉的铁路正在非洲酝酿，一条开罗—开普敦铁路线（Cape-to-Cairo line）也在筹备中。一位印度工程师希望铺设从欧洲直抵中国的线路。后来，英国人修建了一条进入缅甸山区腹地的线路，并希冀它能与中国的铁路相连。在这条线路的起点附近有一座大型高架铁路桥，由宾夕法尼亚州钢铁公司于 1899 年为英国人建造，旅行作家保罗·索鲁（Paul Theroux）将其描述为"在遍地崎岖的岩石和丛林中的一个银色几何巨像"。[23]

宏大的建筑规模是帝国野心的一种象征。另一种象征则是唤起对杰出先辈的追思。在英国，铁路的设计元素往往以古罗马的宏伟公共工程为蓝本。这一点在大西部铁路（Great Western Railway）上表现得非常明显，该铁路临近前罗马城市巴斯（Bath）：著名的鲍克斯隧道（Box Tunnel）——当时是世界上最长的隧道——的入口和出口有意采用了罗马式设计。一代人的时间后，米德兰铁路（Midland Railway）和布鲁内尔的大西部铁路一样充满野心，我们在

---

23 Theroux, *The Great Railway Bazaar*, chap. 17.

图9.3 英国阿伦-吉尔高架桥（Arlen Gill Viaduct）中的罗马元素，该桥于1875年完工，位于塞特尔（Settle）
　　到卡莱尔的米德兰铁路线上（插图：约翰·内利斯特）

其卡莱尔线（Carlisle line，图 9.3）高架铁路桥的石质工艺上看到了类似的象征意味，其中一些还带有效仿罗马的痕迹；还有伦敦（圣潘克拉斯车站,St. Pancras）和曼彻斯特那庞大的铁框玻璃车站屋顶，其体现纪念意义的方式更为直白、突出。

　　所有欧洲铁路工程师中，最伟大的莫过于古斯塔夫·埃菲尔（Gustave Eiffel），他研究了高桥上的风压，并比他同时代的大多数人更进一步地研究了结构设计中的数学问题。他在法国和葡萄牙建造了精致而新奇的高架桥，在中南半岛建造了桥梁。但是，他的事业顶峰是用桥梁的铁网格结构建造了一座具有深刻象征意义（但毫无实用性）的建筑，即 1889 年的埃菲尔铁塔。

铁路对日本和欧洲各国来说都发挥了作用，将它们推上了帝国的位置。到 1931 年，中国东北三省都在日本的控制之下，而铁路则是军事和工业发展的核心。"满铁"在该地区建造了一个新的线路网络。有些铁路主要是为了将部队运送到边境地区；有些则是为了整合经济活动。"满铁"公司拥有的鞍山钢铁厂，成为日本势力范围内最大的钢铁厂，其年产量达 65 万吨。东北地区的矿石含磷量很高，很难用日本的标准贝塞麦转炉法进行冶炼。但从 1907 年开始，日本在中国东北的钢铁厂开始使用德国的平炉法进行炼钢。很快，他们就计划将产能扩大到 300 万吨，并将铁路网延伸到朝鲜的釜山港，那里有一条直接通往横滨的海上路线，这样人们就能更快来往日本。

1937 年，日本对中国发动了全面入侵。随着日本侵占的中国领土越来越多，建立一个宏伟的铁路帝国的梦想似乎已触手可及，就像 50 年前英帝国主义所想的那样。[24] 当时日本已经有计划建造海底隧道，将日本三个主要岛屿联结成一个统一的铁路网。第一条隧道于 1942 年开通，火车就可以从东京开往南边九州岛的长崎。此外，他们还商讨开通一条通往朝鲜的长达 200 千米的海底隧道，以及一条亚洲沿海线路——将中国和中南半岛的铁路通过泰国延伸至

---

24 可以参考 Moore, *Constructing East Asia*, chaps. 2–3，以了解关于日本国家工程师对"发展亚洲的技术"的概念。

缅甸。

在太平洋战争的高峰期，日本军队建造了暹罗-缅甸铁路线的最后一段，联结曼谷和仰光，以助力其占领整个东南亚大陆。这条线路由25万名强制劳力和战俘在极为糟糕的条件下建造，全长415千米，有600多座桥梁，穿越了早先英国工程师认为不可行的山地。这一"死亡铁路"（Death Railway）[25] 在1942—1943年仅用了16个月就完成了，它既是一项非凡的成就，也是铁路帝国主义残酷暴行中的一个实例。

"铁路帝国主义"一词将铁路认定为强国用来征服弱国、开采资源和控制殖民地领土的武器。但是，铁路建设也有其积极的一面。正如凯特·麦克唐纳（Kate McDonald）提醒我们的那样，如图9.2所示，大多数长途铁路的一个基本功能是建立跨越政治边界的联系，促进国家之间的沟通和合作，不把对方当作敌人，而是当作伙伴。在日本人眼中，南满铁路具有巨大的象征意义和实际价值，不仅因为它将受殖民统治的中国东北和朝鲜与日本紧密相连，还因为它扩大了日本权力可及的范围——日本就这样通过西伯利亚铁路与欧洲相连，通过中国的铁路线与英国控制下的香港口岸和东南亚诸国相连，并通过釜山-横滨线参与跨太平洋贸易。因此，铁路和航运线将使日本完全融入世界，使其成为国际交流的焦点。

---

25 现称泰缅铁路，名中"死亡"指修建铁路过程中工人的死亡率奇高。——译者注

建立这样的跨国网络不能全凭武力：它需要借助外交、商业协议和合作管理等手段来实现。尽管这些铁路线的连接往往加剧合作伙伴之间的权力不对等，但与其说这是铁路帝国主义，不如说是"铁路国际主义"。[26] 然而，铁路国际主义所建立的纽带是脆弱的，尤其是在战争的残酷现实面前。1913 年，东京自豪地宣布通过"满铁"和西伯利亚大铁路与柏林和圣彼得堡建立了第一条通路。1917年的俄国革命使该线路交通中断了数年，而苏联政府稳固建立之后，这个世界性的联结就恢复了。但在 1941 年，德国对苏联宣战。日本从 1940 年起就是德国的盟友，那时也开始规划一条能重新联结东京和柏林的路线——绕开苏联，沿青藏高原行进，穿过伊朗和土耳其。

今天，令人惊讶的不是早期铁路野心的不切实际，而是它们总是被实现或被超越，创新的地域也在变化。1964 年，日本推出了世界上第一架高速列车。中国在 1998 年才引进第一条高速线路，但20 年后便拥有了世界上最长、使用率最高的高速铁路网。在日本国内，联结本州和北海道的第二条计划内的海底隧道于 1988 年开通，同年，本州和四国之间 13 千米长的桥梁开通，确保了第三条路线可以施工。时至今日，日本和中国都沿着旧的西伯利亚铁路向欧洲进行出口贸易——尽管现在货物不是用马车而是用集装箱运输，而且现在也有了新的北方和南方线路。与 1942 年日本的计划一样，

---

26 McDonald, "Asymmetrical Integration."

南线绕过俄罗斯和伊朗，经过土耳其进入欧洲，它穿过博斯普鲁斯海峡，通过 13 千米长的马尔马雷隧道（Marmaray Tunnel），由水下到达伊斯坦布尔。这条联结亚欧的充满象征意义的隧道，一开始是由奥斯曼帝国的苏丹阿卜杜勒-迈吉德一世（Abdulmejid I）于 1860 年提出的；该隧道由日本-土耳其财团出资建造，于 2013 年开通。

生产的象征

文学学者利奥·马克斯（Leo Marx）讨论机车在美国文化中的意义时指出，机车不仅是社会变革的重要媒介，它在公众中的可见度（visibility）也使它成为当时正在发生的一切的"完美象征"。人们只要看到火车头，就会认识到这里有一种新的"文明力量"，让人们能够在草原定居、发展。这激发了人们对新的世界秩序的憧憬，这种秩序比欧洲人的帝国主义梦想要更加温和一些。人们"借助蒸汽航行"于海洋，铁轨横贯陆地，而情报通过"电力传达"。诗人沃尔特·惠特曼（Walt Whitman）预见到各大洲将被单一的、统一的网络所联结，"到处覆盖着看得见的力和美"[27]。[28]

---

27 出自《草叶集》中的《向印度航行》。——译者注

28 Marx, *The Machine in the Garden*, pp. 223–224。以铁路为基础的草原扩张对美国本土的人类、动物和植物种群的影响实际上并非良性；见 Cronon, *Nature's Metropolis*; Fullilove, *The Profit of the Earth*。

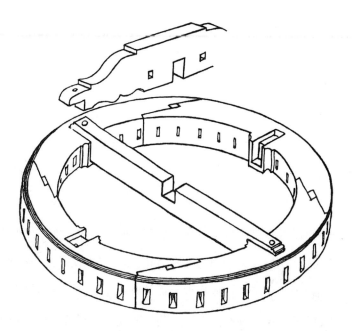

图9.4 牛津郡黑博尔顿（Black Bourton）的一个水磨中的大型木制齿轮（略有残缺），被称为正齿轮。这表明英国18和19世纪典型的磨坊机械结构非常坚固。但是，在轮辋的精致斜嵌槽连接处和雕刻在辐条（分离的，于齿轮上方）上的装饰性曲线中，工艺达到了非同寻常的地步［转载自福尔曼《牛津郡磨坊》（Foreman, Oxfordshire Mills），经Phillimore & Co.许可使用］

　　如果说铁路是 19 世纪技术在世界上的一个公共象征，那么许多其他人工制品对于使用它们的人来说也有私人象征意义，它们告诉我们在这些时期发生了什么。有时，机器上不起眼的部分被加以装饰，表明它们对制造者的意义超过了其单纯的效用。例如，在英国，在任何用于研磨玉米的小型水磨中，每个轮子和轴的比例都是固定的，但偶尔会有装饰性的曲线或嵌线被隐藏在机器内部，除了磨坊主，一般不会有人看到它们。在英国和欧洲用于生产的其他传统设备上也可以找到类似的细节：风车、水磨、纺车和农用拖车（图9.4）。即使在工厂生产已经成熟，机器完全为铁制以后，人们对英国织布机、纺纱机和机床的制造也倾注了许多感情，经常刻上装饰性的花纹。

重要的是，在印度和中国那些生产最优质纺织品的地方，欧洲旅行者经常批评织布机和其他设备制造的粗糙。一位英国旅人在1873年描述了他在中国拍摄的一个三锭纺车，强调了其巧妙的机制，但指出其劣质木材用料和粗糙的表面处理是"非常原始的制造"。[29] 而在印度，正如第七章所提到的那样，即便是顶级的布料，在生产过程中也免不了被放在地上进行印花、染色。对生产工具缺乏兴致反映了这样一种经济状况：商人发现投资于贸易比投资于改进制造方法更加有利可图，而工人往往太穷，买不起花哨的设备。但这也表明了对技术的态度：用于生产纱线、布匹或其他商品的机器和设备总是引起西方人的极大兴趣，而在印度和中国，它们可能只被视为达到目的的手段。

西方对机械的偏爱显然是促成欧洲工业革命的关键要素，在那里，许多重要的创新都与生产设备有关——首先是纺织机械，然后是英国机械工业中使用的结构牢固的机床，然后是与美国制造系统相关的更轻、更精确的车床和铣床。但这里有一个悖论，因为即使

---

29 Thomson, *China, the Land and Its People*, p. 98, plate 90.

在 19 世纪末，欧洲优越的生产设备也经常被用来生产与亚洲相比质量更差的纺织品、纸张和其他产品。印度妇女购买英国制造的布来制作她们穿的纱丽，因为只卖 3 卢比而不是 12 卢比，比印度制造的布便宜得多。但根据 1890 年的一份印度报告显示，这些布的染色效果很差，洗的时候会掉色，一件纱丽在 4 个月后就不能穿了。[30]

同样，欧洲制造的纸张也比不上中国或日本最好的产品。19 世纪 70 年代，英国的某大出版商曾委托研究如何制造一种质量与东方进口的纸相当的、薄而不透明的纸张。[31] 这项研究的成功结果——著名的《圣经》纸——与亚洲的技术毫无关系，但做这项研究的动机仍然来自本书中经常提到的那种交流对话。就生产质量而言，西方和亚洲的技术仍然经常为这种对话注入新的血液。

欧洲人推崇生产设备的倾向在对工厂蒸汽机的态度上表现得淋漓尽致。铁路火车头从公众面前驶来，拉着火车车厢经过挤满乘客的站台，人们为此骄傲是可以理解的。相比之下，工业蒸汽机则远离公众的视野，只在建筑物内运转。即便如此，当什罗普郡的一家炼铁厂在 1801 年安装了一台用于驱动轧机的大型新发动机时，据说厂主对它赞不绝口，甚至特别雇用了一名妇女，"每天不止一次地清洗厂房，保证铁制品水准优良，室内一尘不染"。[32] 在当时的英

---

30 Sastu, "The Decline of the South Indian Arts, p. 23.

31 Carter, *Wolvercote Mill.*

32 Trinder, *The Industrial Revolution in Shropshire*, p. 176.

国纺织厂中，蒸汽机的装饰细节借鉴了希腊和罗马的建筑装饰。后来又有了更精致的装饰形式，工厂或泵站的动力车间往往看上去像一个小教堂。发动机被认为是现代生活中最有说服力的"标志"；它是"一种新型文化的中心符号"。[33]

---

33 Marx, *The Machine in the Garden*, p. 170.

第十章

科学发现与技术之梦，1860—1960 年

电力与化学

由于缺乏廉价的发电方法，直到 19 世纪 70 年代，电力应用的发展一直磕磕绊绊。[1] 尽管人们在弧光灯（electric arc lighting）和电动机方面进行了许多实验，但唯一在世界范围内应用的电力发明是电报——因为电报只需使用非常少量的、间歇性的电流，而电池就能提供足够的电力了。机械发电既昂贵又低效，因为发电机需要用到永久磁铁。1866 年，英国电力专家亨利·怀尔德（Henry Wilde）和德国工程师维尔纳·冯·西门子（Werner von Siemens）发现，

---

[1] 有关化学和电气工业历史的背景资料来自一些关于这个主题的老书，特别是 Dunsheath, *A History of Electrical Engineering*; Landes, The Unbound Prometheus; Scott, *Siemens Brothers*. Rosenberg 的 *Technology and American Economic Growth and Perspectives on Technology* 有颇具启发性的见解。在导论性书籍中，Carlson, *Technology in World History* 特别有帮助。

磁铁可以用线圈替代，当发电机开始旋转时，磁场会通过自激而形成。第一台基于此原理的发动机在1870年问世，由西门子柏林公司——西门子和哈尔斯克公司（Siemens and Halske）——制造；1873年，比利时工程师格拉姆（Gramme）在此基础上设计出了改良版本。廉价的发电方法为电力的广泛应用开辟了道路，照明、工业和运输等领域纷纷使用电力。例如，1879年，西门子在柏林展示了一个小型的电动轨道机车，而美国的托马斯·爱迪生（Thomas Edison）和英国的约瑟夫·斯旺（Joseph Swan）则各自独立发明了可用的白炽灯泡。在两年内，爱迪生在纽约和伦敦都有了小型发电站，为其遍布各地的电灯供能。[2]

这些创新共有的特点是依赖高度组织化的研究工作——无论是爱迪生位于纽约附近的门洛帕克市（Menlo Park）的车间和实验室，还是在德国的西门子和哈尔斯克工厂，皆是如此。此外，化学家在这些项目中的参与也值得关注，如斯旺和后来为西门子公司工作的尤金·奥巴赫（Eugene Obach）。化学是19世纪技术发展中许多重要突破的核心，更好地了解材料的化学性质，往往就能带来关键性的发展。例如，在电气化领域，斯旺和奥巴赫研究了用于制造更高效灯丝的材料。在冶金工业中，两位化学家珀西·吉尔克里斯特（Percy Gilchrist）和他的表弟西德尼·吉尔克里斯特·托马斯（Sidney

---

2　关于美国、英国和德国的电气化系统如何发展的经典研究是 Hughes, *Networks of Power*。

Gilchrist Thomas）研究发现了处理钢铁中杂质的新工艺。

最重要的是一系列关于煤的研究项目，特别是关于煤焦油成分的研究。原本，煤焦油产量巨大，主要是煤气厂排出的废气，这些研究很快就会把煤焦油从一种棘手的污染物转变为新的有机化学工业的宝贵原料。法国和英国的化学家们确立了这种以科学为基础解决工业问题的新方法，而这种方法又是在欧洲的德语国家中得到了最充分的发展，因为正是在那里，那些能够承担前沿科学项目的机构可以全力发展。德语国家的大学并没有单单依靠个人发起的研究项目而壮大自身，而是引入了许多有组织的科学研究项目。技术教育也随着新的理工学院（polytechnics）的建立而发展壮大——首先是在奥地利帝国的布拉格和维也纳，然后于 19 世纪 20 年代和 30 年代在 9 个德国城市也有了这样的学校，随后苏黎世也有了。其中一些理工学院后来被改组为理工大学（Technische Hochschulen）。

法国为这些技术的发展带来了至关重要的影响，特别是巴黎综合理工学院（École Polytechnique），但是德国的方法往往更贴近实践——在尤斯图斯·冯·李比希（Justus von Liebig）和罗伯特·威廉·本生（Robert Bunsen）分别领导的吉森市（Giessen）和海德堡市（Heidelberg）的大学中，他们发展出了一套教授化学课程的方法，而这种教学淋漓尽致地体现了结合实际的原则。在这两个地区，教学与实验研究紧密相连，而 1870 年开始，这些研究也越来越多地移植到了德国的工业界。工业研究实验室正是这一时期最重要的制度创新。

化学染料的研发，正说明了实验室系统给德国技术带来了何等优势。在研究出煤焦油的成分之后，人们也得以合成各种新的染料。矛盾的是，第一种苯胺染料（aniline dyes）实际上是由一个英国人威廉·珀金（W. H. Perkin）在 1856 年制造的。不过也要注意，他是德国化学家奥古斯特·威廉·冯·霍夫曼（A. W. Hofmann）的学生，当时霍夫曼在伦敦刚刚成立的皇家化学学院（Royal College of Chemistry）任教。在德国，随着埃米尔·费舍尔（Emil Fischer）对糖类、蛋白质以及最终对染料的分子结构开展先驱性研究，化学染料技术在 19 世纪 80 年代向前迈出了一大步。靛蓝的化学结构于 1883 年由阿道夫·冯·贝耶尔（Adolf von Baeyer）确定，不过直到 1897 年，巴斯夫公司（Badische Anilin-& Sodafabrik，即 BASF）的实验室才摸索出以工业规模合成染料的方法；这种在工厂中生产靛蓝的方法，比从靛蓝植物中提取时更便宜，纯度也更高。在合成染料首次产出的前一年，印度农民制出了 9 000 吨靛蓝染剂，价值约 400 万英镑。而到 1913 年，由于有了与之竞争的新染料来源，印度的靛蓝产量已经下跌至 1 000 吨。[3] 日本开始大规模进口德国靛蓝染料，甚至印度也会从德国进口成品。

　　拥有实验室的公司中，最大型的是为纺织业生产染料和苏打的化学公司，同时他们也生产化肥、油漆、炸药和药物（包括从 1887

3　Haber, *The Chemical Industry* 提供了有关合成染料的背景资料。关于在印度的影响，见 P. Kumar, *Indigo Plantations and Science*。

年开始产的非那西汀和 1899 年产的阿司匹林)。举例说来，霍伊斯特公司（Hoechst，位于法兰克福附近）和巴斯夫公司［位于路德维希港（Ludwigshaven）］都成立于 19 世纪 60 年代。而到了 19 世纪的 80 年代中期，这两家公司都已发展为大型企业，并且也都在其实验室雇用了数名化学家。拜耳（Bayer）公司成立于 1863 年，于 1881 年雇用了 15 名化学家；而在 1890 年，它成立了一个新的实验室，很快就有 100 名化学家到岗工作，同时还有许多相关的技术辅助人员。[4]

电气工业也走上了类似的道路，主要是因为化学在电气工业的几个分支都有十分重要的地位。除了前文提到的关于灯丝的研究之外，电池和电镀技术也取得了不小的进展。在 19 世纪末，工业上已经开始使用新的电解工艺来生产铝和氯。但电气技术也依赖于数学和物理知识，这也是德国大学和理工学院擅长的科目。因此，在迅速发展的美国电气工业中，一些关键人物接受过德国那一派的教育也不足为奇。当爱迪生需要一位数学家来帮助设计他的第一批供电系统时，他雇用了曾在德国赫尔曼·冯·亥姆霍兹（H.L.F.von Helmholtz）手下学习的弗朗西斯·罗宾斯·厄普顿（Francis R. Upton）。后来，交流电源的发展在很大程度上也要归功于尼古拉·特斯拉（Nikola Tesla）为西屋电气公司（Westinghouse）所做

---

4 拜耳公司由弗里德里希·拜尔（Friedrich Bayer）和约翰·弗里德里希·韦斯科特（Johann Friedrich Weskott）创立，与阿道夫·冯·拜尔（Adolf von Baeyer）没有关系。

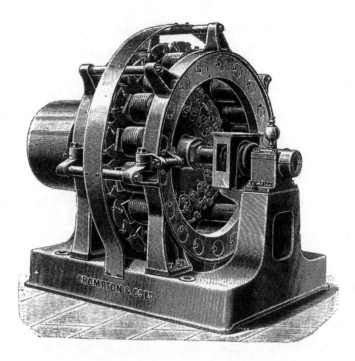

图10.1 用于产生交流电的发电机，可追溯到20世纪初。其结构由两组线圈组成，一组保持静止，另一组紧贴着前者旋转［摘自梅科克《电灯原理与供电系统》（Maycock, Electric Lighting and Power Distribution），铁桥谷博物馆提供。］

的工作，他曾在布拉格（当时属于奥地利帝国）学习。[5] 但这项工作一直颗粒未收，直到 19 世纪 90 年代商用交流电开始发展后，其成果才有用武之地。在之后那个十年开始时，通用电气公司（General Electric Company）成立了一个基础研究实验室，同样，这里的几个主要科学家也都有过至少一段在德国求学的经历。

5　Carlson, *Tesla*.

新的发动机

还有一项创新部分归功于德国高水平的技术教育和研究，那就是内燃机。[6] 然而，与工业化学一样，我们需要注意到内燃机的部分理论基础是在法国奠定的，尤其要归功于萨迪·卡诺（Sadi Carnot）。此外值得一提的法国人是艾蒂安·勒努瓦（Étienne Lenoir），他制造了一台实验性发动机。在德国，尼古拉斯·奥古斯特·奥托（Nikolaus August Otto）和尤金·兰根（Eugen Langen）于 1864 年开设了一家工厂，制造他们自己设计的燃气发动机。这些发动机以城市供应的公共煤气为燃料，用持续燃烧的小火苗来点火。它们适合那些需要比蒸汽机更小、更便宜的动力来源的作坊老板，在 10 年内售出了 5 000 台。到 1877 年，奥托旗下公司的团队［当时包括戈特利布·戴姆勒（Gottlieb Daimler）和威廉·迈巴赫（Wilhem Maybach）］已经开发出了一种由燃气驱动的四冲程发动机，它更省钱、噪声更小，绰号无声奥托（Silent Otto）。同时，在 1869 年，克罗斯利（Crossley）兄弟公司购买了在英国制造奥托发动机的权利，到 1900 年就已经制造了成千上万台（图 10.2）。与德国一样，这种燃气发动机通常由小企业使用，有时以发生炉煤气（producer gas）为燃料——这种煤气是由厂区的小型工厂以煤制成

6　See also Channell, *The Rise of Engineering Science*, chap. 8, "New Power Sources."

图10.2 奥托发明的那种燃气发动机正在驱动一个小型发电机（画面右侧装置）。该发动机有一个单缸（画面左侧装置），由克罗斯利兄弟公司于英国制造［摘自梅科克，《电灯原理与供电系统》，铁桥谷博物馆提供］

的。它们也被用来为没有公共电力供应的工厂和机构发电。但是，对煤气燃料的依赖仍被视为发展的局限和阻碍。

为了替代煤气，奥托曾尝试用苯来做发动机的燃料。但实际上是戴姆勒和迈巴赫——他们在1880年与奥托决绝地分道扬镳——开发了第一个符合要求的使用液体燃料的内燃机，并于1883年获得专利。这种内燃机比奥托发动机每分钟150转的速度快得多，而更高的转速和液体燃料的使用使其更适用于运输业。在两年内，戈特利布·戴姆勒和卡尔·本茨各自独立制造了先驱性质的汽车。

与前文提到的化学和电力方面的创新相比，发动机方面的这些发展更依赖于车间里的实战经验，而非实验室的实验。不过，德国理工学院教授的机械工程理论以及热力学知识也是非常重要的——例如鲁道夫·狄塞尔（Rudolf Diesel）就认为，他能发明发动机，要归功于他在慕尼黑理工学院的求学经历。1878 年，他听说那里有一个关于卡诺定理（Carnot's theorem）的讲座，其中涉及发动机气缸中气体膨胀的理想条件。正如他后来所写的那样，在他完成剩下的课程并开始他的职业生涯时，这个关于理想条件的设想"始终跟随着我"。同时，他的工作还涉及对冰箱的研究。最终，在 1893 年，他带着"难以言喻的喜悦"想出了一个可以近似达到卡诺理想条件的可行的发动机方案，申请了专利并写了一篇关于该主题的论文。不久之后，他就职的奥格斯堡蒸汽机厂根据他的理念建造了第一台柴油机（diesel engine）。[7]

技术史中的很大一部分被视为工业发展史，由经济史学家撰写，因此，我们特别注意以经济为目的的创新，其成功依赖于削减成本、提高生产效率和盈利能力。面对狄塞尔的发明时，人们也很容易落入此类认知的窠臼。在一次启发他思考这个问题的讲座中，他的老师曾说过，蒸汽机只能将"燃料热值的 6%—10%"转化为有用的动力！因此，我们可以认为狄塞尔的动机是为了节省燃料和削

7　Klemm, *A History of Western Technology*, pp. 342–347; Channell, *The Rise of Engineering Science*, pp. 154–158.

减成本。当然，如果不是因为柴油机提供了足够的经济优势来说服奥格斯堡公司［后来的瑞士苏尔寿公司（Sulzer company），狄塞尔与该公司也有密切的联系］着手进行开发，我们可能永远都不会听说过有这种引擎。但是，如果这样就断定市场因素是鲁道夫·狄塞尔巧思的核心，那就大大误解了技术中创新思维的诞生过程了。狄塞尔自己写道，整整 14 年，他沉迷于这个理想的发动机循环的概念——"它支配着我的存在"，他心无旁骛，最终这个概念才开花结果，化为一个实用的发动机。这是被一个梦想慑住心神的人才能说出的话，而非仅仅认识到了什么市场机会。

燕子笑着飞过

狄塞尔并非个例。各种梦想和技术理想激发了 20 世纪其他重要的技术进步，从特斯拉对"电力革命"的贡献[8]到 20 世纪头十年最重要的发明之一——由苯或汽油发动机驱动的飞机。那时，引领发展的理想不是某个理论概念，如发动机的等温膨胀，而是对鸟类飞行的日常观察。由于古往今来人们对鸟类的飞翔十分着迷，人们通常认为以往各种徒劳的飞行实验构成了飞机的祖辈：希腊的

8　Carlson, *Tesla*, chaps. 2, 6.

伊卡洛斯传说、一个中世纪穆斯林发明家为自己制造翅膀的故事、达·芬奇的演绎性绘画，以及乔治·凯莱爵士（Sir George Cayley）从 18 世纪 90 年代到 1852 年在英国制造的一系列出色的滑翔机。

凯莱的工作理应得到更多的认可，而另一位在德国接受教育的工程师奥托·冯·李林塔尔（Otto von Lilienthal）最充分地对有翼装置进行了认真的科学研究，并使其最大程度地得到了发展。李林塔尔年轻时，曾用基于鸟类翅膀的模型做过实验，后来他回过头来研究这一主题，在 1889 年出版了一本关于鸟类飞行和翅膀结构的书。1891 年，他转而进行现在被称为悬挂式滑翔机（hang gliders）的实验——他从柏林附近的一个小山坡上出发，自行滑翔。当时他的飞行距离仅限 100 至 250 米，但他慢慢学会了如何控制滑翔机，并为此试验了襟翼（flap）和升降舵（elevator）。5 年中他进行了许多次飞行，但最终在 1896 年时由于滑翔机坠毁而去世。

李林塔尔带来的影响是巨大的，部分原因是他的技术著作得到翻译，同时广为流传，部分原因是一些效果奇佳的照片记录了他的飞行经历。这些照片说服了人们，在实现动力飞行（powered flight）之前，有必要了解滑翔，并改进滑翔机的设计和控制。[9]

苏格兰工程师珀西·皮尔彻（Percy Pilcher）就是受到李林塔尔的影响和启发的人之一，他在 1895 年制造了自己的第一架滑翔机

9　Klemm, *A History of Western Technology*, pp. 357–361; Lilienthal, *Birdflight as the Basis of Aviation*.

（但在试飞前拜访了李林塔尔）。在美国，奥维尔（Orville）和威尔伯·莱特（Wilbur Wright）高度赞扬了李林塔尔的工作，并在设计他们的飞机时使用了他的鸟翼和滑翔机蓝图，此外他们还观察到秃鹰如何扭动翅膀来控制飞行。[10] 1903 年，莱特兄弟首次成功进行了短距离动力飞行，使用的是由小型苯燃料马达驱动螺旋桨的双翼飞机。在上述这些工作中，商业动机都不怎么显著，而且当时也很难预见飞机后来会获得巨大的经济收益。尽管莱特兄弟曾希望能带动运动员的兴趣来购买飞机，但直到 20 世纪 20 年代，飞机在美国都没有什么市场。但在欧洲，日益增长的战争威胁刺激了人们对飞行载具的军事潜力的兴趣（最初，人们设想的是用飞行器进行观察，而非轰炸），到第一次世界大战爆发时，英国、法国和德国政府已经购买了几百架飞机。[11] 然而，李林塔尔是被激情驱使而前行的，无关利益；他是一个梦想家，追求的是自年轻时就有的志向，他在写作中很清楚地表达了自己的愿景。他说，对飞行的"渴望"使他无法停歇，"一只大鸟，在我们头顶上盘旋，在我们心中激起了像它那样在天空中翱翔的欲望"；但是，一旦人们试图将他们的知识应用于实际的飞行实验时，"可叹我们的笨拙就会淋漓尽显，燕子大笑着从我们头顶掠过"。

那个从铁路工程转行建造埃菲尔铁塔的男人，后来又开始从事

---

10 Channell, *The Rise of Engineering Science*, pp. 169–172.

11 Channell, p. 173.

飞机设计事业——也许这种转行也不再令人惊讶了。铁路一度是许多直白的征服梦想的主题，而埃菲尔铁塔将这一事业带入了第三个层面。古斯塔夫·埃菲尔已经对高架铁路桥上的空气动力和风压问题产生了浓厚兴趣，而铁塔则以更尖锐的形式提出了同样的问题。1906 年，他在塔脚下建造了一个先驱性的风洞，并利用这个风洞开展了许多关于飞机机翼的实验。这项研究使人们首次清晰地认识到机翼周围的气流是如何产生升力的，紧接着，埃菲尔测试了许多飞机的模型，并推演出了螺旋桨设计的数学理论。

埃菲尔认为该塔是他最伟大的作品。作为 1889 年巴黎国际博览会的宏伟入口，它被描述为"那时的'登月计划'，将技术革新推进到一个理智又荒谬的境地"，以象征法国国家成就和一种"工业伊甸园"的感觉。[12] 虽然距离真正的人类登月计划还有 80 年的时间，但从概念上讲，这个计划已经不远了。甚至在 3 个世纪前的第一次科学革命期间，当人们还在探索着理解月球在天上的运动时，登月的理论可能性已经成为人们的梦想——开普勒在 1609—1610 年如是说。一旦飞机开始飞行，其他形式的飞行也就变得顺理成章，而欧洲军队在 19 世纪上半叶使用的火箭就是一个明显的例子。早在 1923 年的德国，赫尔曼·奥伯特（Hermann Oberth）就出版了一本关于太空火箭的书。这本书推动了一个倡议太空旅行的

---

12 Harriss, *The Tallest Tower*, p. 191.

协会于 1927 年成立。两年后，该协会获得了一位热情高涨的新成员——名叫韦恩赫尔·冯·布劳恩（Wernher von Braun）的少年。[13]

冯·布劳恩是另一个梦想家，他年轻时选择了工程学课程，从而拥有了适合研究太空旅行可能性的技术背景。他积极参加航天协会非常重要的火箭实验工作。当这些工作在 1932 年被德国军队接管时，他选择为军队工作，因为制造武器似乎是进入太空的唯一可用的垫脚石。军队研究项目的成果是 V-2 火箭，在第二次世界大战接近结束时用于轰炸英国城市。在 1942 年 V-2 火箭首次成功飞行后，冯·布劳恩欣喜若狂，似乎完全忘记了战争。"我们第一次用自己的火箭入侵了太空……我们已经证明了火箭推进在太空旅行中是可行的。"1969 年，由冯·布劳恩及其团队设计的火箭已改成为美国效力，为人类首次登陆月球奠定了基础。[14]

新世界之梦

在狄塞尔、李林塔尔和冯·布劳恩的创新中，那种对技术理想和目标的追求一目了然。他们的核心动机并不在于经济利益和军

---

13 Ordway and Sharpe, *The Rocket Team*, p. 361.

14 关于 1957 年发射斯普特尼克人造卫星之前，苏联人对火箭和太空旅行的想象，见 Siddiqi, *The Red Rockets' Glare*。

事应用。相比之下，开发新染料或药物的化学家的工作，则往往与工业应用密切相关。这更符合大多数经济史学家所假设的"市场主导"的创新模式。然而，化学家们也有梦想，有时也会说到"探索新世界"等等。他们的意思是，他们正在稳步学习更多关于分子结构的知识，以及这与他们在染料或塑料中所观察到的化学行为有什么关系。有时，这样的话也表示对构建分子的原子的性质的猜测。

对分子结构感兴趣的化学家们面临着一个挑战，即探寻诸如丝绸或橡胶这种天然材料那不寻常但十分有用的特性。他们渐渐明白，这些材料是由非常大的分子组成的。纤维素这一物质有着很长的分子结构，人们认为其长分子在（包括棉花和木材在内的）各种植物材料中最为重要。纤维素与各种酸的反应的实验，推动了斯旺在19世纪70年代对灯丝的研究。纤维素还带领人们发现了一种新的炸药（硝化纤维素或火棉）、一种新的透明材料（赛璐珞，1868年首次在美国制造）和一种廉价的丝绸替代品（人造纤维）。

这些材料都是通过操纵大自然提供的大分子纤维制成的。[15]第一种通过合成大分子制造出的塑料是酚醛树脂（phenolic resin）或称人造树胶（Bakelite），1907年由比利时人利奥·贝克兰（Leo Baekeland）首次制造。更多的新材料在20世纪20年代被开发出来，包括合成橡胶和以硫脲（thiourea）加脲醛（urea

---

15　Haber, *The Chemical Industry*.

formaldehyde）为基底开发出的塑料。[16] 人造树胶这种材料总是呈现深色，因为人们添加了许多物质来增加其强度，而新型的塑料可以以浅色生产，通常有大理石般的视觉效果。这意味着一个时代转向——到 20 世纪 30 年代，中国那些曾长期向欧洲出口瓷器的地区，现在成了德国制造的塑料碗的销售市场。[17]

在整个 19 世纪，尽管科学化学在工业应用上取得了成功，但关于构成分子的基本原子的性质的辩论仍在继续。当一种更小的粒子——电子——在 19 世纪 90 年代被确认存在时，人们开始更加强烈地怀疑，化学家们所说的原子是否真的是最基本的粒子。电子的发现来自对电现象的一系列长期调查，包括对放电的研究。1887 年，海因里希·赫兹（Heinrich Hertz）在第一个无线电发射器中利用了这些放电现象。人们认识到电子在产生电磁波中的作用后，经过进一步的研究，人们在 1904 年发明了第一个电子阀门（electronic valve）。这一项目的负责人是约翰·安布罗斯·弗莱明（John Ambrose Fleming），他是英国马可尼无线电报公司（Marconi Wireless Telegraph Company）的顾问，当时他正着手开发检测无线电信号的改进方法。弗莱明的二极管阀投入使用后不久，美国的李·德富雷斯特（Lee de Forest）就发明了三极管，作为放大无线

---

16 Bijker, "The Social Construction of Bakelite"; Meikle, *American Plastic*; Channell, *The Rise of Engineering Science*, pp. 348–351.

17 S. Katz, *Classic Plastics*；她见到一些 20 世纪 30 年代的塑料碗上印有意为"德国制造"的汉字。

电信号的装置。这些发明使无线电迅速摆脱了对粗糙的火花间隙发射器（spark gap transmitters）、机械式交流发电机（mechanical alternators）和碳粒子探测器的依赖，而这些都曾是其发展中头十年的招牌。

对 19 世纪原子观的另一个挑战，来自波兰出生的化学家玛丽·斯克洛多夫斯卡（Marie Sklodowska）——后来赫赫有名的玛丽·居里（Marie Curie）——发现的元素镭和钋，她的丈夫皮埃尔在 1906 年去世前一直帮助她工作。正如居里夫人所说，这些物质具有"放射性"，而且她能够证明它们的辐射发散与原子质量和化学性质的变化有关。如果原子能够发生这样的变化，它们就很难成为物质的终极基础粒子。古希腊人就曾有过有关于物质原子结构的猜测，此后这类猜想一直断断续续。能够看破这些假设粒子的秘密，几乎与飞翔的愿望一样，一直是进行哲学思考的人们的梦想。现在，终于有越来越多的证据表明，确实存在比化学家的原子还小的粒子。那么，这便是另一个有待探索的新世界，甚至比分子结构的世界更具挑战性。到 20 世纪 30 年代，几个欧洲科研中心进行了深入的研究，特别是在德国（又是德国），以及在英国剑桥。在巴黎，玛丽·居里的女儿伊雷娜（Irène）正在研究用最近发现的"中子"的粒子流轰击少量铀的效果。

类似的研究也在柏林进行，但那里的科学家与巴黎的伊雷娜·约里奥-居里（Irène Joliot-Curie）小组之间存在相当大的分歧。因此，当伊雷娜的成果发表时，柏林的奥托·哈恩（Otto Hahn）对他所谓的"我们的女性朋友的作品"不屑一顾。然而，在1938年，一位同事认识到巴黎实验室的一篇新论文的重要性，并向哈恩强调了其中的发现。突然间，哈恩认识到了这一点，并开始进行一系列密集的实验来验证它。他得出结论，伊雷娜和她的同事保罗·萨维奇（Paul Savitch）关于铀被中子轰击时产生的物质的论点是正确的。他看到铀原子的原子核已经分裂成大块，而这个过程后来被称为裂变。其他研究人员很快发现，在铀原子裂变过程中会释放出中子，这有可能分裂其他原子，释放出更多的中子并引发"连锁反应"。[18]

就这样，在第二次世界大战前夕，一种通向新技术和新武器的大门被打开了。

原子和平

在20世纪20年代和30年代初，核研究的初衷天真且理想化，其追求只在于探索一个由看不见的小粒子组成的世界。新的发现似乎实现了阐明物质终极结构这一古老梦想。然而，一旦核研究的成果被滥用于功利和破坏性的目的，研究的性质就发生了根本变化。其研究不再是开放和国际化的（例如，剑桥的实验室曾接待俄国、

---

18 Brian, *The Curies*.

印度和日本的科学家）而是变得神秘且官僚化。随着原子弹成为国家地位和军事力量的重要象征，对既得利益的追求取代了原先的理想主义。1945 年 8 月，美国对日本使用了其第一枚核弹。苏联在 1949 年测试了它的第一样核武器，英国在 1952 年也炸响了一枚原子弹。

为了使核研究恢复它以前享有的一些理想主义、国际主义和尊重，有必要表明它可以为人类发展做出建设性的贡献。在 1953 年 12 月的联合国会议上，美国总统德怀特·艾森豪威尔（Dwight D. Eisenhower）采取了主动。他建议将"这种武器从士兵手中拿走"，交给那些能够"将其用于维系和平"的人。[19]

在接下来的几个月里，人们对核前景进行了大量讨论，包括说核装置可以"与癌症作斗争"，声称"原子射线可以切割木材"，还有人认为为铁路设计的原子机车已经出现。科学家们又开始做梦了，公众的想象力也被"便宜到无须计量"的电力前景所吸引。正如某评论家所描述的那样，艾森豪威尔所说的"原子和平"（atoms for peace）变成了"巫术"，被作为"驱散"核战争恐惧的象征而大肆宣扬。[20] 在日本和东亚其他国家，人们仍然对广岛和长崎的核毁灭感到震惊，战后的政府承诺将会把造成伤亡的辐射控制、利用起来，用于和平目的，包括为火车提供动力，以及培育新的奇迹种

---

19 Krige, "Atoms for Peace."

20 Pringle and Spigelman, *The Nuclear Barons*, p. 136, p. 137.

子。[21] 更广泛地说，新的原子能应用方法为民用核技术的传播打开了大门，很快就有一大批国家按照美国模式成立了原子能委员会——包括德国、日本、西班牙和巴西。日本与美国和英国签署了核合作协议，并安排从英国购买其第一座核电站。与此同时，第一批印度科学家（人数众多）赴美国求学，接受核物理方面的教育。

印度是第一个启动核计划的亚洲国家，鉴于其参与西方科学的历史传统，这并未出人意料。例如，在 1895 年，贾格迪什·钱德拉·博斯（Jagadis Chandra Bose）对当时用于无线电接收器的碳粒子检波器（carbon particle coherer）进行了重大改进，并将其用于研究极短的无线电波。一位跟他同姓的印度科学家[22] 与爱因斯坦共同完成了量子力学的重要研究工作，即 1924—1925 年的玻色-爱因斯坦统计，因而被人们铭记。印度核研究的先驱是曾在英国学习理工科的霍米·巴巴（Homi J. Bhabha），他来自孟买人数不多的帕西人家族，帕西人家族在 18 世纪培养了著名的造船师（第七章），在 19 世纪培养出了贾姆希德吉·塔塔等工业家。巴巴跟塔塔一族很熟：他们两家是姻亲关系，隔着一条街。1945 年，应巴巴的请求，塔塔信托基金在孟买建立了塔塔基础研究院（Tata Institute for Fundamental Research），以确保核物理学在印度有一席之地，同时也确保巴巴的天赋不会被国家所浪费。印度独立后不久，1948 年，

21　D. Kelly, "Ideology, Society"; Kim, "Making a Miracle Rice."

22　此即萨特延德拉·纳特·玻色（Satyendra Nath Bose）。——译者注

政府在孟买成立了印度原子能委员会（Atomic Energy Commission of India），并由巴巴担任首任主席。1954 年，在巴巴的指导下，委员会拨款用于建设一个研究反应堆。[23]

若要理解印度政府为何决定对核能进行大笔投资，必须从印度去工业化的历史伤痕来看：印度工业长期以来被英国人刻意压制，以确保印度的产品无法与英国竞争（第七章）。这段去工业化时期不仅使国家陷入贫困，浪费了志士能人的才华，而且也削弱了印度人对其技术能力的信心。即使印度拥有的工业本有可能大规模发展，英国对其国民经济的控制似乎也早已对他们所能取得的成就设置了上限。

印度也许确实需要技术上的成功来重建信心，但事实证明，选择核技术来作为重振国家的象征并不明智。到 20 世纪 70 年代中期，大多数西方国家的核电项目都陷入了困境，由于经济表现不佳以及安全和废物处理问题没有得到解决，发电站的订购单或取消或推迟。巴巴为印度制订的计划雄心勃勃，因为印度有大量的钍储备，他设想了一个基于钍的燃料循环。然而，实际情况是该项目以更常规的铀燃料发电站建设的；其中一个是从美国购买的，其他的是一开始与加拿大合作建设的。这些电站生产的钚将在专门设计的增殖反应堆中与钍一起使用，但该计划的这一部分变得越来越遥

---

23 关于玻色，参见 Lourdusamy, *Science and National Consciousness in Bengal*; 关于巴巴，参见 Greenstein, "A Gentleman of the Old School"。

远。如果印度的核计划能够实现其最初提供廉价和可靠的电力的承诺，那么它本可以大大促进国家的繁荣。

印度所有类型的发电站生产的大部分电力都用于工业，但令人惊讶的是，还有大量的电力也被用于农业。用电泵从井中抽取的灌溉水，是"绿色革命"中粮食产量大幅增长的关键资源之一。在20世纪60年代，印度电泵组的数量增加了8倍，在1972年超过了200万台。到这时，印度的电力已供不应求；为了维持灌溉泵的运转，工业界遭遇了断电，导致了严重的混乱和产能下降。所有类型的发电站的建设和维护都出现了延误，到20世纪70年代末，印度核电站的表现已跌至谷底。在80年代初开放的4个核电站平均只能产生600兆瓦的电力，远远低于它们设计时预计的2700兆瓦。

有人认为，印度的核计划是一场"国家灾难"，它破坏了工业发展，还带跑了本该投入成本较低的水电项目的投资。但这种论断显然是有偏颇的。世界银行早些时候出具了一份措辞更谨慎的报告，评论道："与其他大多数国家一样……印度核电站的表现低于预期。"[24] 但有些人断言，如果印度退回去发展所谓的更"合适"的技术，就有可能导致印度人失去信心，就像去工业化时期一样，它将造成印度的思想和科学的"殖民化"。[25]

---

24 Pringle and Spigelman, *The Nuclear Barons*, pp. 174–177; Henderson, *India: The Energy Sector*.

25 Rahman, *Review of* Homo Faber; 其他引文来自 Pringle and Spigelman, *The Nuclear Barons*, pp. 174–177, pp. 391–399。

到 1980 年，日本拥有亚洲最大的核电项目，但任何想从那里寻求鼓励的人都不会感到安心。日本从英国购买第一座核电站时历尽艰辛，但下一个基于美国经验建成的核电站则要好一些。但即使在 20 世纪 80 年代，30 多个核电站供应了全国四分之一的电力的情况下，令人担忧的可靠性问题仍然存在。

中国科技发展政策

与印度和日本完全不同的是，在 1949 年中华人民共和国成立后，社会主义中国对核技术的态度几乎完全集中在发展核弹上。[26] 尽管中国领导人和公众对战后廉价核能的无限供应有着与全世界共同的梦想，但核电站的发展计划远远滞后于核武器的发展。[27] 经过一个世纪断断续续的战争，包括 1911 年辛亥革命前欧洲列强的几次入侵和 1945 年结束的十四年抗战，可以理解，中国希望获得一种能够阻止所有进一步侵略的武器。国家威望也是一个原因。1958 年，苏联帮助中国建造一个铀浓缩厂。但苏联拒绝提供炸弹样本，1960 年，由于两国之间的政治分歧，苏联顾问突然撤走，铀浓缩厂没有

---

26 Wang, "The Chinese Developmental State during the Cold War"; Volti, *Technology, Politics and Society in China*.

27 Matten, "Coping with Invisible Threats"; Wang, "The Chinese Developmental State during the Cold War," p. 195. 中国的第一个核电反应堆于 1970 年投入使用。

完工。然而，中国人成功地将其投入使用，并利用浓缩铀制造核武器，第一颗原子弹在1964年进行了试爆。

看起来，随着核能或电子技术（甚至是19世纪的铁路）的发展，西方开发的一系列机械产品和技术已经非常完整，而且限制在西方科学的范围之中，而西方和非西方文化之间的技术对话的可能性几乎为零。希望使用这些产品和技术的非西方国家似乎别无选择，只能接受现成技术的转让。当然，国家政策影响了某些技术的使用方式，如印度旨在以钍为基础进行燃料循环，而中国则选择了武器优先的核技术发展方针。国家文化因素也影响了技术的使用方式。例如，使用单个方块字而不是字母，最初使中文计算机输出困难重重（1984年北京四通集团为一种计算机解决了该问题），也给设计中文文字处理器（1986年开始生产）带来了困难。这种对本质上属于西式技术的相对表面的修改，似乎代表了技术对话的局限性。[28]

不过，我们如果以更广阔的视角来审视技术发展的话，就会有不同的看法了。中国在1976年之前的许多政策都被概括为"两条腿走路"的说法。这句话有很多含义，其中一个重要部分是通过同时建设大型和小型设施来发展工业的设想。小型化肥厂和水力发电站往往更适合农村地区，而且比大型工厂更快建成，虽然它们的运

---

28 然而可以说，这些表面的调整对一个围绕着字母排序的普遍性而组织起来的系统产生了深远的影响，彻底改变了今天的数字世界中输入的概念化和具体化的方式。Mullaney, *The Chinese Typewriter*, p. 316.

营效率较差，但总体而言利大于弊。这一政策的另一个方面，则是运用好当地的技术能力。例如，虽然 1975 年以前建造的 8 个大型化肥厂用的都是进口设备，但数百个小工厂的所有硬件都是在中国本土制造的，其中大部分产自上海。[29]

在某些情况下，"两条腿走路"要求熟练掌握老技术的人参与进来，这样一来新技术和传统技术之间的技术对话就展开了。这尤其发生在丝绸等纺织行业中，但一个更引人注目的乃至不太合理的例子是 1958 年前后铁的生产迅速扩大，主要因为适合"后院"操作的、传统小型高炉的再度流行。由于这些高炉中有一部分在 20 世纪 30 年代和 40 年代曾被使用过，所以彼时还有人知道如何使用它们来炼铁，于是在那段时间里，铁丰收了。然而，这次运动却消耗了巨量的燃料（大部分是木炭），而且产出的铁质量普遍较差。因此，这次实验性的活动很快就停止了，但是人们也在如何操作特异型炉子方面学到了不少经验。[30]

在工程、农业和医学方面，"两条腿走路"使现代和传统技术之间的交流成果颇丰。[31] 例如，一些用石头或混凝土建造的拱桥都遵守着这样一条准则：只要避免桥梁拱部的重量过大，石质的桥面

29 关于化学肥料，见 Volti, *Technology, Politics and Society in China*, pp. 133–138。

30 Wagner, "Some Traditional Chinese Iron Production Techniques."

31 对农业中的这些交流进行的关键描述，参见 Schmalzer, *Red Revolution, Green Revolution*；医学方面，参见 Fang, *Barefoot Doctors and Western Medicine in China*。

就可以建得既平坦又跨度长。其中很典型的例子就是精巧的安济桥（赵州桥），它横跨河北省赵州县的洨河，自公元605年建成以来一直保存完好。建筑师通过在主桥拱两边分别构建两个小桥拱（而非用实心砖石填满桥身）来减轻桥梁重量。在20世纪60年代和70年代，由于钢铁和混凝土的短缺，许多地方都建起类似安济桥这样的砖石拱桥。图10.3中的一座，即跨度54米的"一线天桥"，是全长1134千米的成昆铁路上的几座桥梁之一，于1958年开工，1970年竣工。大桥本身只用99天就建成了，许多老石匠被招进了施工队。[32] 但当时人们并没有想要完全依靠传统技术建成此桥，标准化设计的混凝土梁在这条铁路的高架桥中随处可见。

微电子学

在19世纪末和20世纪刺激技术革新的科学发展中，我们已经提到了染料和早期塑料中的化学、发动机（特别是柴油机）的热力学、电力、空气动力学和核裂变。现在，我们要在这个名单中加上一些在当时不太受关注，但在20世纪末却硕果累累的发现，即关于电子及其在固体材料中的行为的发现。

---

32 信息由中国的工程师和建筑历史学家任丛丛博士提供。

在科学家们对电子本身有明确的概念之前，他们就已经在实验中遇到了电子行为的效应，例如，1839 年在法国工作的埃德蒙·贝克勒尔（Edmond Becquerel）向人们展示，如果把某些金属化合物部分浸没在酸性溶液中，它们暴露在阳光下时会产生电流。1883 年，美国的查尔斯·弗里茨（Charles Fritts）表明，硒元素涂上一层薄薄的金后，暴露在光线下时也会产生电流。1907 年在英国，亨利·朗德（Henry Round）注意到，当电流通过碳化硅晶体时，会发出光。苏联的奥列格·洛谢夫（O. V. Losev）证实了这一点，并在 1927 年制成了早期的 LED（发光二极管）灯。

　　当时并没有理论科学能解释这些光电效应的实验发现，直到爱因斯坦于 1905 年开始着手研究这个问题。他用光量子（photon）——能量脉冲——来描述光，并提出每一个脉冲击中某些材料的表面会使电子从它们的原子结构中移位，而他提出的观点成为量子理论的基础。如果冲击发生在不同材料的交界处附近，电子可能从一种材料传到另一种材料上，然后无法返回，给它到达的表面带来一个负电荷。人们发现这一过程在两层硅的交界处运行良好，如果将导线连接到这两层硅上，在它们之间形成一个回路，电子就会流回它最初来自的那一层，产生电流。这就是光伏（PV）电池的基础。

　　20 世纪 30 年代，在美国贝尔电话实验室（Bell Telephone Laboratory），研究人员发现，如果硅中存在微量的硼或磷杂质，在硅层之间的交界处观察到的效果就会增强，因为它们在交界的两侧

图10.3 中国西部成昆铁路上的"一线天桥",之所以被称为一线天桥,是因为它横跨一个深谷,从那里只能看到小小一线的天空。主桥拱门边缘的小拱结构反映了古代赵州桥的影响。这条1970年开通的铁路上,行驶的柴油机车都是在中国制造的。今天,这座桥看起来已不再像当年这张图片中所表现的那么精美了:2000年该线路被电气化改造时,这座桥被用混凝土加固,并覆盖了一个棚式隧道(信息来源:任丛丛,个人通信所知)(绘图:黑兹尔·科特雷尔,主要基于茅以升《桥梁史话》中的照片所绘)

会自然产生不足或过量的电子。但是直到 1941 年，人们才用硅晶体的一个切片制成了这种有效的电池。而此后还要隔上好一段时间，科学家们才成功制出能将足量入射光能转化为电能的光伏电池。不过在 1958 年，早期的人造卫星之一"先锋 1 号"，携带 6 个太阳能电池板进入飞行轨道，并使用太阳能为仪器供电。

研究电子在固体材料以及在含有不同杂质的材料层之间的行为，成为固体物理学的一部分，为包括半导体在内的系列创新奠定了基础。这其中还包括诸如硅和锗等元素以及一些稀土金属的研究。（我们将在第十二章中讨论更多半导体的近期应用，包括晶体管及其在计算机和移动电话中的作用，并将在第十一章中提到与之相关的电灯发展史中的事件）。在最初开发这些材料的应用方法时，各国之间存在着巨大的差异，特别是在日本和美国之间。（彼时欧洲已经不再位于科技发展的前沿。）在第二次世界大战后的几十年里流行着一个观点：日本人在基础研究方面的创造力，远不如他们为新技术寻找应用手段时的创造力。[33] 例如，在 20 世纪 60 年代，日本的电子工业基于晶体管做了许多创新，但晶体管本身是由美国发明的。

晶体管标志着电子学的巨大进步。电子的最初发现引导人们发明出了用作无线电真空管的电子管（特别是 1904 年约翰·安布罗

---

33 Boffey, "Japan on the Threshold of an Age of Big Science." 对这一判断的批评性评价，见 Cox, *The Culture of Copying in Japan*。

斯·弗莱明的二极管和1907年李·德富雷斯特的三极管），但后来，关于电子在固体材料中的行为的发现，使得原来的无线电真空管的功能在固体状态下也能有一样的效果，即通过晶体管来做到。晶体管比老式的无线电真空管要小得多，用到的能量也更少，因此它们在改变电子工业方面有着巨大潜力。基础研究在贝尔实验室进行，部分由美国军方赞助，他们之所以对此感兴趣，是因为这与雷达设备中使用的固态装置有关。贝尔管理层不相信晶体管的工作能力足以取代传统的无线电真空管；因此，他们仅仅将注意力投注在特定的应用上，即军用计算机。这样一来，日本人率先开发了第一个面向普通消费者的晶体管收音机。同样，录像带式录影机是1956年在美国发明的，但一家日本公司经过长达12年的研究，大大降低了成本（降至原先的百分之一），将其变成了平民消费产品。同样，也是日本的开发工作，创造出了适合家用的电视机模型。随着日本从战争中恢复过来，家庭生活水平日渐提升，消费者对这些新的电子设备的狂热需求开始上升，促成了这个国家的"经济奇迹"。[34]

我们是否应该从这些例子中得出结论，说日本和西方在研究发展的创造力之间存在着某种根深蒂固的差异？有人认为，日本人更偏重实用性，而西方人更倾向于追求技术梦想和异域的发明。但是，基于所谓文化差异的解释，忽视了造成这些技术风格异质的

---

34 Morris-Suzuki, *The Technological Transformation*, pp. 192–202; du Gay et al., *Doing Cultural Studies*; Low, "Displaying the Future."

制度和政治背景。例如，在比较日本和美国高创造性的数控（NC）领域及其在自动化领域的应用时，莫里斯-铃木指出，美国研究的主要资助者和客户是该国军队。所以在硬件和软件方面，设计者优先考虑的是技术先进性，"很少关注投入产出比，同时也没有任何动力为商业市场生产更便宜的机器。"[35] 反观日本，1945 年日本战败后，在美国的压力下，日本放弃了军队，接受了反战主义，所以它没有与美国相当的军事工业综合体。日本没有五角大楼和 NASA，而是由国际贸易及工业部决定研究步伐，"像富士通和牧野这样的公司从一开始就将商业市场作为自己的目标。"[36] 从装配线的自动机械和办公设备，到索尼随身听、电脑游戏和自动电饭煲，普通消费者和各行各业都从日本各种电子产品的创新浪潮中受益匪浅。

资源和声誉的变化都会影响一个社会参与国际技术对话的性质。1945 年，日本的关键资源是廉价的劳动力和受过高等教育的人口，但其经济和社会制度却百废待兴。到了 20 世纪 80 年代，美国的种种畅销书都写道，日本在商业和创新方面的优势都威胁着美国的领先地位，而日本也被视为许多技术对话的平等参与者。[37] 而中国曾有二十年几乎完全在国际对话中缺席。当 1979 年中国进行经济

35 Noble, "Social Choice in Machine Design," p. 317.

36 Morris-Suzuki, *The Technological Transformation*, p. 201; Roland, *The Military-Industrial Complex*.

37 Vogel, *Japan as Number One*.

改革，再次开始利用国际专业知识和投资来发展工业时，中国被认为是世界工厂，缺乏创造力，但擅长制造别人发明的东西。自 2000 年以来，中国的人口繁荣增长，受过高等教育的人也越来越多。政府倾注资源促进技术创新，将其作为经济增长的主要催化剂，以及通往世界领导地位的重要途径。以前，中国的尖端高科技研究被用于军事项目和基础设施建设，而现在，其应用范围更广，从电动汽车、远程通信到基因编辑和月球探索，不一而足。[38]

然而，中国和西方国家之间的技术对话仍有着重重疑虑。当代全球知识产权法将创新视为创新者的财产，或者——今天更常见的是——为资助研究的公司或机构所有。然而，在 1980 年加入世界知识产权组织（World Intellectual Property Organization）之前，中国并未考虑知识产权及向外国公司或合资公司支付专利费的义务，1980 年后，中国本国的专利申请率有了指数级的增长，但西方和中国对个人、公司和国家产权的态度仍然存在重大差异。[39]随着中国在经济和技术上不断取得进步，它已快要成为能与美国比肩的全球大国，以前对中国盗版的担忧，现在表现为对间谍活动的恐惧，尤其是在美国，有人认为这不仅会对产权造成侵害，更会对他们的国家安全造成威胁。中国国家和军队往往是中国高科技公司的主要投资者，这往往会加重那些人的疑心。

---

38 Bray, "Technology."
39 Salter, "Biomedical Innovation."

然而，在技术对话中，世界范围内各方力量和影响力的对比始终在变。如果说最初日本和其他亚洲国家和地区对引进的创新进行"改进"，使之适应当地的情况和议程，那么近年来，几个关键领域的权力流向正在发生变化。[40] 仅在电子领域，日本在机器人技术方面俯瞰世界，[41] 中国台湾在半导体方面领先，而中国大陆在数字化服务方面一马当先。印度的班加罗尔已经建成了一个全球信息技术研究中心。但各个地区的技术、组织传统及野心都继续塑造着其整体的技术风格。例如，中国的目标集中于军事力量发展和太空探索，同时希望在纳米技术和生物技术等新兴领域都有出色表现。[42] 国家在划定和支持技术项目（许多项目与 19 世纪西方梦想家的愿景一样富有远见或充满幻想）方面发挥着关键作用。中国之所以如此迅速地成为世界舞台上一个强大的角色，原因之一是作为一个威权国家，其宏大的项目不会如其邻国日本一样，受公民权利诉求或商业利益的掣肘。

　　当今的技术对话反映了一系列新的全球现实，但目前仍然是美国的大学、实验室和科技公司吸引着世界上最聪明和最有抱负的

---

40 修修补补（tinkering）这个不屑一顾的术语经常被用于非西方社区对进口的西方技术进行改造以满足其需求的过程，这意味着对专家设计和制造的技术物品进行不熟练的、业余的干预。然而最近，修补的创造性已经成为技术研究的一个突出主题。Edgerton, *The Shock of the Old*; Grace; "Modernization Bubu"; Oldenziel and Hård, *Consumers, Tinkerers, Rebels*.

41 Robertson, *Robo Sapiens Japanicus*.

42 2019 年，中国成为第一个在月球远端登陆航天器的国家。

研究人员（至少在他们职业生涯的某个阶段）。就目前而言，从传统意义上的新颖和可申请专利的发明来看，美国仍然是全球技术创新的中心。尽管如此，如果我们把注意力转移到各地理解吸收技术的情况、用户对技术的创新适应和发展上，如果我们认识到技术的创新性不是由持证工程师组成的正式实验室所垄断，而是也发生在农场和森林、家庭和车间里，我们就会看到一幅不同的图景——资源以另一种方式流入创新，而技术对话的付出和回报也有了新的角度。

直到最近，工程师还是技术史上的典型英雄。正如第八章所暗示的那样，历史学家现在对技术的使用者同样感兴趣——他们通过选择、适应和愿景共同创造着技术的成果和范式。本章审视了美国、欧洲和东亚的专家间展开的一系列技术对话。在下一章中，我们将扩大视野，一探专业科学家和工程师与当地（通常是非正式的）技术能手之间的技术对话。

第十一章

健康、饮食及日常基本需求中的技术

对比鲜明的技术愿景

每个时代都有其标志性的技术。今天，我们通常把技术等同于电子、机器和计算机系统及其各类应用。在那个工业化逐步成形并迈向成熟的时代，铁路和桥梁、蒸汽动力、燃气发动机和汽车占据了重要地位，正如第七至十章所讨论的那样，而在更早的时期，如前几章所示，农业、水资源管理、食品生产和武器装备等技术对时代样貌产生了重大影响。为了更好地理解技术在人类生活方方面面的重要性，我们需要扩大对问题的思考范围，以更加宽广的视野来审视技术那包罗万象的影响。上面列举的所有主题似乎在技术史上都有一席之地，但那些不太受关注却依然对人类福祉至关重要的技术也不容忽视；例如，那些与基本服务和公共卫生有关的技术。[1]

工业化的深远影响，以及推动其发展的机械和材料创新，自然而然地让早期技术史学家们倾向于关注那些具有变革性的创新——能够显著推动经济发展，同时改变我们对世界的理解的科技、机械产物。[2]从这个角度来看，相比于火柴或炉灶，铁路显然是值得仔细研究的重要技术——尽管前者也从根本上改变了19世纪工业社会的生活。但是，对"技术史等于工程师史"的持续批判，促使技术史学家密切关注日常生活中涉及的技术，关注日常技术（例如用于住房、卫生、服装、食品和出行的技术）如何共同织就社会的结构。[3]

当我们将目光从传统上关注的正式发明上移开，就会发现还有能理解发明创造的其他方法。日常方法（the everyday approach）强调，创新不是主要由工程师或其他专业人士发明新东西、改变事物的运行方式，而社会上的其他人仅仅扮演被动的角色、接受新东西

1　有关公共卫生的背景材料来自许多方面，包括 G. Harrison, *Mosquitos, Malaria and Man*; McKeown, *The Role of Medicine* 和 McNeill, *Plagues and Peoples*。关于绿色革命，见 Pearse, *Seeds of Plenty, Seeds of Want*。关于非洲，优质的资料来源是 J. Ford, *The Role of Trypanosomiasis in African Ecology*; P. Harrison, *The Greening of Africa*; Richards, *Indigenous Agricultural Revolution*。关于非洲和其他地区的移动电话，可在网上查阅世界银行的报告《2012年信息和通信促进发展》。关于农林业，P. Harrison, *The Greening of Africa* 中简要介绍了林粮间作，Selin, *Encyclopaedia of the History of Science, Technology, and Medicine in Non-Western Cultures* 第67—89页中对其他类型的农林业进行了广泛的讨论。

2　Staudenmaier, *Technology's Storytellers*.

3　例子见 Cowan, *More Work for Mother*; Bray, *Technology and Gender*; Oldenziel and Zachmann, *Cold War Kitchen*; Biggs, "Small Machines in the Garden"; David Arnold, *Everyday Technology*。

的出现；创新是一个复杂的共同创造过程，在生产者和消费者、使用者和发明者之间没有硬性的区分。观察满足日常需求的技术系统如何演变，突出了创新是一个集体的、社会的过程——一场对话，也强调其种种活动远远超出了实验室的专业空间。[4]

前面的章节已经说明了在社会间或社会内部展开的各种形式的对话是如何促进世界各地的技术交流和发展的。在一个没有专业工程师或实验室的前工业世界里，人们更容易接受手工业者、农民、商人和学者分享的专业知识。但是今天，正规的技术是高度专业化的，人们普遍认为，解决技术问题的最好方法是请专家来制定解决方案，然后教那些所谓无知的当地人如何使用或应用新技术。[5]这种"自上而下"的理念，是技术转移概念的基础，而本章所挑战的正是这种关于专业技术等级的假设。日常视角使我们从现代主义的、以专家为中心的技术转移观（当地状况是问题，进口技术是解决方案）转向关注真正的对话，在对话中，外来知识和内生知识都为重塑技术贡献了资源，有时只是为了让它在当地发挥作用，有时（正

4　Oudshoorn and Pinch, *How Users Matter*; Edgerton, *The Shock of the Old*. 第八章已经提到了引入使用以模糊生产和消费之间的界限的意义，第十二章也再次提到了这一点。

5　一个很好的例子来自英国，在 1986 年切尔诺贝利灾难之后，科学家为测量和管理牧场的核污染而设计的技术解决方案被当地农民证明是不可靠和无效的：Wynne, "May the Sheep Safely Graze?"

如我们将在本章末尾看到的）是为了应对全球性的挑战。[6]

让我们以公共卫生为例，看看我们可以从运转中的日常技术里学习到什么。在 20 世纪，公共卫生领域取得了一个显著进步，即世界上大多数地区的幼儿死亡人数大幅下降。在美国，1915 年，每 1 000 名婴儿中约有 100 名在出生后一年内死亡（这一数字是一个世纪后的 20 倍），还有许多儿童在 5 岁前夭折。[7] 这一婴幼儿死亡率已经持续了几十年：尽管这期间各国建设大量工程来改善卫生条件和水资源供应、减少了许多成人疾病的流行，包括伤寒和霍乱，但婴幼儿的死亡率仍然顽固地居高不下。

但最终，更好的妇产护理、卫生条件、住房条件、受过更好教育的母亲以及更充足的营养，多管齐下，为现状带来了巨大的变化，使婴儿死亡人数大大降低。以往，人们往往觉得工业化国家劳动人民的健康状况不佳是理所当然的，而随着欧洲国家纷纷做出类似的改善，大众也开始清楚地认识到，这种惨况其实并非无药可救。这些举措推动了许多社会运动、提高了社会福利水平，而 1945 年"二战"结束后的重建工作，则使面向大众的健康服务快速发展起来。

在接下来的四五十年里，包括中国和印度在内的世界许多地区

---

6 Mavhunga, "Introduction," p. 21; Eglash and Foster, "On the Politics of Generative Justice," p. 129.

7 Centers for Disease Control and Prevention, "Ten Great Public Health Achievements."

的婴儿死亡率都有所下降。同时，在欧洲和北美，婴儿死亡率也都下落到非常低的程度。这应该被视为有史以来最重要的技术成就之一。许多地方落实了改进后的节育技术，在那里，妇女可以享受规模适中的家庭生活，摆脱频繁生育的负担。因为不再需要经济和生物资源来养育那些在婴儿期或幼儿期早夭的孩子，人民的生活水平得到了提高。

然而，这一技术成就所得到的认可却远远不够，因为它没有与任何进步或权力的象征明确联系在一起。这套技术中没有神奇的子弹，变化不是由哪一个引人注目的创新单独带来的。许多医疗卫生方面的进步是由作为母亲或作为护理、营养等相关领域专业人员的妇女带来的。换句话说，健康条件的改善归功于社会各方面的共同努力，即社会、营养、家庭和医疗方面的发展，以及供水和卫生工程方面的工作；尽管这些都是满足人类需求的技术的基本要素，但却没有哪项具体的发明、硬件项目或医疗突破能够象征在这些领域里取得的成就。[8]

婴儿死亡率下降的同时，一个问题也浮出水面。在部分国家，新生儿的哺育条件远非理想：虽然更多的孩子存活下来，但环境却在不断恶化。现代化的压力使人们在现代方法被引入之前就抛弃了

8　关于美国、欧洲、非洲和中国的公共卫生史，请参见：Rosen, *A History of Public Health*; Duffy, *The Sanitarians*; Barnes, *The Great Stink of Paris*; Rijke-Epstein, "The Politics of Filth"; Rogaski, *Hygienic Modernity*; Brazelton, "Engineering Health."

传统的节育方法；例如，引入奶瓶喂养后，人们较少通过长时间的母乳喂养来避孕。随着其他社会习俗的紊乱，许多国家进入了人口结构急剧转型的阶段，出生率的下降比儿童死亡率的下降要慢。不可避免的是，人口快速增长，尽管人口增长速度在 20 世纪 50 年代开始放缓，有时还是会产生巨大的环境压力。

从婴儿死亡率的下降历史，我们看到了一项社会进步是如何逐步系统性地实现的，其中涉及在社会的许多层面上发展新的专业知识，以及日常生活方式的许多变化。另一个严重的公共卫生问题是疟疾防控。印度和中国在 20 世纪 50 年代和 60 年代解决这一问题的方式形成了鲜明的对比，充分揭示了培育不同种类技术创新的土壤会有多么不同。印度对西方思想和西方援助持开放态度，而中国则因政治原因与世界其他国家的发展隔绝。因此，印度在一些公共卫生和农业领域采用了西方技术，但中国只能更多地依赖本国人民的创新能力。

其中一个引人注目的例子是源于西方化学工业的创新，即杀虫滴滴涕（DDT），20 世纪 40 年代末，它被证明对南欧传播疟疾的蚊子非常有效。很快，在印度控制疟疾的计划就展开了。[9] 在接下来的20 年里，印度开展了一场声势浩大的运动，在每间住宅的墙壁上定期喷洒滴滴涕。这对抑制疟疾的传播产生了立竿见影的效果，但政

9　Kinkela, *DDT and the American Century*; Packard, "Malaria Dreams."

府却对滋生贫病的恶劣生活条件袖手旁观，也没有努力减少人们住所附近的蚊子滋生地。因此，一旦蚊子获得了对杀虫剂的免疫力，这种疾病就很容易再次传播，在 20 世纪 70 年代，印度疟疾病例的数量就大幅增加了。[10]

与此同时，中国则不得不在无法广泛使用滴滴涕的情况下应对疟疾。政府并不怕在没有这种神奇子弹的情况下工作，而是相信群众教育和群众动员是根除蚊子和其他传播疾病的生物的解决方案，比如传播更普遍和更有害的血吸虫病的钉螺。当地社区举行了许多次会议，向人们介绍疟疾和其他疾病传播的环境条件。政府对卫生和排水的许多方面也加以审查，并组成小组来填埋水坑或重新设计用于灌溉水稻作物的水道，以便大大减少蚊子的繁殖地（以及其他有害生物的栖息地）。住房也慢慢得到了改善，人们接受了预防措施的相关培训，以防止疟疾传播。这些活动对降低疟疾发病率的效果没有印度那么引人注目，但成效可能更持久。

尽管这些大规模动员的疾病预防运动表面上是专业知识民主化的实践（包括将初级医疗服务资质下放给著名的赤脚医生），但实际上，政府努力保持着严格的控制。以卫生的名义来约束人们的日常生活，往往让人有受干涉的感觉，许多地方在殖民时期或国家独立后发起了在当地人中间的清洁运动，也有类似的情况，包括印度

---

10 G. Harrison, *Mosquitos, Malaria and Man*.

的滴滴涕运动，许多社群都对此进行了抵制。然而，从长远来看，自上而下的教育和基层动员的结合得到了回报，农村居民的健康状况、预期寿命和科学素养得到了明显的改善。[11]

生态特殊主义

非洲也面临着疟疾肆虐的问题，除此之外，另一个公共卫生问题也令殖民时期在当地的欧洲人十分头痛——昏睡病（神经系统非洲锥虫病）。导致这种疾病的寄生虫跟随着臭名昭著的采采蝇四处传播，给牛群和人类都带来了极大危害。身处非洲的欧洲人观察到昏睡病正在不断扩散到新的地区，而控制采采蝇及其携带的疾病也成了他们的重要目标。他们认为这种疾病是非洲耕作和畜牧业"落后"的结果。

现在我们知道，这种假设几乎与事实完全相反。在殖民时期之前，采采蝇在非洲的许多地方都曾得到良好的控制。例如，在博茨瓦纳，牧民们通过在某些季节焚烧草地来确保放牧地没有苍蝇。[12]这一做法遏制了灌木的生长，同时也极大地限制了昆虫栖息地的范

---

11 Gross, *Farewell to the God of Plague*; Fang, *Barefoot Doctors and Western Medicine in China*; Wei, "Barefoot Doctors."

12 Wilson and Thompson, *The Oxford History of South Africa*, p. 132.

围。其他地方也采取了类似的措施，居住在莫桑比克边境的祖鲁人（Zulu）后裔于 1861 年采取了一项特殊的行动，将采采蝇赶出他们的居住地长达 30 年。

在 19 世纪 80—90 年代的殖民侵略和一种新的牛类疾病——牛瘟到来之后，非洲对采采蝇的各种管控面临崩溃。牛瘟是欧洲人于 1889 年在苏丹意外引入的。它在非洲大陆的所有养牛地区迅速蔓延，在某些地方导致 90% 的牛群死亡。许多放牧地由此废弃，而灌木丛则得以再次生长，这为苍蝇提供了更大的栖息地。

殖民时期的科学家们在处理这个问题时，对它为什么会变得越来越糟做出了错误的假设，他们"几乎完全忽视了本地人所取得的巨大成就"——之前有效地限制了该病的传播。其中有位科学家承认了这一点，并悲哀地总结道："就算我们取得了什么成就，代价也往往是加剧我们自以为在帮助的社会的弊病。"[13]

欧洲人不仅对当地情况做出了误判，而且他们所秉持的信念——认为其部分科学和技术可以适用四海——也是错误的。在某种意义上，科学的基本原理确实放之四海而皆准，但在农业和公共卫生领域，对当地环境的精确认识也是至关重要的。人类学家保罗·理查兹（Paul Richards）从"生态特殊性"（ecological

---

13 J. Ford, *The Role of Trypanosomiasis in African Ecology*, 8 (on Mozambique, pp. 332–339); Mavhunga, *Transient Workspaces*, chap.4, "Tsetse Invasions."

particularism）的角度谈论了这一点，[14] 他认为非洲在控制采采蝇方面的成功，是由于当地人对采采蝇在当地特定栖息地的实践知识以及长期积累的经验。这些环境中的特殊知识在其他地方可能是无用的。相比之下，在非洲工作的欧洲科学家拥有许多普通的相关知识，但缺乏对当地具体或特定的知识。

在广泛的科研领域——土壤科学、营养学、矿物勘探和草药学中，都有这样的故事：西方科学家对某一问题进行研究，得到了许多生态知识，但后来才发现，如果对当地文化背景有所了解，这些知识本可以从当地非洲人那里学到。例如，美国科学家在加纳进行土壤调查后，发现当地农民早已掌握了调查所发现的土壤类型的差异，如果早点咨询他们，科学家们就能节省很多时间了。几十年前，也是在加纳，欧洲人的可可种植园按照殖民主义农学的最新原则进行维护，其成果却无法在世界市场上与任何非洲人自己种植的可可竞争，后者是粗放的农林复合式种植（agroforestry-style，在下一节讨论）。然而，殖民政府却依然深信其种植园模式具有普世的优越性。[15]

回顾前几章，西方国家从亚洲的技术转移中获得了巨大的收益；这个过程在 1900 年之前就结束了，当时欧洲人和美国人正在

---

14 Richards, *Indigenous Agricultural Revolution*, p. 10, p. 12.

15 Benneh, "Technology Should Seek Tradition"; Ross, "The Plantation Paradigm"; Beinart, "African History and Environmental History."

进入亚洲技术从未预示过的电力和化学新领域。然而，像农业这样需要适应当地环境特点的技术则是另一回事；西方的设备和方法往往是针对欧洲温带或美国东北部环境的。

绿色革命

生态特殊主义影响了一项 20 世纪的重要技术成就，即"绿色革命"，它使印度和其他亚洲国家能够大规模地增加谷物产量，并供养迅速增长的人口。乍一看，绿色革命似乎完全是西方创新的结果，即安德鲁·皮尔斯（Andrew Pearse）所说的"遗传-化学技术"（genetic-chemical technology）的产物。[16] 这项技术的起点是一系列主要在美国展开的植物育种和化学肥料应用的发展。20 世纪 30 年代，美国科学家生产了一种玉米杂交品种，其每公顷的粮食产量比当时农民种植的品种高得多。1934 年，这种杂交品种首先在艾奥瓦州流行起来，然后慢慢传播到其他各州。[17]

因为大多数粮食作物的授粉方式不同，想要将在玉米上获得的经验应用于其他作物并非易事。玉米植物有独立的、非常明显的雌雄蕊，所以对于育种者来说，将花粉从一株植物的雄蕊转移到另一

---

16 Pearse, *Seeds of Plenty, Seeds of Want*.

17 Kloppenburg, *First the Seed*, chap. 5.

株植物的雌蕊上从而产生杂交种子是比较简单的。小麦和水稻的花则要小得多，而为了使不同品种的亲本植物杂交，就需要去除一个品种的雄蕊部分（花药）。做到这一点所需的显微手术（通常是对生长在温室中的植物进行的）是在 1920 年前在日本开发的。日本植物育种家还负责制定了后来大多数高产小麦和水稻育种工作中使用的挑选标准，包括要求植物应该是矮小的类型，具有短而粗的茎秆，能够承载施加大量化肥后的更重的谷穗。[18]

日本的工业化激发了人们对发展这种植物的兴趣——为了满足城市人口的需求，扩大粮食产量迫在眉睫，同时人们也可以买到更廉价的化肥。[19] 重要的是，在日本，就像在北美和欧洲一样，工业化是带来农业技术革新的关键因素，这表明，关于技术对话、技术转移和本土技术的问题，从根本上说是谁控制着市场和技术资源的问题。即新一代改良作物——转基因作物的例子很能说明问题；在欧洲部分地区和世界其他地方，由于对控制市场、资源和分配新种子供应的行业参与者的极度不信任，这种作物受到了强烈抵制。[20]

福特基金会和洛克菲勒基金会，是将日本改良作物培育经验成功推广到其他国家的重要推手。1943 年，4 名美国植物遗传

---

18 Harwood, "The Green Revolution as a Process of Global Circulation."

19 Francks, *Technology and Agricultural Development*.

20 Bray, "Genetically Modified Foods."

学家被洛克菲勒基金会派往墨西哥。从日本生产的水稻和小麦的矮秆品种以及日本植物育种家的方法入手，他们培育出了更多适应当地条件的新品种。墨西哥的小麦产量在 20 年内增加了两倍。1962 年，这两个基金会在菲律宾建立了国际水稻研究所。不到 5 年，一种所谓的奇迹水稻（miracle rice，又称 IR8）出现了。只要有充足的肥料和严格的病虫害预防措施，它的产量较之以往品种便会大大增加。

在印度，1965—1967 年一场可怕的旱灾使人们更迫切地引进、种植起这些高产谷物。第一个干旱年的粮食产量比 1960—1961 年减少了 10%，当印度向美国寻求粮食援助以弥补赤字时，援助的条件是印度将大规模引进小麦、玉米和水稻的新品种。这就需要国家制定一个全面的规划，来分配肥料和杀虫剂，同时改善灌溉条件（通常借助于电泵）。印度大概本来也打算试种这些新作物了，但可能会比现在更加谨慎，并会仔细斟酌在种植所需的设备和化学药品方面的投资。在接下来的十几年里，印度的粮食产量大幅增加。水稻和小麦的产量几乎翻了一番，并且由于越来越多的土地被用于耕种这些作物（尤其是小麦），总产量的增长甚至更为显著。印度的粮食开始自给自足，在丰收年份里甚至可以出口。

传统观点认为，这是一个明明白白的技术胜利，很大程度上要归功于美国引领的植物育种计划的技术转移。但这种说法忽视了美国与其他国家的技术对话，日本自 20 世纪 20 年代就开始了相关工作，而墨西哥农业研究所的研究人员，以及德国和中国的作物育种计划的遗产都对此有所贡献。[21] 它还忽略了 20 世纪 60 年代美国对印度施加的政治和工业压力。正如植物育种历史学家乔纳森·哈伍德（Jonathan Harwood）所指出的："一旦考虑到这些交流，绿色革命就不再是北半球专业知识的'英雄'壮举，而是一项融汇南北半球资源的共同事业。"至于美国迫使印度等国采用绿色革命技术所涉及的自身利益，哈伍德还指出，"北半球的农业和工业已经从中获得了非常可观的经济收益"。[22]

前几章已经指出，当来自另一个国家或文化的技术被引进时，它们的成功通常取决于它们在当地引起的回应，包括当地的创新。虽然这些反应往往是为了帮助新技术适应当地条件而进行的部分改造，但有时这样的引进也会激发一些全新的创想。印度植物育种家在当地农业研究站进行了许许多多的改良工作，从而实现了印度的绿色革命。但这些机构往往都位于良田之上；而在贫瘠的土地上，是普通农民的实验和创新确保了新作物的繁衍。事实上，有时农民会选择采用被官方研究所抛弃的作物品种。有一个代号 IR24 的水稻品种开发出来后被植物育种家弃置，但拿到这个品种的农民们却很喜欢它，于是他们便自己培育、收获种子，选出那些在当地条件下生长良好的植株。这也取得了很好的效果，这种水稻比科学家认

---

21 作物科学家具有极强的世界性，在发展植物育种科学方面，南南对话与北南转让同样重要：Harwood, *Europe's Green Revolution*; Lee, *Gourmets in the Land of Famine*; Laveaga, "Largo Dislocare."

22 Harwood, "The Green Revolution as a Process of Global Circulation," pp. 45, 53.

可的大多数品种更能抵抗当地的虫害。

当地的另一项创新是一种杂草防除方法，是由买不起官方推荐的大规模化学除草剂的农民们发明的。这种极端但精准卡时间点的耙地方法来自以下的观察结论：在作物播种一个月后，需要对付的最麻烦的杂草特别容易通过机械手段清理，而这个阶段的水稻是不会受到损害的。当农民向科学家们解释这一点时，他们感到很惊讶，但在实验中科学家们也证实了这种方法的有效性。[23]

这些例子并不是对官方科学的整体批评，但它们确实说明了一个问题，即当某一项目的成败涉及当地环境的特殊性时，来自地方的知识能在外来专家注意不到的地方做出贡献。

印度绿色革命的成功程度因种植规模而异，主要惠及拥有大量土地的农民。许多拥有小块土地的人反而会受其害。买不起小麦或以小麦为原料的产品（包括面粉）的消费者根本没有受益，而且印度也没有针对小米等其他居民日常依赖的粗粮作物的育种计划。[24]然而，粗粮的产量却依然大幅增加了。粟类作物中最重要的两种是高粱（jowar）和珍珠粟（bajra），它们的产量从 1950—1951 年到 1977—1978 年大约翻了一番。其中部分原因是耕地面积扩大，另一部分原因是当地人增加了化肥和灌溉水的使用。此外，农民还不

---

23 Maurya and Farrington, "Improved Livelihoods, Genetic Diversity, and Farmer Participation."

24 Shiva, *The Violence of the Green Revolution*.

断对种植的品种进行试验。因此，在这里，粮食生产的改善并不仅仅是外国转移而来的绿色革命技术的结果；本土的发展也起着至关重要的作用。

在绿色革命的早期阶段，中国还相对封闭，因此粮食产量的提高更依赖于当地的创新。[25] 此外，虽然中国也建立了工厂，用合成氨制造氮肥，但产量总是不够，因此中国必须尽可能充分地利用源自人类和动物排泄物的肥料。[26] 此举有相当大的卫生隐患，但通过在化粪池中先一步"消化"排泄物，便可以大大减少相关危害。中国发明了许多这样的设备，从位于稻田边缘的简易存粪箱，到处理养猪场污水的复杂系统，不一而足。一些化粪池经过改造，可以收集消化分解排泄物过程中产生的甲烷气体；而这些气体随后被用作烹饪燃料。

非洲的农业

在非洲，和印度的情况一样，农民对西方科学家引进的新作物品种进行了自发改良。[27] 例如，在塞拉利昂，当一个新的水稻品种

---

25 Schmalzer, *Red Revolution, Green Revolution.*

26 Santos, "Rethinking the Green Revolution in South China."

27 Richards, *Indigenous Agricultural Revolution.*

引进时，农民会首先在一小块土地上进行试验；如果产量高，口感和保存质量令人满意，他们就把它加入经常种植的各类水稻名单中。如果遇到不熟悉的水稻品种，他们会系统地进行试验，首先在选定的地块上播种，用容器测量播种量，然后再用同一容器测量收获量。

此时非洲之所以没有绿色革命，部分是因为植物育种家和其他科学家没有对当地重视的作物进行研究——如小米和高粱，它们在撒哈拉沙漠边缘的干旱地区尤为重要。（有些作物会被科学计划所忽视，通常是因为它们在全球没有广阔的市场，也被称为"孤儿作物"）。在这些干旱地区，种植能快速成熟的作物品种是有优势的：即便雨季提前结束，干旱来临，人们仍然可能有所收获。20 世纪60 年代初，在肯尼亚北部的一个半荒漠地区，女性农民向农学家介绍了早熟的高粱品系，这些品系以前似乎不为科学所知，自然也没有被植物育种家研究过。

从那时起，情况发生了很大变化，更多的土地被清理出来用于种植作物，外来公司（包括一些中国公司）购买了大片土地用于耕作。[28] 同时，气候变化使降雨更加不确定，长时间的干旱使一些水资源保护措施失效。在整个撒哈拉的干旱边缘地区（萨赫勒地区），绿色革命仍未到来，大量人口的粮食安全还得不到保障。2014 年，

---

28 Batterbury and Ndi, "Land-Grabbing in Africa."

一份为世界资源研究所（World Resources Institute）编写的报告称，"要实现萨赫勒地区的粮食安全困难重重，但也是可以实现的"，其中提到了一些有效的节水方法，并提倡在农林复合地块种植树木。[29]

除了漫长的旱季和额外的干旱期，萨赫勒地区面临的一个问题是暴风雨时，大量的雨水在很短的时间内落下，往往会迅速流走而不渗透到土壤里。有一种节水做法，是在暴风雨期间挖掘浅坑以容纳降雨；当作物被种植在坑中时，土壤水分的储备有助于它们扎根。20世纪70年代，农业专家开始推广这种技术，通常将其作为一项单独的创新。然而，它们实际上更像是新瓶装旧酒。非洲的农业一直有节水和灌溉技术，通常涉及非常小规模的工程，如萨赫勒地区在暴风雨期间减缓径流的垒石界线，津巴布韦的运河和梯田山丘，以及西非稻田中的简易堤坝和水闸（第六章）。[30]

为什么这些传统技术开始受到人们的青睐？几十年来，农业专家和外国公司一直自信地将西方技术引入非洲。但到20世纪60年代末，在外国人为非洲倡导的机械化耕作技术与当地的工作经验表现出的基本技术之间，出现了一些明显的不协调。[31] 越来越多的人认为，非洲的技术在规模和设计上应该追求"适用性"，而不是盲目

29 Reij, *Food Security in the Sahel.*

30 Reij et al., *Sustaining the Soil.*

31 关于进口农业技术与当地需求的不匹配，见 Binswanger and Pingali, "Technological Priorities for Farming in Sub-Saharan Africa"。

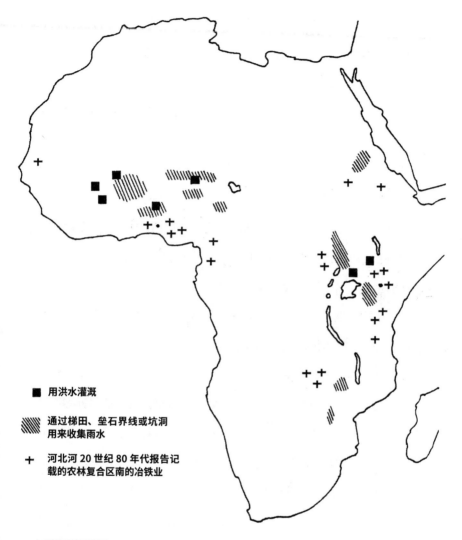

■ 用洪水灌溉

▨ 通过梯田、垒石界线或坑洞
用来收集雨水

✛ 河北河 20 世纪 80 年代报告记
载的农林复合区南的冶铁业

本书插图系原文插图

图11.1 撒哈拉以南非洲的传统节水方法和农林复合业［数据来自佩西和卡利斯（Cullis）；雷吉（Reij）、斯
库恩斯（Scoones）和图尔明（Toulmin）；以及期刊《农林系统》（Agroforestry Systems）］

引进各种大型拖拉机项目和灌溉计划，然后眼睁睁看着它们一个个失败。20世纪60年代中期，E. F. 舒马赫［E. F. Schumacher，《小即是美》（Small Is Beautiful）的作者，该书是20世纪70年代的畅销著作］在缅甸和印度取得经验后，创造了"中间技术"（intermediate technology）和"适用技术"（appropriate technology）这两个词；到20世纪60年代末，他的同事们开始了他们的第一个非洲项目，其中包括在博茨瓦纳收集雨水。[32]

所有这些都是一种进步，但西方人却仍然在考虑如何安排从非洲以外的地方转移技术，而不问非洲人已经拥有了什么技术。农民拥有的相关知识，即本土知识，仍然在假定的西方科学的优越性中遭受着"非法化"（delegitimized）。[33] 然而，与舒马赫类似的想法，以及对所转移技术的适用性提出的越来越多的问题，都促使人们关注非洲农民的实际情况和他们当地的生态特点。西方"专家"也得到了许多启发，他们发现许多非洲农民是妇女，而他们的许多政策之所以失败，正是因为其只为男性而设计。他们还发现，非洲农业已经包含了许多节水和灌溉的技术（图11.1）。以往狭义的灌溉定义中，只有涉及专业的大型工程才算得上是灌溉系统，现在人们也放弃了这种定义方法，承认任何向农作物供水的系统都可以被称为灌溉系统。以结果而非硬件设施来定义灌溉，也就消除了通过人工

---

32 Schumacher, *Small Is Beautiful*; Pacey and Cullis, *Rainwater Harvesting*, p. 92.

33 Mavhunga, *What Do Science, Technology, and Innovation Mean from Africa?*

设施（运河或水泵）供水与利用自然程序（河泛滥水或雨水收集，也包括前面所说水坑等）供水之间的明显区别。在特定情况下对比简单和复杂系统的灌溉效率，结果是简单的方法往往比繁重设计的灌溉计划能更有效地利用土地、水和劳动力资源。

还有其他三种非洲耕作方法被官方科学重新发现，包括培育野生植物；间作（intercropping 即把互补的作物混合种在一起），以及在各种形式的农林复合种植区中把树木与其他作物结合种植起来，包括多层耕作和林粮间作（alley cropping，图 11.2）。

人们已在肯尼亚观察到野生植物培育的例子，那里的农户为了保留因森林退化而逐渐消失的野生食物和水果做出此举。人们将许多有用的植物育种，并在自家园中种植，从而使其不至走向灭绝。[34]而这一过程则包括一系列挑选、实验，从一株株野生植物上采种、切枝进行培育。在最初的试验中，农民会在自己的土地上选择一个与野生植物原始栖息地尽可能相似的地点：如果该植物是在溪流附近（或树下）发现的，那么农民就会在溪流（或树）附近进行首次种植尝试。但是，第一茬作物成熟并结出种子后，农民就试着把种子种在与农场或菜园环境更相似的地方，而不再刻意追求贴合原栖息地的环境。在收集种子时，她们还会从每个环境中生长表现特别好的植株中挑选种子。通过这样的实验性种植、筛选适合驯化栽培

---

34 Juma, "Ecological Complexity and Agricultural Innovation."

的种子，农户们逐渐培育出了植物的新品种。在这样的过程中，一些蔬菜、根茎类作物和果树在 20 世纪六七十年代在肯尼亚西部被培育而成，在滥伐森林的情境中使其得以留存。

而非洲大部分地区实行的间种习俗，与欧洲清除所有其他植物、在田地里种植单一作物的技术形成了鲜明的对比。欧洲的技术是在相对温和的气候条件下发展起来的。它引入非洲后，面临的最大问题是没有植被覆盖，土壤在耕种和播种后的很长一段时间里会直接暴露在各种天气中。这种裸露的土壤极易受到热带地区强降雨的浸泡和侵蚀。这般推广欧洲技术，导致南亚、巴西、中美洲和非洲许多地区的土地严重退化。相比之下，非洲的混合作物种植技术让作物在季节间交替、重叠生长，每年可以在较长的时间内对地面进行密集的覆盖；因此，土壤受暴雨的影响要小得多。

非洲农民与第二章和第四章中提到的印度尼西亚和玛雅农民一样，发展了多层耕作的生产系统。在耕种前处理林地时，他们会保留许多树木，并经常种植额外的果树。随后，农作谷物、蔬菜和根茎类作物在树木保护的环境中生长，阻挡了水土流失和猛烈的阳光，而树木的落叶则有助于保持土壤肥力。

值得注意的是，三大洲的农民各自独立地发展出了多层耕作的方法。这种技术在降雨量大、日照强的热带地区具有最明显的优势。其种植的植物组合通常包括在远离地面的树上、近地面和地下收获的粮食作物。图 11.2 显示了由油棕榈和香蕉构成的上层；下面是玉米；靠近地面的是豆类和瓜类；地下的是根茎类作物，如山药

行间距离视当地情况而
定，约为 10 至 25 米

图11.2 两种农林复合种植。（1）多层耕作，收获来自树木、地表作物和地下根茎作物；（2）机械化的林粮
　　　间作（绘图：黑兹尔·科特雷尔）

和木薯。在西非，人们会将这些作物同时种植，如果有一些保护措施来避免强烈的阳光直射，那么所有的作物都能各司其职、长势良好，不过有些作物适合更开放的环境条件，可以种植在附近有树但枝叶不会过于密集的林间空地上。例如，玉米通常在林间生长得最好。多层耕作法曾经被认为是热带森林地区传统家庭粮食生产的典例；[35] 而现在，它则被视为农林复合种植的一种类别。

农林复合经营是现代科学对一个实践了几个世纪的系统的又一次重新发现。20 世纪 70 年代，人们日益认识到在热带地区采用欧洲的土地清理和耕作技术会造成极大的损害，这也促使人们对树木与作物相结合种植的方式展开新的科学研究。整个热带地区的原有农民长期以来一直用这套系统进行耕种，不仅种植自给自足的粮食作物，还种植辣椒、橡胶和可可等有经济价值的商业作物。在墨西哥南部的恰帕斯森林（Chiapas forest）里，玛雅人的耕作传统依然流传，那里的农民生产着 80 多种农作物，有些是为了食用，有些是为了药用和用作其他原料。但正如我们在第四章所看到的，玛雅森林种植园被殖民政府斥为原始。[36] 然而，现在这种做法经科学试验证明是有效的，农林复合经营可以从咖啡（在非洲）和橡胶（在泰国和加里曼丹岛）中为农民带来有用的现金收入，同时还可以生产供当地消费的基本粮食作物。进一步的研究显示，以这种方式生产

---

35 Ninez, *Household Gardens*.

36 Dove, "Theories of Swidden Agriculture."

的作物种类繁多，农林复合经营得以推广到新的地区。

图 11.1 显示了 20 世纪 80 年代在非洲实行的各类农林复合种植的分布位置——而最近（本书成书时），又不断有新的地区接受了这种技术。为了研究和发展这些方法，国际农林研究中心（International Center for Research in Agroforestry，简称 ICRAF）于 1978 年在肯尼亚的内罗毕成立，并于 1982 年开始发行一份专业期刊；ICRAF 已经在非洲、亚洲和拉丁美洲都设立了分支机构。[37]

在尼日利亚，1967 年成立于伊巴丹（Ibadan）的国际热带农业研究所（International Institute for Tropical Agriculture）的研究人员开发了一种被后世称为林粮间作（又称农林兼作休耕）的方法——当时尼日利亚东部的农民用此法在休耕地上种植一种快速生长的树种（*Acioa barteri*）来改善土壤质量。当一位在伊巴丹研究所工作的印度尼西亚科学家分析该方法时，他意识到农民不需要等土地休耕后再开始种树。树木可以与玉米等作物隔行种植，玉米收获后，树木继续生长，保护土壤不受侵蚀，并通过其落叶为土壤提供养分，保持土壤肥力。[38] 在下一个季节，在播种新的谷类作物之前，可以修剪树木，以便为作物提供足够的光线。树叶会重新生长，但在谷类作

---

37 这个组织现在被称为"世界农林"（World Agroforestry），在东南亚和其他地方设有办事处，而不仅仅是在内罗毕。见 www.worldagroforestry.org。该期刊名为《农林系统》（*Agroforestry Systems*）。

38 Kang et al., "Alley Cropping Maize and Leucaena in Southern Nigeria"; Kang, "Alley Cropping."

物成熟之前，树冠并不会造成严重的遮蔽。由是，林粮间作以一种独特的农林复合种植模式正式问世，并与多层耕作所特有的的垂直维度特征有所区别。这项技术的最初概念是在农场中发展起来的，其原型的大部分工作由人工完成、种植间距也相对较窄，但其模式可以改良，以便适配机械化生产，比如加宽间距，方便容纳拖拉机和其他农业机械进行耕作（图 11.2）。

温带地区的农林复合种植

可以理解的是，林粮间作首先是在热带地区发展起来的，那里日头猛烈，许多植物都仰赖树木的些许荫蔽。但农林间作模式在温带地区也很有价值，只要注意避免遮蔽过度即可。法国传统的树篱田（bocage）农业便是一个类似的先例：在带有灌木篱墙和林地的小块田地形上，形成了一个复杂的生态模式，包括果园草地（orchard meadows）和以林地牧场形式存在的放牧地，并对它们进行统一管理。在 1960 年至 1990 年期间，这种耕作方式不断被偏向集约农业的激励措施所冲击，那些措施要求种植地去除大部分树篱。

自 2003 年以来，法国农民意识到，在这种单一作物种植制度下，加之过度依赖化肥，他们的土壤变得越来越贫瘠，于是他们开始尝试在谷物作物的同一片田地里种植树木。这样做的目的是将树木重新引回农场，同时保持作物的高产量。农户花了很多心思在安排树的间距上（并适时地对其进行修剪），这样它们就不会给作物带来太多的遮蔽阴影，同时为农业机械的运行提供了空间。具体耕作细节也随地域不同而调整，阳光充足的地中海地区和多云的北方地区便有所不同。[39]

法国的农林研究自 1990 年以来一直在蒙彼利埃附近的一个研究所进行。[40] 但直到 2003 年，法国实行农林复合经营的农场数量逐渐稳步上升，这种方法才真正开始广泛应用于各地。今日，有数千公顷的土地都在践行这种耕作形式，而这一运动也已扩展至整个欧洲。[41]

为了更全面地了解这项技术从热带地区向温带地区传播的情况，我们将 20 世纪 80 年代 6 年间发表在《农林系统》杂志上的所有 70 篇研究论文，与 2015 年和 2016 年发表的几乎等量的文章进行了比较。在 20 世纪 80 年代，超过 80% 的农林复合种植工作位于热带地区，通常是天然雨林的地区（如印度尼西亚、尼日利亚、哥斯达黎加、亚马孙流域），而只有不到 10% 的种植位于温带地区。相比之下，在 2015—2016 年，虽然报告的大部分种植范围仍然是

---

39 Pointereau, "Agroforestry and Bocage Systems, " p. 116.

40 见法国国家农业研究学院（Institut National de la Recherche Agronomique, INRA）：http://www1.montpellier.inra.fr/safe/english/agroforestry.php.

41 见欧洲农林联盟（European Agroforestry Federation, EURAF）：https://euraf.isa.utl.pt/about.

在热带地区，但已有超过 30% 是在各个温带地区，包括西班牙和法国，以及中国和北美的部分地区。

温带国家的农林业通常采取林粮间作的形式。法国的研究表明，在阳光强度低于热带地区的条件下，种植时必须扩大树木的间距。树篱通常按照东西向排布，中间留有足够的宽度供农业机械通过。当然，具体安排在很大程度上取决于作物本身，最好的组合是冬季谷物配合晚熟的落叶树，如核桃（在法国通常在 5 月开始落叶）。在其他地方，印度旁遮普省的杨树下也种植了小麦——与法国一样，杨树笔直地列成一排排，但间隔更近。[42]

欧洲农林联盟（European Agroforestry Federation）的克里斯蒂安·杜帕尔兹（Christian Dupraz）及其同事讨论了土壤能如何从这种生态农业中获益，他指出，法国大部分土地的肥力在历史上来自树木，它们通过有机物使土壤肥沃。种植树木可以减少对化学肥料的依赖，从而减少因制造和播撒化肥而产生的碳排放。[43] 在树木生长过程中，树叶中的大部分碳在秋天落叶时成为土壤中有机物的一部分。除此之外，当树木长着叶子时，它们能产生微小、局部的冷却效果，并有助于保护土壤水分。在生物多样性方面，当土地被转化

---

42 Lal, "Soil Carbon Sequestration Impacts on Global Climate Change and Food Security."

43 Dufour et al., "Assessing Light Competition for Cereal Production in Temperate Agroforestry Systems."

为农林复合种植模式时，昆虫和鸟类的数量也会随之增加。[44]

非洲农村地区的家庭式创新

在非洲的一些实行农林复合经营的地方（特别是肯尼亚），也会有大量的金属加工贸易。这不是青铜铸造工、铜匠和铁匠们的传统技术——在廉价的进口金属商品面前，他们的技术基本上已经消失了。相反，新的贸易已经发展起来，其中一个例子是制造金属板水箱。

一个相关的例子（也是在肯尼亚），是生产使用木炭或木材燃料的小型烹饪炉，那是大多数农村人口以及可能四分之三的城市人口所需要的。像水箱一样，这些炉子是由钢板制成的，其原料大部分是废钢。它们起源于 20 世纪 20 年代印度的技术转移，彼时，本地的非洲人从一个住在肯尼亚的印度商人那里学到了制造法门。

人们逐步改进了这一技术，使其适用于现有的材料和工具，并由此发展出了一个产业——到 1985 年，大约 8 500 名自营工匠参与其中。但是，由于森林砍伐导致木炭和木柴的短缺，炉子的设计

---

44 许多农林系统还整合了牲畜［林牧业（silvopastoralism）］：牲畜受益于树木提供的阴凉和饲料，土壤受益于牲畜的粪便，甲烷排放通常比露天牧场或工厂化养殖低得多（http://www.eurafagroforestry.eu/projects）。

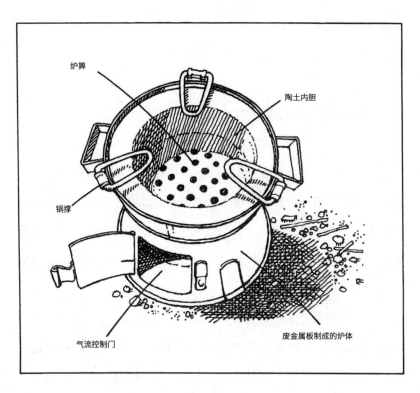

图11.3 在肯尼亚广通用的烧炭或烧木头的炉子，可见其陶土内胆 [图片来源：Kinyanjui, "The Jiko Industry in Kenya"，经实际行动出版社（Practical Action Publishing）许可使用]

成为一个关键问题。一个对策是生产效率更高的标准化金属炉，这样每顿饭所消耗的燃料更少。炉子还迎来了一个重要的创新——陶土内胆，可以由当地陶工制作（图11.3）。虽然有几个对适用技术的中间技术感兴趣的组织在开发新炉子的过程中发挥了作用，但主要的创意来源似乎是一个叫马克斯·金扬久伊（Max Kinyanjui）的当地人，他在1979年做了一个改良炉，以满足自己家的烹饪要求；

这之后，他又与 6 个炉子制造商发起了一个更大的项目。在随后的几年里，肯尼亚制造了成千上万的这种改良炉，这项创新对当地经济具有相当大的意义；今天，绩高炉（Jiko stove）有多种型号和品牌，除肯尼亚外，在坦桑尼亚和乌干达都得到了广泛使用。[45]

在许多低收入国家，还有许多家庭在用依赖木材或木炭的炉子，而他们也往往没有连入电力供应网。这些家庭不仅使用木炭和柴火做饭，还在使用蜡烛和煤油灯照明。2013 年，全世界有 13 亿人没有连接到电网，但他们中的许多人有移动电话。世界银行估计，2012 年低收入国家有 72% 的人使用手机。[46] 许多农民使用手机获取金融服务，并会在出发去市场前使用手机查看价格，但家中却没有基本的现代照明和烹饪设施。起初，因为用来充电的电力供应不足，人们使用手机时还困难重重，但随着光伏电池板可用于太阳能充电，情况就开始变了。[47]

正如我们将讨论的（第十二章），在 21 世纪的前 20 年里，独立于电网供应的电力系统迅速发展，它们也不再需要像集中发电那样的复杂管理。大型发电机是 19 世纪电力供应创新的核心（第十章）。但是，紧凑、分散的电力系统之所以得以发展，还是归功于

---

45 Kinyanjui, "The Jiko Industry in Kenya"; Sesan et al., "We Learnt That Being Together Would Give Us a Voice", p. 245.

46 World Bank, *Maximizing Mobile*.

47 Alstone, Gershenson, and Kammen, "Decentralized Energy Systems."

那些不同于以往的设备，如风力涡轮机和小型水电机组；然后，低成本、高性能的光伏发电与小型高效电池的到来，开始改变那些未接入电网的社区的生活。

电力供应的全新面貌与电气设备的快速创新并驾齐驱，被称为"超高效趋势"（super-efficiency trend）。其中有两个突出的例子：智能手机的大量运算能力，以及 LED 的高效率照明（见第十二章）。冰箱、电视接收器和水泵的性能方面也有望得到很大提升。去中心化供应、更节能的设备以及组织形式方面的创新，三者相互结合，正在迅速将电力带来的便利推广到新的地方，服务新的受众。肯尼亚已是推广、提供太阳能的全球领军国家，其电力公司 M-Kopa（成立于 2011 年）通过开发适合当地家庭预算、按量付费太阳能设备平台，极大地增加了用户数量；用户可以通过移动汇款服务 M-Pesa（成立于 2007 年）付款。

克拉普顿·马洪嘉（Clapperton Chakanetsu Mavhunga）认为，我们不应该问"移动技术是如何改变非洲的"，而应该问"非洲人是如何改变移动技术的"。[48]M-Pesa 是一项开创性的服务，它让在城市工作的肯尼亚人能够通过手机将钱安全地转到家里。M-Pesa 取得了巨大的成功，很快就实现了服务的多样化——据说其首先在肯尼亚告捷，然后在整个非洲和世界其他地方，通过向无法使

---

48 Mavhunga, "Introduction," p. 19.

用银行柜台服务的人提供低成本的金融服务，彻底改变了经济活动。在市面上各种用户主导的创新型电话应用中，iCow 是一个面向小农和奶农的短信的咨询平台，由一位在农场长大的肯尼亚女性企业家建立。Hello Tractor 是一家尼日利亚的社会企业，帮助小农户克服牵引力和劳动力不足的问题。该公司设计并分发了低成本的小型智能拖拉机，配备了可调节的附件，用于完成不同的农务。农民通过短信向车主预定租赁，内置的 GPS（全球卫星定位系统）可以追踪设备使用情况、位置、市场趋势等，以此来优化使用每一台拖拉机。[49]

这些平台为非洲家庭的各种需求提供各种具体且对口的服务。但它们也借鉴了迅速发展的信息技术广泛创新。2012 年，整个非洲有 21 个创新和技术中心；到 2019 年，这个数字已经增长到 618 个——其中 85 个在尼日利亚，80 个在南非，48 个在肯尼亚。这些中心"受到风险基金、发展资金、企业参与以及不断增长的创新社区的推动"。[50] 这些中心的一些项目中，兼顾地方和全球意义的普遍性主题（包括清洁技术和本土知识系统）都占据了显著位置。

---

49 Mavhunga, p. 21.

50 Giuliani and Ajadi, "618 Active Tech Hubs: The Backbone of Africa's Tech Ecosystem", 文中着重强调了一部分，见 Mavhunga, "Introduction," p. 19。

非洲创新的启示

太阳能电池板、LED 照明和移动电话是非洲和世界各地近年来的发展。然而，不同种类的知识、技术和社会环境之间的相互作用，已经带来了一些与我们在早期技术对话案例中看到的相同的创新过程。技术知识或设备从一个国家转移到另一个国家，促使当地对其进行改良，使其适用于本土环境，同时催生了新的创意。

虽然这个过程可以被视为一种对话，但它将具体如何展开，还是取决于那些第一批遇到转移技术的人的知识、技能、资源、需求和价值观。如果当地人已经熟悉了相关的技术（如肯尼亚的制作改良炉的人），或者当一项新生的技术已经适用于当地情况（如移动电话）时，新传入的技术所带来的技术对话可能会带来额外的创新成果。有时，这些技术对话还会涉及对某些物件的重新加工；有时，人们会改变技术的使用方式，有时则会变更某些装置、部件，更有甚者，会重塑该技术的整体理念。在日本（见第十二章），高中生们将手机的设计从呆板的商业世界中解放出来；在肯尼亚，手机化身为魔毯，把工薪阶层的钱从城市安全地运送到他们的乡村老家。在所有技术对话的案例中，人们从各自的文化背景中生发出不同的知识、技能和富有创意的想象力，并将之贡献到技术的交流中，这一切对于技术的创新性发展都是至关重要的。

本书前文提到的早期历史案例中，有一个是从欧洲转移到印度的船舶设计技术，经验丰富的当地木匠和船工创造性地使用这些设计，制造出了当时世界上最大、最好的船舶，而这万万离不开印度自身历史悠久的造船传统（第七章）。同样，在很长一段时间内，日本的手工业者也往往能够有效地采用西方传来的技术，甚至对其进行重塑，因为他们也有长久的本土发明传统，同时，日本也一直与朝鲜和中国不断发展的技术进行着对话（第五章）。

非洲与印度和日本的对比，格外富有深意。非洲的技术史鲜少为人所记录，世人对它的理解也不足；迄今为止，人们依然普遍认为技术是与非洲传统格格不入的东西：他们认为，在殖民列强、发展援助和国际公司向非洲引入种种技术之前，非洲本土并没有真正的技术。在这种观点中，技术是以单向流动的方式从更先进的社会转移到非洲的；任何技术对话都像是老师在教导或责备学生。但现在，历史学家们正在驳斥这种对非洲的误解，将非洲过去和现在活跃的技术文化的证据收集起来，展示它们如何从很早的时候就对内部和与其他文明的技术对话做出了贡献。[51] 例如，非洲的不同地区通过中世纪的伊斯兰诸国参与了各种技术和商品的流动（第三章），贝宁的青铜器制造商为新兴的火药帝国世界添砖加瓦（第五章），非洲对美洲的殖民农业做出了技术贡献（第六章）。然而，正如马洪嘉等非洲学者所认为的那样，我们不是要总结说技术在非洲所象征的东西与其他大陆雷同，而是需要认真对待其独特性——首先，

---

51 Mavhunga, *What Do Science, Technology, and Innovation Mean from Africa?*

因为它们能帮我们更多了解非洲的历史，以及这些历史是如何被技术所塑造的；其次是因为非洲技术所蕴含的独特深意会颠覆我们对技术本身的认知，让我们重新理解未来科技的走向。

本章介绍了几个非洲技术的例子，都是非洲人民在特别苛刻的环境中生产基本必需品所用到的专业知识，包括适用于半荒漠和热带地区恶劣气候的耕作方法。这些方法长期以来被西方专家认为是原始的，而人们也一度认为这种技术不可能与西方农业科学展开任何对话。但是，当科学家们开始认识到，错误的耕作技术和不平衡的发展会对生态环境造成巨大破坏时，这种情况就发生了变化。围绕可持续粮食生产这一主题，新的、充分的国际对话展开了，由是催生了农林复合经营等其他成果。非洲热带地区的农民开创了许多方法，利用树木保护土壤不受侵蚀、保护农作物不受独烈的阳光照射。这些方法在伊巴丹（尼日利亚）和内罗毕（肯尼亚）的研究机构由国际科学家团队进一步开发，这些科学家来自印度尼西亚、美国以及许许多多的非洲国家。接下来，农林复合种植法在法国和北美也发展起来。总的来说，这代表了从热带到温带地区的重大技术转移活动。

电灯和移动电话则铺陈了另一种技术对话：其设备和基础设施是进口的，所以非洲一方通常是运用奇思妙想来使用它们，或者在组织层面上进行创新。但是，用户、生产者、采用者和创新者之间的区别又该如何界定呢？就非洲的电话而言，用户不仅使传入的技术适应了当地需求，而且还推动了国际层面的变革。M-Pesa 的成功推动了类似的移动支付服务走向世界。瑞典跨国公司爱立信（Ericsson）针对尼日利亚移动用户独特的通话模式，开发了新的网络架构，在全球范围内销售，允许供应商自由调整各种元素，以便迎合当地需求。[52]

在另一层面上，放眼全球，非洲移动用户快速重新组装多个电话部件的技能使他们能够节省昂贵的电池和电话线费用，像 Hello Tractor 这样设计智能拖拉机的服务商和 IT 平台，都使得机器得以物尽其用，避免浪费。从农场到创新中心，非洲人民在设计中融入当地知识，节约资金，保护其他稀缺资源，进行维修及再加工，创造性地使用在北半球发达国家经常被当作废物扔掉的东西——非洲以各种各样的真实案例，向世界展示了如何在环境制约下经济节能地满足人类需求。这些做法挑战了以往关于技术和发展的核心信念，这些信念是北半球发达国家从工业革命中承继下来并输出到世界各地的，但如今看来，这些往日的教条已不能再为我们的后代指引前路了。

---

52 Odumosu, "Making Mobiles African," pp. 141, 147–148.

第十二章

迈入 21 世纪

创新的浪潮

欧亚大陆的新建交通网，可以作为一个衡量 21 世纪初世界变化的标准。[1] 图 9.2 显示了 19 世纪为满足帝国主义野心而修建的铁路。今天，另一张地图则展示出横跨亚洲、联结了中国和欧洲的更加密集的铁路网络，并辅以各种石油和天然气管道。西行的超长货运列车运载着电脑、服装和在中国印刷的书籍：许多列车开往德国的货运集散中心杜伊斯堡，有的则直接开往西班牙，有些列车甚至穿越海峡隧道开往英国。而东行列车则运载汽车零部件、医疗设备，以及专门的电子设备（有些用于医疗）。

---

[1] 了解本章背景的最佳书籍可能是 Chandler, *Inventing the Electronic Century*，特别是 2005 年平装版的新序言。然而，本章的后半部分涉及的是最近的发展，历史书籍无法涵盖；资料来源包括当前的科学和技术期刊。

看待这个变化的一种方式是遵循彼得·弗兰科潘（Peter Frankopan）的观点，即现代制成品贸易是中国和西方之间丝绸之路的复兴（第一章）。[2]另一种观点则基于这种贸易中代表性的技术种类，特别是计算机和电子产品；有人认为，它们反映了一场现代工业革命，其范围和影响可以说足以与18世纪和19世纪初的欧洲工业革命相提并论（第七章）。那次革命的特点包括开发新的能源（为蒸汽机提供燃料的煤），改变材料的使用方式（铁取代机器和船舶中的木材），以及广泛的社会变革，特别是引入工厂制度。

与铁路、电力、化工、核能和电子有关的一系列工业革命，引起了社会上的广泛讨论。评论家们在讨论为什么这些创新有资格成为革命时，几乎总是暗指这种革命是物质和社会（或组织）变革的结合，如在第一次工业革命中发生的那样。就今天所谓的第四次工业革命而言，社会变革尤其与计算机和信息技术在娱乐和社会化媒体中的使用方式有关。[3]本章的目的是探讨新工业革命相关言论的含义，并论证为了应对今天面临的环境挑战，我们将需要社会和技术上的创新。

技术的发明和发展总是倾向于集中在一起，给人一种技术处于快速变化阶段的印象。20世纪20年代，苏联经济学家尼古拉·康

2　Frankopan, *The Silk Roads*, p. 515.

3　Schwab, *The Fourth Industrial Revolution*. 这本小书更像是一份简报，而不是一个完整的论证。

德拉季耶夫（Nikolai Kondratieff）在世界经济发展中发现了经济增长和衰退的"长波"（long waves）；1939 年，有影响力的经济学家约瑟夫·熊彼特（Joseph Schumpeter）在其商业周期理论中采用了康德拉季耶夫长波的概念；而到了 20 世纪 80 年代，克里斯托弗·弗里曼（Christopher Freeman）及其同事将康德拉季耶夫的长波概念应用于技术创新，指出发明的产生是如何出现高峰和低谷的。[4] 一些互相关联的发展构成了这种高峰，而这些发展又与技术上彼此关联的发明有关，几位作者还注意到发明活动的峰值会让经济进入扩张的新阶段，他们称之为创新浪潮或创新长波（waves of innovation）[5]。康德拉季耶夫长波仍然经常出现在经济学家的研究中；如前所述，其他评论家更愿意把这些连续的阶段称为一系列工业革命。

为了获得发明具有聚集性的确凿证据，弗里曼和他的小组细致地研究了每年不同的专利申请数量，并提出了技术发展主要阶段的时期。他们确定了四个发展长波（和一些较短的周期）。第一个长波是英国早期的工业革命，其影响遍及欧洲、美国和印度，其核心是钢铁工业、最早的蒸汽机和纺织厂的机械化纺纱和织布，起初由水车驱动，然后由蒸汽机驱动（第七章）。

---

4 Freeman, Clark, and Soete, *Unemployment and Technical Innovation*, p. 63.

5 wave of innovation 普遍译作创新浪潮，但是意义与前面提到的长波一致，为避免歧义，本文多译作创新浪潮。——译者注当铁路的快速发展带来第二次工业创新的浪潮时，这些技术已经开始成熟。19 世纪中期铁路建设和扩张的密集期，刺激了其他行业和技术的创新——采矿、钢铁，然后是电报，这在大多数西方国家引发了非常迅速的工业变革，而且这些变革只在短时间内就蔓延到了亚洲（第八章和第九章）。

到 19 世纪后期，在 19 世纪 60—80 年代，一组变革性创新随着炼钢和化学工业的发展出现了，这包括合成染料和药物的制造。接着是内燃机的发明，以及电力照明系统的发展。这些发明有些来自工业研究实验室，有些则与科学发现有关（第十章）。这种新工业在新地点（特别是德国）的增长被称为第三次工业创新浪潮，有人称之为另一次工业革命。[6] 不过弗里曼一直都倾向于称之为创新浪潮。他指出了 20 世纪的第四次浪潮，但由于这本书是在 1982 年写的，他只能止步于此。

每个浪潮中，在发明获得专利、投入使用和对经济产生广泛影响之间不可避免地存在一个时间差。以下是弗里曼的四个长波的简化列表，强调的是其产生广泛影响的年代，而不是其开始年代。

第一个长波： 纺织厂和蒸汽机，1780 年（第七章）

第二个长波： 铁路，1840 年（第八、九章）

第三个长波： 化学工业、电力，1870 年代至 1900 年（第 7 章）

6　可参见 Mokyr, *The Lever of Riches*, p. 134。在该书中，他认为狄塞尔的新发动机是"第二次工业革命"的典范，他把这次革命定在 1870—1914 年。

第四个长波： 电子、航空航天、石油化工，20 世纪 30 年代；

半导体，1945 年后（见本章后文论述）。

这些创新浪潮是根据专利数量的峰值来确定的，这往往低估了工业革命的其他方面，即组织模式、能源和材料的变化。从这个角度来看，列表中的前两次创新浪潮并不像专利数量所显示的那样明显。由于两者都主要基于煤和铁以及工厂系统的持续发展，它们最好被视为工业发展的单一阶段的一部分。

尽管弗里曼的创新或长波清单给人带来了无限启发，但它有一个重要的缺点：它是线性的、按时间顺序排列的。在同一时期的不同地方可能有截然不同的发展出现，而弗里曼的清单中无法纳入这种平行的发展。因此，该清单不能像本书第七章那样，容纳不同类型的工业变革——在那里，本书确定了三个当代工业运动并强调了它们之间的对话。

20世纪的技术——半导体和通信

像弗里曼这样以专利为基础来研究 20 世纪发展的方法，可能会低估技术的一些主要方面。而如果我们采用与第七章类似的方法，就有必要从五六种工业运动的角度进行思考，包括军事技术、民用和机械工程、汽车和石油、化学品、电子，以及类别相当不同的农业生态发展（第十一章）。

篇幅所限，我们只能讨论其中的一个运动，所以我们将集中讨论电子学和半导体的应用。半导体是指在某些条件下会导电但其他情况下不导电的材料（例如，硅和锗）（第十章）。关于半导体的一两个基本发现可以追溯到 1900 年以前，但直到 1905 年爱因斯坦开始研究这些材料表面的光电效应，才有了对这类物质的行为条理清晰的解释。对半导体的研究在 20 世纪 30 年代末开始加强，其中大部分是在美国的贝尔电话实验室进行的；然后在 1941 年制造了第一个光伏电池；在 1948 年制造了第一个晶体管。[7] 在接下来的 10 年里，日本开发了晶体管收音机，到 1958 年，光伏电池利用太阳光产生电流，用于一些小规模的特殊应用。

这项新技术最重要的应用是在计算机。在第二次世界大战期间军事需求的刺激下，计算机的发展在 20 世纪 40 年代开始起步。但是，早期的计算机的电子电路使用的是占用大量空间的热阴极电子管（thermionic valves，或称真空管）。晶体管的发明为使用更紧凑更节能的东西取代笨重的电子管开辟了道路。用晶体管取代二极管标志着电子设备微型化的第一步。20 世纪 50 年代，集成电路的发展随之而来。随后，在一个小芯片或硅片上蚀刻一组电路的想法出现了，这种想法在 1961 年进入实际应用。这意味着单个芯片可以被制成一个完整的计算设备或微处理器。[8]

7　Malerba, *The Semiconductor Business*.

8　Lojek, *History of Semiconductor Engineering*.

使用这些发明的设备和技术的扩散，很好地说明了弗里曼的观点，即一项发明可以为其他的发明打开大门，从而产生一整组新的发明，因为它们在技术上是相关的。微处理器芯片使计算机变小，价格变低；它们就能以新的方式被更广泛地使用。文字处理机的演变就很能说明引入这种刻有完整电路的硅芯片会带来怎样的变化。1958 年，IBM 公司制造的笨重的磁带式自动打字机（Magnetic Tape Selectric Typewriter）引入了文字处理的原理。十几年后，比这种打字机紧凑得多的机器就已经唾手可得，而到了 70 年代，一些公司，其中包括一些欧洲公司，[9] 已经着手打造个人电脑的原型机，致力于将文字处理的功能与其他功能结合在一起。IBM 个人电脑于 1981年 8 月推出，BBC 微型计算机（由 Acorn 公司制造）于 1981 年 12月作为英国广播公司教育活动的一部分推出。

个人电脑吸引人的关键是在操作系统中运行的软件的发展，这使其具有了广泛的功能——不仅是文字处理，还有会计，当然还有游戏。这一发展，特别是在硅谷，使小型计算机作为消费产品大获成功。

同时，人们正在以新的方式思考通信系统，尽管它已经以邮政、电话和电视网络的形式存在了很多代。一个问题是，它是否只能依赖集中的服务和信息来源运作，或者是否有可能采用更开放的

9　前英国计算机公司 ICL 在 1979 年有一个原型。

网络形式。关于如何利用计算机进行通信的具体想法正在形成。在同一个网络中同时开机运行的两台计算机，显然是有潜力互相直接收发信息的——这相当于电话交谈。但如果网络中有一个服务器来处理和存储信息呢？那样的话，接收的计算机就不需要与发送的计算机同时开机和运行了。

1964 年，兰德公司设计了一个分散的数字网络，在计算机之间发送信息的原则开始确立。5 年后的 1969 年，高级研究计划局网络即阿帕网（ARPANET）被开发出来，用于在研究实验室和其他设施之间共享信息。[10]该网络的一部分是犹他大学和斯坦福研究所之间的通信连接。这需要在山区铺设同轴电缆（当时还没有光缆），那里的设备很容易受到恶劣天气和环境中盐分的影响。这条电缆是在 1969 年铺设的，沿途有几条曾用于早期通信的线路——1869 年的铁路和电报线路，1914 年的电话线路，以及 1951 年的电视线路。因此，在这条线路上，正如胡东辉（音：Tung-Hui Hu）所说，存在着"多种技术的分层"。[11]

与此同时，一种不同形式的通信网络正在使用无线电进行发展；它所依据的原理后来被用于移动电话（手机）。在 1976 年，一个里程碑出现了，当时人们已经可以将无线电网络与使用固定线路的阿帕网系统结合起来运行，这样信息就能从一个网络传到另一个

---

10 Abbate, *Inventing the Internet*.

11 Hu, *A Prehistory of the Cloud*, p. 5, p. 6, p. 25.

网络。1976 年测试的网络互通协议在各种形式的电子邮件的尝试中进一步发展。1983 年，这演变为当时被称为互联网（Internet）的东西。1989 年，万维网（World Wide Web）问世，最初的构想是作为传播来自瑞士欧洲核子研究中心（European Center for Nuclear Research, CERN）的科学信息的一种手段。

一个涉及通信网络和计算机小型化的平行创新是摩托罗拉公司在 1973 年推出的手持移动电话。这种移动电话在 20 世纪 80 年代在世界大部分地区得到了广泛使用，到 20 世纪 90 年代初，它们被重新设计以使用数字技术。而随着屏幕的加入，传统的电话功能可以与越来越多的附加功能相结合。1994 年，IBM 推出了一款移动设备，可以发送和接收电话、电子邮件和传真，并结合了地址簿和日历。1995 年，"智能电话"（smartphone）这个词第一次出现在印刷品中，用来描述 AT&T 公司生产的类似设备。同时，开发人员利用 20 世纪 90 年代开发的技术，对手机进行改造，使其能够拍摄和发送照片，这种技术最早是为了满足美国宇航局对航天器上更高效、更小型的相机的要求开发的。不过，能够拍摄和发送照片的手机的首次商业化是由韩国和日本公司完成的。它们在 2000 年左右推出的这种新设备迅速流行了起来，甚至威胁到了传统相机的生存。

移动电话发展的多种衍生产品在很大程度上是国际技术对话的产物。刚才提到的许多关键创新都发生在美国公司或实验室，但总的来说，进步是在全球网络中扩散的。不同国家的研究和发展（R&D）计划反映出不同因素的影响，包括当地技术优势、国家政策、通信风格及偏好等。而购买和使用手机的民众在手机的发展中发挥了根本性的作用。[12] 例如，在美国，尽管公司对新技术充满热情，但公众一开始对智能手机的接受很慢，这也许是因为固定电话网络密集且高效，而且许多家庭已经通过家用电脑接入互联网了。但那些无力负担固定电话或个人电脑基础设施的国家往往在采用移动电话和设计新的使用方法方面遥遥领先，正如我们在非洲的几个例子中看到的（第十一章）。到了 20 世纪 90 年代，诺基亚的故乡芬兰已经从以林业为基础的经济过渡到以技术为基础的经济，在研发方面的投资率是世界上最高的地区之一。[13] 诺基亚带头进行芬兰的电子研发，在移动电话的设计和销售方面多年来一直处于世界领先地位。诺基亚众多创新中的一个是它在 1993 年开发的世界上第一个人对人的短信服务（SMS service）。在 1999 年，日本电话公司 NTT 推出了第一个完整的移动电话互联网服务。日本公司一直在开发用于商业用途的汽车电话和传呼机，但是促使这些公司开发新的智能手机服务和功能的，是那些热衷于边走边与朋友分享信息的日本高中生，这些服务和功能很快成为全球智能手机文化的一部分。[14]

---

12 Ito, "Introduction: Personal, Portable, Pedestrian"; Odumosu, "Making Mobiles African"; Oudshoorn and Pinch, *How Users Matter*. 另见关于法国铁路建设的讨论（第八章）。

13 Hirvonen, "From Wood to Nokia."

14 Ito, Okabe, and Matsuda, *Personal, Portable, Pedestrian*.

光伏和其他创新

三种不同的技术——电脑、电话和航天器设备——之间形成的这种协同作用，很好地说明了当不同发明相互作用并聚集在一起时，创新浪潮是如何形成的。如同软件系统和许多新应用的设计一样，刚才提到的许多想法源于美国的实验室和公司，但随后大量消费产品的设计发生在日本和韩国。不仅在这些国家有制造设施，在中国和东南亚也有。与此同时，欧洲的计算机公司由于合并而不断衰落和消失。许多曾推动过这一次浪潮的半导体工程和信息技术的从业者，开始担心浪潮在 2000 年左右达到顶峰。[15]

到了 2015 年，日本和韩国的一些研究人员和规划人员意识到他们从这一创新浪潮中获益良多，于是开始思考：当这个浪潮过去时，下一个浪潮将从何而来？一个可能的答案是重新调整半导体研究的方向，以追求低能耗的目标。如前所述，硅不仅是制造微处理器芯片的基本元素，它也是制造光伏电池的主要材料。对包括镓和铟以及硅等一系列半导体材料特性的早期研究，促使了 LED 的发展。长期以来，光伏电池（PV cell）的低转换效率限制了其应用范围，但 LED 设计的改进意味着，自 2000 年左右，光伏电池板与 LED 灯的结合作为离网照明系统变得越来越可行。然而，工程师们

---

15 Chandler, *Inventing the Electronic Century*, p. 177, pp. 229–235.（英国主要的计算机公司 ICL 在 2002 年被富士通接手。）

认识到，实现太阳能电池板供电的全部潜力的下一步是设计智能能源系统，能够通过自动的需求响应来管理供需平衡。

在这里，我们再次看到了一个浪潮的聚集势头。在20世纪初，包括LED在内的光电器件的研究发展缓慢，但这种发展在20世纪60年代开始加速，出现了一系列的发现和改进。最初参与的实验室和公司大多是美国的，但后来在欧洲和日本出现了新的研究节点。日本、韩国和一些中国公司在LED创新领域处于领先地位，正在快速发展。同时，到20世纪90年代末，光伏太阳能电池板的制造成本变得非常低，其使用不再局限于专业应用。2000年后不久，在非洲采用的小型、低成本的光伏电池板使得在没有公共电力供应或传统电话网络的地方，用太阳能发电为移动电话充电成为可能（第十一章）。LED灯的耗电量非常低，这使许多生活在这样的离网地区的家庭也能从电灯中受益。

通过太阳能为小型社区提供用电，包括为手机充电、为一些LED灯供电是一回事，开发可再生能源的应用以满足工业社会的需求则是另一回事。虽然人们对用高科技手段替代偏远地区的传统电网信心倍增，但用太阳能、风能或其他形式的可再生能源为发达经济体供电似乎仍是一个不可能的梦想。为公共电力供应开发可再生资源的建议通常会被驳回，理由是它们无法提供足够的能源，而且成本太高。但成本正在迅速下降，在有利条件下，风能和太阳能很快就能以低于化石燃料的成本发电。其结果是，自2012年以来，对可再生资源的投资已经等同于，有时甚至超过了对煤炭、石油和天然气的投资，在一些国家的电力消费中，有很大一部分已经由可再生资源提供。

　　成本下降是因为在许多行业，特别是电子行业，当特定设备的制造数量越来越多时，单个设备的制造成本就会急剧下滑。此外，随着制造商生产出更多的产品，他们会掌握更多生产技巧，并学会预测和避免生产中可能出现的问题。事实证明，光伏板中使用的分层硅的制造就是这种情况。从 20 世纪 70 年代开始，太阳能发电的成本稳步下降，到 2010 年，太阳能电池板的装机量增加了更多，它们不仅被安装在大型太阳能发电场，也被安装在个人的屋顶。风力发电场的数量和效率在增加，其制造和安装设备的成本在下降，而智能系统的发展有助于使供应与需求相匹配。在苏格兰，陆上和海上风电场在 2019 年上半年的发电量是该国国内使用量的两倍，该国的一家主要能源公司选择放弃化石燃料，转而使用风力发电。德国则在光伏发电设施方面进行了大量投资，在阳光明媚的日子里，其大部分电力来自太阳能和风力发电。[16]

　　但是，这只发生在阳光明媚的日子里（苏格兰则是在大风天气情况），这也强调了可再生能源的一个问题：如何在阳光明媚的时候储存电力，以满足冬季黑暗的日子里或晚上的电力需求？在无风的天气条件下，对风能的投资如何能起到作用？为了进一步发展可再生能源

---

16 Cockburn, "Scotland Generating Enough Wind Energy to Power Two Scotlands"; Goodall, *The Switch*, pp. 217–219.

的使用，有必要找到方法来储存在有利天气下产生的电力，或者用其他廉价的电力来源来补充，以便在没有太阳或风速下降时使用。

到 2015 年，锂离子电池（lithium-ion batteries）的成本已经低到足以让欧洲和美国的一些公共事业部门开始安装锂离子电池组，以储存和释放来自可再生能源的能量，从而管理消费者需求的波动和供应的变化。这些电池可以充电数百次也不会发生衰竭，为能源使用进行彻底的转变提供了前景。2019 年，三位科学家（两位在美国的大学工作，一位在日本）因其在锂离子电池方面的工作而获得了诺贝尔化学奖，诺贝尔委员会称，"自 1991 年首次进入市场以来，锂离子电池已经彻底改变了我们的生活。它们为一个无线、无化石燃料的社会奠定了基础，并为人类带来了最大的利益"。[17]

锂电池在提供能量的比例上极为有效，到目前仍然是应对 24 小时内供需波动的最经济技术。但是，供应和需求在不同的季节也有所不同，特别是在冬季漫长的北方国家。锂电池存储的成本随着时间的推移而急剧上升：当在几个小时内发生充放电时，电池是经济的，但在更长的时间内则是昂贵的；此外，提取锂的环境成本很高。因此，其他技术已成为积极研究的对象。其中最著名的可能是氢气储存（hydrogen storage），其原理是使用剩余的可再生能源电力，通过电解从水中产生氢气。储存起来的氢气之后可以被用作与

---

17 Nobel Media AB, "Press Release: The Nobel Prize in Chemistry 2019."

天然气差不多的零排放燃料。就目前的技术而言，锂电池在储存时间低于 13 小时的情况下具有经济优势；对于任何更长的时间，氢气储存已经更便宜。因此，看起来氢气可能是未来的发展方向，特别是如果车辆和其他机器能够适应氢气燃料。在本书写作时，德国正开始投资利用风力涡轮机发电的氢气生产项目，以及利用氢气为本来由柴油驱动的火车提供燃料。[18]

环境的极限

一些评论家认为，最近在半导体工程和信息技术方面的发展，以及由此产生的人工智能的快速发展，不仅仅是另一波创新浪潮，而且是一场成熟的新工业革命。[19] 然而，与两个世纪前的标志着第一次工业革命的一系列变化——材料使用方式的创新、工作组织的变化及采用一种新的能源（煤作为蒸汽机的燃料）（第七章）——相比，这一次有一个明显的区别。这一波技术革新浪潮，特别是通信技术和人工智能（推动了工业自动化）、机器人和智能设备的革新，不仅带来了工作的重组，而且让生活的几乎每一个方面都发生了重组。但就能源而言，并没有发生真正革命性的变化。尽管核电、太

---

18 Penev, Hunter, and Eichman, "Energy Storage"; Dobell, "Hydrogen Power."

19 Chandler, *Inventing the Electronic Century*; 见 2005 年平装版的序言。

阳能和带储能功能的风能现在是化石燃料之外的重要能源，但在几个主要国家和部门，传统能源仍然占主导地位。正如昂·巴拉克（On Barak）所认为的，煤烟已经成为过去式的说法纯属无稽之谈。[20] 在许多地方，甚至互联网的运行都依赖于以煤作为发电的燃料。据说计算机数据的存储是在"云"中进行的。这仿佛意味着这是一种虚无缥缈和干净的东西，但现实是胡东辉所说的"云计算产生一连串的垃圾：用于供应数据中心的燃煤电厂造成的污染……（因为）云计算供应商不断升级计算机产生的电子废弃物"。他列举了美国的个别数据中心，这些数据中心耗电量为 100 兆瓦，这意味着它们的耗电量相当于几千个家庭的耗电量。[21] 因此，如果这要算作一场新的工业革命，那也是一场非常不完整的革命。这就好比第一次工业革命只引入了工厂体系，但却从未跨过工厂由马或水驱动的阶段。

19 世纪的批评家们表示担心，对化石燃料的依赖意味着最终会达到极限，被自然资源的可用性和环境吸收燃烧和其他过程产生的废物的能力所限制。早在 1865 年，经济学家威廉·斯坦利·杰文斯（William Stanley Jevons）就对英国工业所依赖的煤炭资源的局限性提出了警告。[22] 在 1859 年和 1862 年的出版物中，德国化学家尤

---

20 Barak, *Powering Empire*.

21 Hu, *A Prehistory of the Cloud*, p. 66, p. 79; Ensmenger, "The Environmental History of Computing."

22 Jevons, *The Coal Question*, discussed in Pacey, *The Maze of Ingenuity*, pp. 231–233.

斯图斯·冯·李比希（Justus von Liebig）对集约农业（high farming）的密集种植模式下土壤肥力的局限性以及为支持集约农业而开采的不可再生肥料（如秘鲁鸟粪）的世界供应表达了类似的担忧。李比希关注的是，在过度耕作土壤和转移穷国的自然资源以促进富国的农业发展的过程中，会出现暴力"劫掠"，这促使他发展了化学肥料的工业合成。他的批评对卡尔·马克思分析资本主义和帝国主义的采掘过程（包括社会和物质方面）产生了重要影响。[23] 到 19 世纪80 年代，人们最初认为工厂烟囱冒出的煤烟无害甚至是滋补的看法发生了剧烈的改变。在德国、英国和美国等工业国家，医学专家、政府、工业家和公众都在共同努力解决"烟雾问题"。[24] 工业污染的概念诞生了，但与经济增长的必要性相比，这仍然是一个小问题。

1972 年，被称为罗马俱乐部的智库委托麻省理工学院的科学家进行了一项研究，该研究基于计算机模拟，警告说无限制的经济增长会对世界上有限的自然资源产生负面影响，包括日益严重的污染风险。通过这项研究，他们在当年出版了一本名为《增长的极限》（*The Limits to Growth*）的书，而这本书产生了相当大的影响，并激起了关于环境的积极讨论。但它也被一些人歪曲了，他们认为这是危言耸听。然而，在该书出版后的 30 年间，其关于资源枯竭和污染问题的预测在很大程度上得到了证实，这在其最新修订版和其他

---

23 Foster and Clark, "The Robbery of Nature."

24 Thorsheim, *Inventing Pollution*; Uekötter, *The Age of Smoke*.

独立评估中都有记载，之中值得一提的是格雷厄姆·特纳（Graham Turner）在2008年出版的评估报告，其中引用了杰文斯的观点。[25]

1865年、1972年和2008年的这些不同作者的书——每一本都对依赖化石燃料的影响发出警告，呈现出一个重要的演变：从杰文斯对有限资源的关注（其中很少提到污染），到《增长的极限》第一版中现在看来低调的警告，再到特纳研究中对大气污染性质的更具体和紧迫的警告。在《增长的极限》一书中，作者只试探性地提到了燃烧化石燃料时产生的二氧化碳和其他所谓的温室气体所造成的问题，但在随后的几十年里，温室气体对工业发展前景的限制比以前强调的任何关于资源枯竭的担忧都更为严重。

在历史的早期阶段，影响技术应用的环境限制似乎总是局部的，仅限于诸如灌溉土地的土壤盐度、炼铁的燃料供应以及为造船提供木材的森林枯竭等问题（第一、三、七章）。[26] 然而，早在19世纪20年代，乌托邦思想家夏尔·傅立叶（Charles Fourier）在观察法国森林砍伐的影响时，就评论说，沿着这些路线继续发展而不蹂躏整个地球是不可能的。[27] 当时，用铁代替木材造船，用煤和焦炭代替木炭燃料，似乎提供了可行的替代方案，但事实证明，它们只是

---

25 Meadows et al., *The Limits to Growth*; Meadows, *Meadows, and Randers, The Limits to Growth: The 30-Year Update*; Turner, "A Comparison of The Limits to Growth with 30 Years of Reality." （见第39页中对杰文斯的提及）

26 Cavert, *The Smoke of London*.

27 Charles Fourier, quoted in Bonneuil and Fressoz, *The Shock of the Anthropocene*.

短期解决方案。现在人们认识到，以煤为基础的解决方案对大气层的影响可能威胁到世界文明的各个方面。

人们是缓慢理解空气中的二氧化碳如何吸收地球表面热量的。它始于约翰·丁达尔（John Tyndall, 1820—1893）的工作，但是对大气中的二氧化碳的系统监测直到 1958 年才开始。那一年，当夏威夷岛上的莫纳罗亚天文台（Mauna Loa Observatory）开始进行先驱性的测量时，空气中的二氧化碳含量在 310—320ppm（ppm 指百万分率）之间。[28] 从那时起，大气中这种污染物的含量就沿着一条被称为基林曲线（Keeling Curve）（图 12.1）的轨迹陡峭上升，这条曲线以多年来领导莫纳罗亚工作的科学家查尔斯·大卫·基林（Charles David Keeling）的名字命名。[29]

图 12.1 中的曲线呈锯齿状，因为在北半球的夏季，由于大量的二氧化碳被生长中的植物绿叶的光合作用所吸收，空气中的碳浓度会明显下降。这只是一个季节性的影响；在北半球的冬季，该曲线再次上升。南半球有植被的土地较少，所以夏季的光合作用的影响要小得多。碳浓度在 2013 年首次达到 400ppm 的季节性最大值，到 2015 年碳浓度完全超过了这一水平；4 年后几乎达到 410ppm。这种二氧化碳和其他温室气体的积累对全球气候的最终后果将在未

---

28 Weart, *The Discovery of Global Warming*. 来自 Mauna Loa 的定期更新数据在以下网站上提供：https://www.co2.earth.

29 Keeling et al., "Exchanges of Atmospheric CO2 and 13CO2 with the Terrestrial Biosphere and Oceans from 1978 to 2000."

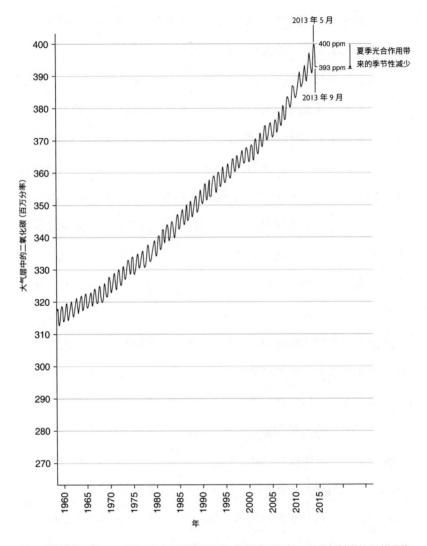

图12.1 基林曲线，1960-2013年：大气中的二氧化碳浓度，单位为百万分之一，显示出季节性波动（根据莫纳罗亚天文观测站的数据，https://www.co2.earth/）

来更加明显，但有些已经很清楚了：海洋变暖，北极冰层大量减少，世界许多地方极端天气发生的频率增加。

从足够长的时间尺度上我们可以看到，1958 年至 2013 年期间，来自工业、交通、集约化农业和森林砍伐的排放超过了另一种环境极限。在 100 万年或更长时间里，地球经历了一系列有规律的周期，在冰期和较温暖的间冰期之间交替。这种交替部分由地球围绕太阳的轨道的不规则性控制，部分由大气中的二氧化碳在光合作用的影响下的变化方式控制；因此，大气中的二氧化碳浓度也以周期性的方式变化。每个周期大约需要 10 万年才能完成，地球的表面温度在冰期的低温极限和间冰期的上限之间交替，前者大气中二氧化碳含量较少，而后者是由于温室效应，二氧化碳保留了适度的热量，使平均温度上升。在 1950 年之后，随着燃烧化石燃料和森林采伐，越来越多的二氧化碳被注入大气中，这种二氧化碳含量高带来温暖、二氧化碳浓度低导致寒冷之间的循环明显被打破（图12.2）。因此，"地球系统"并没有在间冰期结束时开始预期的温和下降趋势，走向较低的二氧化碳水平和较低的温度，而是进入了二氧化碳浓度迅速上升的道路。这对气候有两个影响。[30]

首先，一个直接的影响是：二氧化碳的增加往往会产生更频繁的气候异常现象。这包括极端天气事件，如温带地区的热浪和干

30 Baker, et al., "Higher CO_2 Concentrations Increase Extreme Event Risk in a 1.5 °C World."

旱，以及热带地区降雨的大量增加。第二则是间接影响：随着海洋慢慢变暖并将热量传递给地球系统的其他部分，各地的气候逐渐变暖。全球平均地表温度最初滞后于二氧化碳的增加，但现在温度正在接近冰期条件的上限。2018 年，全球平均温度比工业化前水平高出约 1 摄氏度，并以每 10 年 0.17 摄氏度的平均速度增加。

在威尔·斯特芬（Will Steffen）的带领下，来自斯德哥尔摩恢复力中心（Stockholm Resilience Centre）、哥本哈根大学（University of Copenhagen）、澳大利亚国立大学（Australian National University）和波茨坦气候影响研究所（Potsdam Institute for Climate Impact Research）的科学家们详细研究了这些趋势。他们认为，地球系统很可能正在接近二氧化碳浓度和温度的一个关键阈值。如果这个阈值被跨越，地球系统可能达到一系列会导致突然变化的临界点，如极地冰盖加速融化，海平面上升，热带雨林被干旱破坏。[31] 从那时起，持续的气候变化将导致所谓的**温室地球**（Hothouse Earth），这种情况将很难恢复，在世界上的大片土地上，许多生命形式将不复存在。

对以上结论做个总结：在被称为第四纪晚期（Late Quaternary）的大部分时间里，持续存在冰期和间冰期状态之间的交替，由自然反馈过程维持在相当明确的界限之间。而自 1950 年以来，对化石

---

31 Steffen et al., "Trajectories of the Earth System in the Anthropocene."

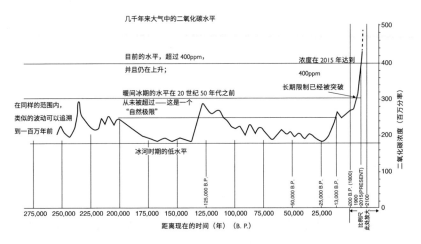

图12.2 几千年来大气中的二氧化碳水平

燃料的快速开采，使大气中的二氧化碳水平远远超过了过去120万年中出现的间冰期状况的上限（图12.2）。世界似乎正在进入一个新的时代（人类世，the Anthropocene），其中限制地球变暖的过程已经被打破。斯特芬和他的同事说，取代了第四纪晚期的相对稳定状态的是这样的情况："在人类活动的驱动下，地球系统快速脱离被冰期/间冰期限制的循环，走向新的、更热的气候条件和一个完全不同的生物圈。"[32]

2018年，一系列极端天气事件（飓风、长期干旱后的森林火灾、洪水）让世界预感到了气候变化可能带来的一些影响，而在此

---

32 Steffen et al., "Trajectories of the Earth System in the Anthropocene," p. 8253.

之前的几周，几份关键报告强调了问题的紧迫性。这些报告被媒体认真对待，没有像以前一些报告那样受到气候怀疑论者的嘲笑，所以公众的理解可能已经达到了一个转折点，至少观念上有转变，如果政策上暂时还没有。最重要的是当年10月政府间气候变化专门委员会（IPCC）在韩国仁川召开会议后的一份新文件。该报告警告说，世界只剩下十几年的时间来防止全球气候灾难。[33] 人们需要采取行动，将全球平均地表温度上升控制在工业化前水平以上1.5摄氏度以内；如果在减少温室气体排放方面没有实际进展，世界可能会在2030年左右超过这一危险水平。急需各国做出努力，以减少排放二氧化碳和发展清除二氧化碳的方法。

在过去的半个世纪里，气候系统的快速变化以及人类系统在技术和社会经济方面的惰性，使地球大气层的条件远远超出了过去冰期条件所容许的范围。斯特芬和他的同事认为，这些系统可能已经走过了一个"岔路口"，并强调了有必要在知情的情况下协调一致改变方向，在全球治理层面商定并实施战略。他们认为，"在未来，地球系统有可能遵循多种轨迹。……如果世界各国社会想要避免突破阀值以至走上注定通往温室地球的道路，那么它们就必须做出慎重的决定以避免这种风险，并将地球系统维持在（稳定）的条件下"。[34] 这种**稳定地球**（*stabilized Earth*）的条件，即温度相比工业化

---

33 IPCC, Global Warming of 1.5 °C.

34 Steffen et al., "Trajectories of the Earth System in the Anthropocene," p. 8255.

开始前上升不超过 2 摄氏度（现在是 1.5 摄氏度），"将需要大幅削减温室气体排放，保护和加强生物圈碳汇（carbon sink），努力从大气中清除二氧化碳……并适应已经发生的气候变暖带来的不可避免的冲击"。[35]

这阐明了未来创新的技术和政策标准。虽然煤炭和化石燃料的使用推动了 19 世纪和 20 世纪的工业革命，但 21 世纪的工业革命有赖于向无污染的能源的彻底转变。我们不能继续使用煤炭产生的电力来为互联网提供动力！

21世纪的工业革命

这场新的工业革命所需要的能源的彻底转换，可能已经随着光伏发电和相关创新的迅速增加而开始了。[36] 但为了避免许多人警告的（而且在 21 世纪末可能即将发生的）气候灾难，可再生能源的发展需要能最终取代所有或几乎所有化石燃料的使用。因为大气中的二氧化碳太多，所以在开发新能源的同时，必须加强生物圈的碳汇

---

35 Steffen et al., "Trajectories of the Earth System in the Anthropocene," p. 8256.

36 本节借鉴了一些 *Nature Climate Change* 期刊上的专业科学论文，尤其是 vol. 6 (2016): pp. 335–337; vol. 7 (2017): pp. 243–249, 307–309, 345–349, 371–376；以及 vol. 8 (2018): pp. 626–633。也可参见 Flannery, *Atmosphere of Hope*，可读性更强但略显过时的论述。

（如森林）和其他清除二氧化碳的方法。

这场革命如果发生，就不能像第一次工业革命那样，只是从一组能源技术过渡到另一组。另外要做的一个彻底变化是，人类社会需要承担新的角色，斯特芬及其同事将其描述为"积极的地球管理者……构建一个地球系统的制度，其中人类积极地维持一个介于第四纪晚期的冰期／间冰期极限周期和温室地球之间的状态"。换句话说，人类需要致力于"持续管理其与地球系统其他部分的关系"。[37]承担这样的责任将要求国际社会不仅要革命性地改变能源使用并发展新的二氧化碳清除行业，它还要求彻底改变生活方式和社会组织：社会经济创新将与技术创新一样重要。

从技术角度理解这一切，一个起点是生长中的植物的自然光合作用过程，其绿叶在春季和夏季的生长过程中会从大气中去除二氧化碳。虽然这对于每年秋天枯萎的植物只是季节性的，但树木会利用碳来生长，形成木材，这种方法能让这部分二氧化碳从大气中消失很长时间——只要一棵树屹立不倒或一座木材建造的房子持续存在。

当然，木材只占植物从大气中去除的碳的一小部分。剩下的大部分随着树木和其他植物的落叶成为腐殖质或土壤有机物（SOM）。根据耕作方式，大量的碳可以通过这种方式保留在土壤中。有可能

---

37 Steffen et al., "Trajectories of the Earth System in the Anthropocene," p. 8256.

实现大气碳减排和改善农业土壤肥力的方法包括改良耕作方法和将树木纳入耕作系统（农林学，第十一章）。

几乎在 2018 年 IPCC 报告发布的同时，一份提交给英国政府的报告也发布了，详细说明了应对气候紧急情况所需的行动。[38] 尽管是为适应该国的条件而设计的，但这些建议广泛地阐明了可能适用于世界许多地区的措施。这份由英国皇家工程院和皇家学会（the Royal Academy of Engineering and the Royal Society）召集的科学家和工程师撰写的审查报告，不仅强调要减少排放，还提出了刚才提到的关于树木和土壤有机物的观点。报告还警告称，英国目前通过放弃化石燃料来减少温室气体污染的努力还不足以实现该国严格的气候目标。农业和航空业的排放可能尤其难以减少。因此，科学家们调查了一系列消除温室气体的方案，避免了精心设计但未经试验的技术方法，而选择了植树、恢复湿地和生产用于发电厂的生物燃料等方案。发电厂需要安装碳捕获与封存系统，这将永久地将二氧化碳从大气循环中移除。报告的结论是，"需要立即采取行动"。

2018 年的第三份独立报告发表在《自然》杂志上，着眼于粮食生产和农业（包括畜牧业）的排放问题。它吸引了相当多的媒体关注，因为它强调要大大减少肉类消费，以及大多数人需要转向"更

---

38 Royal Academy of Engineering, *Greenhouse Gas Removal Could Make the UK Carbon Neutral by 2050.*

健康的植物性饮食"。[39]

截至 2020 年，就在这些报告的两年后，英国在发展碳捕获与封存方面取得了重大进展，全世界在减少航空排放方面也取得了令人印象深刻的进展，但由于需求始终超过技术进步的速度，排放继续急剧上升。需要社会创新以通过其他方式满足人们的愿望和休闲兴趣，而航空旅行只是其中一个案例。

* * *

一本关于历史的书不是详细评估气候科学现状的地方，但气候问题对本章的主题有着至关重要的影响，即自 21 世纪初以来，一场新的工业革命已经开始了。发展会对气候产生影响，这意味着我们理解技术史的方式将在 21 世纪达到一个转折点。这首先是因为那些被视为对人类发展有进步影响的创新——燃煤发电、内燃机，航空和空中旅行——现在被视为在碳排放方面有深刻的负面影响。**其次**，我们需要广泛的创新来管理地球系统的农业和林业，不仅要实现温室气体排放的大幅削减，而且要为不断增长的人口生产足够的食物，并通过光合作用和碳汇加强大气中二氧化碳的自然清除。这些过程将需要得到其他技术的补充，可能包括从大气中清除碳的

---

39 Springmann et al., "Options for Keeping the Food System within Environmental Limits."

化学方法。

　　总的来说，这些项目加上社会经济创新，将具有工业革命的许多特征。但与以前的工业革命相比，目前缺乏的是企业家的动力和经济动机。例如，清除二氧化碳不可能成为一个经济上有利可图的行业（尽管在一些国家适当地应用碳定价系统可以使其成为一个经济上有利可图的行业）。然而，我们已经看到，并非所有的技术革命都是基于有利可图的活动——梦想和思想也推动了技术变革。阿波罗任务和其他太空事业最终产生了经济效益，但它们主要是对感知到的科学、政治和技术挑战的回应。二氧化碳清除和地球管理的其他方面是相当大的科学和技术挑战，而我们需要以太空探索一样的热情和曼哈顿项目一样的资源来应对它们。

　　如果在这些方向上没有取得比目前更大的进展，那么，严重的气候变化可能会对人类社会和工业造成广泛的破坏，技术史也将走向一个不同的终点。

Abbate, Janet. *Inventing the Internet*. Cambridge, MA: MIT Press, 1999.

Abu-Lughod, Janet L. *Before European Hegemony: The World System A.D. 1250–1350*. New York: Oxford University Press, 1991.

Adshead, S. A. M. *Salt and Civilization*. New York: Palgrave, 1992.

Ágoston, Gábor. "Firearms and Military Adaptation: The Ottomans and the European Military Revolution, 1450–1800." *Journal of World History* 25, no. 1 (2014): 85–124.

Alder, Ken. *Engineering the Revolution: Arms and Enlightenment in France, 1763–1815*. Princeton, NJ: Princeton University Press, 1997. https://www.press.uchicago.edu/ucp/books/book/chicago/E/bo8779949.html.

Alexander, Jennifer Karns. *The Mantra of Efficiency: From Waterwheel to Social Control*. Baltimore: Johns Hopkins University Press, 2008.

Alstone, P., D. Gershenson, and D. M. Kammen. "Decentralized Energy

Systems." *Nature Climate Change* 5 (2015): 309–314.

Alvares, Claude A. *Homo Faber: Technology and Culture in India, China and the West from 1500 to the Present Day*. The Hague, Netherlands: Martinus Nijhoff, 1980.

Anderson, James. *Report on a Bridge of Chains to Be Thrown over the Firth of Forth at Queensferry*. 1818.

Andrade, Tonio. *The Gunpowder Age: China, Military Innovation, and the Rise of the West in World History*. Princeton, NJ: Princeton University Press, 2016. https://press.princeton.edu/titles/10571.html.

Andrade, Tonio. *Lost Colony: The Untold Story of China's First Great Victory over the West*. Princeton, NJ: Princeton University Press, 2011.

Arnold, David. *Everyday Technology: Machines and the Making of India's Modernity*. Chicago: University of Chicago Press, 2013. https://www.press.uchicago.edu/ucp/books/book/chicago/E/bo14193086.html.

Arnold, Denise, and Penelope Dransart. *Textiles, Technical Practice, and Power in the Andes*. London: Archetype Publications, 2014.

Arnold, Denise Y., and Elvira Espejo. *The Andean Science of Weaving*. London: Thames and Hudson, 2015. https://thamesandhudson.com/andean-science-of-weaving-9780500517925.

Ascher, Marcia. *Mathematics Elsewhere: An Exploration of Ideas across Cultures*. Princeton, NJ: Princeton University Press, 2002.

Austen, Ralph A. *Trans-Saharan Africa in World History*. Oxford: Oxford University Press, 2010.

Austen, Ralph A. "Tropical Africa in the Global Economy." *Oxford Research Encyclopedia of African History*. October 26, 2017. https://doi.org/10.1093/acrefore/9780190277734.013.61.

Avery, Peter, and John Heath-Stubbs, trans. *The Ruba'iyat of Omar Khayyam*. Harmondsworth: Penguin Classics, 1979.

Baark, Erik. *Lightning Wires: The Telegraph and China's Technological Modernization 1860–1890*. Westport, CT: ABC-CLIO/Greenwood, 1997.

Baker, Hugh S., Richard J. Millar, David J. Karoly, Urs Beyerle, Benoit P. Guillod, Dann Mitchell, Hideo Shiogama, et al. "Higher CO_2 Concentrations Increase Extreme Event Risk in a 1.5°C World." *Nature Climate Change* 8 (2018): 604–608.

Barak, On. *Powering Empire: How Coal Made the Middle East and Sparked Global Carbonization*. Berkeley: University of California Press, 2020.

Barker, Peter. "The Social Structure of Islamicate Science." *Journal of World Philosophies* 2 (Winter 2017): 37–47.

Barnes, David S. *The Great Stink of Paris and the Nineteenth-Century Struggle against Filth and Germs*. Baltimore: Johns Hopkins University Press, 2006.

Basalla, George. *The Evolution of Technology*. Cambridge: Cambridge University Press, 1988.

Batterbury, Simon, and Frankline Ndi. "Land-Grabbing in Africa." In *Routledge Handbook of African Development*, edited by Tony Binns, Kenneth Lynch, and Etienne Nel, 573–582. London: Routledge, 2018.

Beinart, William. "African History and Environmental History." *African Affairs* 99, no. 395 (2000): 269–302.

Benneh, George. "Technology Should Seek Tradition." *Ceres (FAO Review)* 3, no. 5 (December 1970): 29–33.

Biggs, David. "Small Machines in the Garden: Everyday Technology and Revolution in the Mekong Delta." *Modern Asian Studies* 46, no. 1 (2012): 47–70. https://doi.org/10.1017/S0026749X11000564.

Bijker, Wiebe E. "The Social Construction of Bakelite: Toward a Theory of Invention." In *The Social Construction of Technological Systems: New Directions in the Sociology and History of Technology*, edited by Wiebe E. Bijker, Thomas Parke Hughes, and Trevor J. Pinch, 159–187. Cambridge, MA: MIT Press, 1987.

Binswanger, Hans, and Prabhu Pingali. "Technological Priorities for Farming in Sub Saharan Africa." *World Bank Research Observer* 3, no. 1 (1988): 81–98.

Blussé, Leonard. "No Boats to China. The Dutch East India Company and the Changing Pattern of the China Sea Trade, 1635–1690."

Modern Asian Studies 30,no. 1 (February 1996): 51–76. https://doi.
org/10.1017/S0026749X00014086.

Blussé, Leonard. "Oceanus Resartus; or, Is Chinese Maritime History
Coming of Age?" *Cross-Currents: East Asian History and Culture
Review* 7, no. 1 (2018): 9–29.

Boffey, P. M. "Japan on the Threshold of an Age of Big Science." *Science*,
167 (1970): 31–35, 147–152, 264–267.

Bonneuil, Christophe, and Jean-Baptiste Fressoz. *The Shock of the
Anthropocene: The Earth, History and Us*. Translated by David
Fernbach. London: Verso, 2017.

Borriello, Maurizio. *Wooden Boatbuilding—A Malay Boatbuilding Village*.
YouTube. December 17, 2019. https://www.youtube.com/watch?v=J4f
7uWGoDZ4&t=3s&fbclid=IwAR2Yg2gzHjR3C764g2n2Sb9wxLvyLtJfo
TBG1_KNUDshOWglrfnvWtwsW2k.

Boserup, Ester. *The Conditions of Agricultural Growth: The Economics
of Agrarian Change under Population Pressure*. London: Allen &
Unwin, 1965.

Boserup, Ester. *Population and Technological Change: A Study of Long
Term Trends*. Chicago: University of Chicago Press, 1981.

Bovill, Edward William. *The Golden Trade of the Moors: West African
Kingdoms in the Fourteenth Century*. 2nd ed. Princeton, NJ: Markus
Wiener Publishers, 1995.

Bradfield, M. *The Changing Pattern of Hopi Agriculture*. London: Royal Anthropological Institute, 1971.

Braudel, Fernand. *Civilization and Capitalism, 15th–18th Century*. Vol. 3, *The Perspective of the World*. Translated by Sian Reynolds. London: William Collins, 1984. http://archive.org/details/BraudelFernandCivilization And Capitalism.

Bray, Francesca. "Genetically Modified Foods: Shared Risk and Global Action." In *Revising Risk: Health Inequalities and Shifting Perceptions of Danger and Blame*, edited by Barbara Herr Harthorn and Laury Oakes, 185–207. Westport, CT: Praeger, 2003.

Bray, Francesca. *Science and Civilisation in China*. Vol. 6, *Biology and Biological Technology, Part 2, Agriculture*. Cambridge: Cambridge University Press, 1984.

Bray, Francesca. "Technological Transitions." In *The Cambridge World History*. Vol. 6, *The Construction of a Global World, 1400–1800 CE, Part 1, Foundations*, edited by Merry Wiesner-Hanks, Jerry H. Bentley, and Sanjay Subrahmanyam, 76–106. Cambridge: Cambridge University Press, 2015.

Bray, Francesca. "Technology." In *The Making of the Human Sciences in China: Historical and Conceptual Foundations*, edited by Howard Chiang, 29–51. Leiden, Netherlands: Brill, 2019.

Bray, Francesca. *Technology and Gender: Fabrics of Power in Late*

Imperial China. Berkeley: University of California Press, 1997.

Bray, Francesca. *Technology and Society in Ming China, 1368–1644.* Historical Perspectives on Technology, Society, and Culture. Washington, DC: American Historical Association, 2000.

Bray, Francesca. *Technology, Gender and History in Imperial China: Great Transformations Reconsidered.* Asia's Transformations. New York: Routledge, 2013.

Brazelton, Mary Augusta. "Engineering Health: Technologies of Immunization in China's Wartime Hinterland, 1937–1945." *Technology and Culture* 60, no. 2 (2019): 409–437.

Brian, Denis. *The Curies: A Biography*. New York: Wiley, 2005.

Bronson, Bennet. "Terrestrial and Meteoric Nickel in Indonesian Kris." *Historical Metallurgy* 21, no. 1 (1987): 8–15.

Brummett, Palmira. *Ottoman Seapower and Levantine Diplomacy in the Age of Discovery*. Stonybrook: SUNY Press, 1993. http://www.sunypress.edu/p-1732-ottoman-seapower-and-levantine-.aspx.

Buell, Paul D. "Qubilai and the Rats." *Sudhoffs Archiv* 96, no. 2 (2012): 127–144.

Burke, Edmund, III. "Islam at the Center: Technological Complexes and the Roots of Modernity." *Journal of World History* 20, no. 2 (June 20, 2009): 165–186. https://doi.org/10.1353/jwh.0.0045.

Butler, Matthew E. S. "Railroads, Commodities, and Informal Empire in

Latin American History." *Latin American Politics and Society* 53, no. 1 (2011): 157–168. https://doi.org/10.1111/j.1548-2456.2011.00112.x.

Calladine, Anthony. "Lombe's Mill: An Exercise in Reconstruction." *Industrial Archaeology Review* 16 (1993): 11–37.

Canby, Sheila R. *Shah 'Abbas: The Remaking of Iran*. London: British Museum Press, 2009.

Carlson, W. Bernard, ed. *Technology in World History*. 7 vols. New York: Oxford University Press, 2005.

Carlson, W. Bernard. *Tesla: Inventor of the Electrical Age*. Princeton, NJ: Princeton University Press, 2013.

Carman, W. Y. *A History of Firearms: From Earliest Times to 1914*. Abingdon, UK: Routledge, 2015.

Carney, Judith, and Richard Nicholas Rosomoff. *In the Shadow of Slavery: Africa's Botanical Legacy in the Atlantic World*. Berkeley: University of California Press, 2011.

Carney, Judith A. *Black Rice: The African Origins of Rice Cultivation in the Americas*. Cambridge, MA: Harvard University Press, 2001.

Carter, H. *Wolvercote Mill: A Study of Paper Making at Oxford*. Oxford: Oxford University Press, 1957.

Casale, Giancarlo. *The Ottoman Age of Exploration*. New York: Oxford University Press, 2010.

Cavert, William M. *The Smoke of London: Energy and Environment in the Early Modern City*. Cambridge: Cambridge University Press, 2016.

Centers for Disease Control and Prevention. "Ten Great Public Health Achievements—United States, 1900–1999." *Morbidity and Mortality Weekly Report* 48, no. 12 (1999): 241–243.

Chamberlain, W. H. *Japan over Asia*. London: Duckworth, 1938.

Chandler, Alfred D. *Inventing the Electronic Century: The Epic Story of the Consumer Electronics and Computer Industries*. Cambridge, MA: Harvard University Press, 2001.

Chang, Jui-Te. "Technology Transfer in Modern China: The Case of Railway Enterprise (1876–1937)." *Modern Asian Studies* 27, no. 2 (1993): 281–296.

Channell, David F. *The Rise of Engineering Science: How Technology Became Scientific*. Cham, Switzerland: Springer, 2019.

Charney, Michael. *Southeast Asian Warfare, 1300–1900*. Leiden, Netherlands: Brill, 2004.

Chaudhuri, K. N. *Trade and Civilisation in the Indian Ocean: An Economic History from the Rise of Islam to 1750*. Cambridge: Cambridge University Press, 1985. https://doi.org/10.1017/CBO9781107049918.

Chaudhuri, K. N. *The Trading World of Asia and the English East India Company: 1660–1760*. Cambridge: Cambridge University Press, 1978.

Chia, Lucille. *Printing for Profit: The Commercial Publishers of Jianyang, Fujian*. Annotated ed. Cambridge, MA: Harvard University Asia

Center, 2003.

Chia, Lucille, and Hilda De Weerdt, eds. *Knowledge and Text Production in an Age of Print: China, 900–1400*. Leiden, Netherlands: Brill, 2011. http://brill.com/view/title/19521.

Chibbett, David. *The History of Japanese Printing and Book Illustration*. Tokyo: Kodansha, 1977.

Childs, S. Terry, and David Killick. "Indigenous African Metallurgy: Nature and Culture." *Annual Review of Anthropology* 22 (1993).

Chirikure, Shadreck. *Metals in Past Societies: A Global Perspective on Indigenous African Metallurgy*. Cham, Switzerland: Springer, 2015.

Chirikure, Shadreck. "The Metalworker, the Potter, and the Pre-European African 'Laboratory.'" In *What Do Science, Technology, and Innovation Mean from Africa?*, edited by Clapperton Chakanetsa Mavhunga, 63–77. Cambridge, MA: MIT Press, 2017. http://www.oapen.org/download/?type=document&docid=631166.

Cipolla, Carlo M. *The Fontana Economic History of Europe*. Vol. 4, *The Emergence of Industrial Societies*. London: Fontana/Collins, 1973.

Clancey, Greg. *Earthquake Nation: The Cultural Politics of Japanese Seismicity, 1868–1930*. Berkeley: University of California Press, 2006.

Cockburn, Harry. "Scotland Generating Enough Wind Energy to Power Two Scotlands." *Independent*, July 19, 2019.

Coe, Lewis. *The Telegraph: A History of Morse's Invention and Its*

Predecessors in the United States. Jefferson, NC: McFarland, 2003.

Coe, M. D. "Chinampas of Mexico." *Scientific American* 211 (July 1964): 90–98.

Cooper, R. G. S. "Arthur Wellesley's Encounters with Maratha Battlefield Sophistication during the Second Anglo-Maratha War." Paper presented at the First Wellington Conference, 1987.

Cotte, Michel. *Le choix de la révolution industrielle: Les entreprises de Marc Seguin et ses frères (1815–1835).* Rennes: Presse Universitaire de Rennes, 2007.

Cowan, Ruth Schwartz. *More Work for Mother: The Ironies of Household Technology from the Open Hearth to the Microwave.* New York: Basic Books, 1983.

Cox, Rupert, ed. *The Culture of Copying in Japan: Critical and Historical Perspectives.* London: Routledge, 2007.

Cronon, William. *Nature's Metropolis: Chicago and the Great West.* New York: W. W. Norton, 1992.

Crosby, Alfred W. *The Columbian Exchange: Biological and Cultural Consequences of 1492.* Westport, CT: Greenwood, 1973.

Crosby, Alfred W. *Ecological Imperialism: The Biological Expansion of Europe, 900–1900.* 2nd ed. Cambridge: Cambridge University Press, 2004. First published 1986.

Curtin, Philip D. *The Rise and Fall of the Plantation Complex: Essays in*

Atlantic History. Studies in Comparative World History. Cambridge: Cambridge University Press, 1990.

Davis, Mike. *Late Victorian Holocausts: El Niño Famines and the Making of the Third World*. London and New York: Verso, 2001.

DeVries, Kelly Robert, and Robert Douglas Smith. *Medieval Military Technology*. 2nd ed. Toronto: University of Toronto Press, 2012.

Dharampal. *Indian Science and Technology in the Eighteenth Century: Some Contemporary European Accounts*. Delhi: Impex India, 1971.

Di Cosmo, Nicola. "Climate Change and the Rise of an Empire." Institute for Advanced Study. 2014. https://www.ias.edu/ideas/2014/dicosmo-mongol-climate.

Di Cosmo, Nicola, ed. *Military Culture in Imperial China*. Cambridge, MA: Harvard University Press, 2009.

Dieleman, P. J., ed. *Reclamation of Salt-Affected Soils in Iraq*. Wageningen, Netherlands: Institute for Land Reclamation and Improvement, 1972.

Dobell, Malcolm. "Hydrogen Power: Alstom's New Fuel-Cell Train." *Rail Engineer* 145 (2016): 10–12.

Douglas, H. *Crossing the Forth*. London: Robert Hale, 1964.

Dove, Michael R. "Theories of Swidden Agriculture, and the Political Economy of Ignorance." *Agroforestry Systems* 1, no. 2 (1983): 85–99. https://doi.org/10.1007/BF00596351.

Duffy, John. *The Sanitarians: A History of American Public Health*.

Chicago: University of Illinois Press, 1992.

Dufour, L., A. Metay, G. Talbot, and C. Dupraz. "Assessing Light Competition for Cereal Production in Temperate Agroforestry Systems." *Journal of Agronomy and Crop Science* 199, no. 3 (2012). www.researchgate.net/publication/230675891.

du Gay, Paul, Stuart Hall, Linda Janes, Anders Koed Madsen, Hugh Mackay, and Keith Negus. *Doing Cultural Studies: The Story of the Sony Walkman*. Maidenhead, UK: The Open University Press, 1997.

Dunsheath, P. *A History of Electrical Engineering*. London: Faber, 1962.

Edgerton, David. *The Shock of the Old: Technology and Global History since 1900*. London: Profile, 2008.

Egerton, E. W. E. (Lord Egerton of Tatton). *A Description of Indian and Oriental Armour*. London: Allen, 1896, reprinted New Delhi: Asian Educational Services, 2001.

Eglash, Ron, and Ellen K. Foster. "On the Politics of Generative Justice: African Traditions and Maker Communities." In *What Do Science, Technology, and Innovation Mean from Africa?*, edited by Clapperton Chakanetsa Mavhunga, 117–135. Cambridge, MA: MIT Press, 2017. http://www.oapen.org/download/?type=document&docid=631166.

Elliot, H. M., and J. Dowson. *The History of India as Told by Its Own Historians*. Alla habad: Kitab Mahal, 1964.

Elman, Benjamin A. *On Their Own Terms: Science in China, 1550–1900*.

Cambridge, MA: Harvard University Press, 2009.

Elvin, Mark. *The Pattern of the Chinese Past: A Social and Economic Interpretation*. Stanford, CA: Stanford University Press, 1973.

Elvin, Mark. *The Retreat of the Elephants: An Environmental History of China*. New Haven, CT: Yale University Press, 2006.

Ensmenger, Nathan. "The Environmental History of Computing." *Technology and Culture* 59, no. 4 (2018): S7–S33. https://doi.org/10.1353/tech.2018.0148.

Erickson, Clark L. "Prehistoric Landscape Management in the Andean Highlands: Raised Field Agriculture and Its Environmental Impact." *Population and Environment* 13, no. 4 (1992): 285–300.

Erimtan, Can. *Ottomans Looking West? The Origins of the Tulip Age and Its Development in Modern Turkey*. London: I.B. Tauris, 2010.

Fang, Xiaoping. *Barefoot Doctors and Western Medicine in China*. Rochester, NY: University of Rochester Press, 2012. https://opus.lib.uts.edu.au/handle/10453/23322.

Farey, John. *A Treatise on the Steam Engine: Historical, Practical, and Descriptive*. London: Rees, Orme, Brown and Green, 1827.

Faroqhi, Suraiya. *Artisans of Empire: Crafts and Craftspeople under the Ottomans*. London: I.B. Tauris, 2011. https://www.bloomsbury.com/uk/artisans-of-empire-9781848859609/.

Fei, J. C. H., and G. Ranis. "Innovation, Capital Accumulation and

Economic Development (in Japan), I." *American Economic Review* 53 (1963): 283–313.

Fei, J. C. H., and G. Ranis. "Innovation, Capital Accumulation and Economic Development (in Japan), II." *American Economic Review* 54 (1964): 1063–1068.

Feuerwerker, Albert. *China's Early Industrialization*. New York: Atheneum, 1970. First published 1958 by Harvard University Press (Cambridge, MA).

Finlay, Robert. *The Pilgrim Art: Cultures of Porcelain in World History*. Berkeley: University of California Press, 2010.

Flannery, Tim. *Atmosphere of Hope: Searching for Solutions to the Climate Crisis*. London: Penguin, 2015.

Fletcher, Roland, Damian Evans, Christophe Pottier, and Chhay Rachna. "Angkor Wat: An Introduction." *Antiquity* 89, no. 348 (December 2015): 1388–1401. https://doi.org/10.15184/aqy.2015.178.

Flynn, Dennis O., and Arturo Giráldez. "Born with a 'Silver Spoon': The Origin of World Trade in 1571." *Journal of World History* 6, no. 2 (October 1, 1995): 201–221.

Ford, Anabel, and Ronald Nigh. *The Maya Forest Garden: Eight Millennia of Sustainable Cultivation of the Tropical Woodlands*. Walnut Creek, CA: Left Coast Press, 2016.

Ford, John. *The Role of Trypanosomiasis in African Ecology*. Oxford:

Clarendon Press, 1971.

Foreman, Wilfred. *Oxfordshire Mills*. Chichester, West Sussex, UK: Phillimore, 1983.

Foster, John Bellamy, and Brett Clark. "The Robbery of Nature: Capitalism and the Metabolic Rift." *Monthly Review* 70, no. 3 (2018): 1–20.

Francks, Penelope. *Technology and Agricultural Development in Pre-War Japan*. New Haven, CT: Yale University Press, 1984.

Frankopan, Peter. *The Silk Roads: A New History of the World*. London: Bloomsbury, 2015.

Freeman, Christopher, John Clark, and Luc Soete. *Unemployment and Technical Innovation: A Study of Long Waves and Economic Development*. London: Pinter, 1982.

Fremdling, R. "Railroads and German Economic Growth." *Journal of Economic History* 37, no. 3 (1977): 583–601.

Friedel, Robert. *A Culture of Improvement: Technology and the Western Millennium*. Cambridge, MA: MIT Press, 2007.

Frumer, Yulia. *Making Time: Astronomical Time Measurement in Tokugawa Japan*. Chicago: University of Chicago Press, 2018.

Fullilove, Courtney. *The Profit of the Earth: The Global Seeds of American Agriculture*. Chicago: The University of Chicago Press, 2017.

Gille, Bertrand. *The History of Techniques*. Vol. 1, *Techniques and Civilizations*. Translated by P. Southgate and T. Williamson. Montreux, Switzerland: Gordon and Breach, 1986.

Gimpel, Jean. *The Medieval Machine: The Industrial Revolution of the Middle Ages*. London: Gollancz, 1977.

Giuliani, Dario, and Sam Ajadi. "618 Active Tech Hubs: The Backbone of Africa's Tech Ecosystem." Mobile for Development. GSMA. July 10, 2019. https://www.gsma.com/mobilefordevelopment/blog/618-active-tech-hubs-the-backbone-of-africas-tech-ecosystem/.

Golas, Peter J. *Picturing Technology in China: From Earliest Times to the Nineteenth Century*. Hong Kong: Hong Kong University Press, 2015.

Goodall, Chris. *The Switch: How Solar, Storage and New Tech Means Cheap Power for All*. London: Profile Books, 2016.

Goonatilake, Susantha. *Aborted Discovery: Science and Creativity in the Third World*. London: Zed, 1984.

Grace, Joshua Ryan. "Modernization *Bubu*: Cars, Roads, and the Politics of Development in Tanzania, 1870s–1980s." PhD diss., Michigan State University, 2013. http://search.proquest.com/docview/1426850362/abstract/E1F58BD5E67C4150PQ/1.

Green, Nile. "Persian Print and the Stanhope Revolution: Industrialization, Evangelicalism, and the Birth of Printing in Early Qajar Iran." *Comparative Studies of South Asia, Africa and the Middle East* 30, no.

3 (2010): 473–490. https://doi.org/10.1215/1089201X-2010-029.

Green, Nile. "The Uses of Books in a Late Mughal Takiyya." In *Making Space: Sufis and Settlers in Early Modern India*, 201–228. Oxford: Oxford University Press, 2012. http://www.oxfordscholarship. com/view/10.1093/acprof:oso/9780198077961.001.0001/acprof-9780198077961-chapter-6.

Green, Toby. *A Fistful of Shells: West Africa from the Rise of the Slave Trade to the Age of Revolution*. London: Penguin Books, 2020.

Greenstein, George. "A Gentleman of the Old School: Homi Bhabha and the Development of Science in India." *The American Scholar* 61, no. 3 (1992): 409–419.

Gross, Miriam. *Farewell to the God of Plague: Chairman Mao's Campaign to Deworm China*. Berkeley: University of California Press, 2016.

Gutas, Dimitri. *Greek Thought, Arabic Culture: The Graeco-Arabic Translation Movement in Baghdad and Early Abbāsid Society (2nd–4th/8th–10th Centuries)*. London: Routledge, 1998.

Haber, L. F. *The Chemical Industry during the Nineteenth Century*. Oxford: Clarendon Press, 1958.

Habib, Irfan. "Technological Changes and Society, 13th and 14th Centuries." In *Studies in the History of Science in India*, edited by Debiprasad Chattopadhyaya, 816–844. Delhi: Editorial Enterprises, 1982.

Hague, D. B. *Conway Suspension Bridge*. London: National Trust, n.d.

Hahn, Barbara. *Technology in the Industrial Revolution*. Cambridge: Cambridge University Press, 2020.

Hämäläinen, Pekka. "The Politics of Grass: European Expansion, Ecological Change, and Indigenous Power in the Southwest Borderlands." *William & Mary Quarterly* 67, no. 2 (April 2010): 173–208.

Hardiman, David. "The Politics of Water in Colonial India: The Emergence of Control." In *Water First: Issues and Challenges for Nations and Communities in South Asia*, edited by Kuntala Lahiri-Dutt and Robert J. Wasson, 47–58. New Delhi: Sage, 2008.

Harris, F. R. *Jamsetji Nusserwanji Tata: A Chronicle of His Life*. Bombay: Blackie, 1958.

Harrison, Gordon. *Mosquitos, Malaria and Man*. London: John Murray, 1978.

Harrison, P. D., and B. L. Turner, eds. *Pre-Hispanic Maya Agriculture*. Albuquerque: University of New Mexico Press, 1978.

Harrison, Paul. *The Greening of Africa*. London: Paladin, 1987.

Harriss, Joseph. *The Eiffel Tower: Symbol of an Age*. London: Elek, 1976.

Harriss, Joseph. *The Tallest Tower: Eiffel and the Belle Epoque*. Bloomington, IN: Unlimited Publishing, 2004.

Harwood, Jonathan. *Europe's Green Revolution and Others Since: The*

Rise and Fall of Peasant-Friendly Plant Breeding. London: Routledge, 2012.

Harwood, Jonathan. "The Green Revolution as a Process of Global Circulation: Plants, People and Practices." *Historia Agraria* 75 (2018): 37–66.

Hassan, Ahmad Y. al-, and Donald R. Hill. *Islamic Technology: An Illustrated History.* Cambridge: Cambridge University Press, 1992.

Headrick, Daniel R. *Power over Peoples: Technology, Environments, and Western Imperialism, 1400 to the Present.* Princeton Economic History of the Western World. Princeton, NJ: Princeton University Press, 2010.

Headrick, Daniel R. *Technology: A World History.* New Oxford World History. New York: Oxford University Press, 2009.

Headrick, Daniel R. *The Tools of Empire: Technology and European Imperialism in the Nineteenth Century.* New York: Oxford University Press, 1981.

Henderson, P. D. *India: The Energy Sector.* Report for the World Bank. Delhi: Oxford University Press, 1975.

Hill, Donald R. "Clocks and Watches." In *Encyclopaedia of the History of Science, Technology, and Medicine in Non-Western Cultures*, edited by Helaine Selin, 593–595. Dordrecht: Springer Netherlands, 2008. https://doi.org/10.1007/978-1-4020-4425-0_9610.

Hill, Donald R. *A History of Engineering in Classical and Medieval Times*. New York: Routledge, 1996. First published 1984 by Croom Helm (Beckenham, UK).

Hill, Donald R. *Studies in Medieval Islamic Technology: From Philo to Al-Jazari—From Alexandria to Diyar Bakr*. Edited by David A. King. Aldershot, Hampshire, UK: Variorum, 1998.

Hills, Richard L. *Power from the Wind: A History of Windmill Technology*. Cambridge: Cambridge University Press, 1994.

Hills, Richard L. *Power in the Industrial Revolution*. Manchester, UK: Manchester University Press, 1970.

Hills, Richard L. *Richard Arkwright and Cotton Spinning*. London: Priory Press, 1973.

Hirvonen, Timo. "From Wood to Nokia: The Impact of the ICT Sector in the Finnish Economy." *ECFIN Country Focus* 1, no. 11 (2004): 1–7.

Hobsbawm, Eric. *Industry and Empire*. London: Weidenfeld and Nicolson, 1968.

Hodgson, Marshall G. S. *The Venture of Islam*. 3 vols. Chicago: University of Chicago Press, 1975.

Hoffman, Philip, Ian Inkster, Stephen Morillo, David Parrott, and Kenneth Pomeranz. "The Gunpowder Age: China, Military Innovation, and the Rise of the West in World History." *Journal of Chinese History* 2, no. 2 (2018): 417–437. https://doi.org/10.1017/jch.2018.19.

Horridge, Adrian. *The Design of Planked Boats of the Moluccas.* Maritime Monographs 38. London: National Maritime Museum, 1978.

Horridge, Adrian. *The Lashed Lug Boat of the Eastern Archipelagoes.* Maritime Monographs 54. London: National Maritime Museum, 1982.

Hounshell, David A. *From American System to Mass Production, 1800– 1932: The Development of Manufacturing Technology in the United States.* Baltimore: Johns Hopkins University Press, 1984.

Hu, Tung-Hui. *A Prehistory of the Cloud.* Cambridge, MA: MIT Press, 2015.

Huffman, James L. *Japan in World History.* New York: Oxford University Press, 2010.

Hughes, Thomas P. *Networks of Power: Electrification in Western Society, 1880–1930.* Baltimore: Johns Hopkins University Press, 1983.

Hutková, Karolina. "A Global Transfer of Silk Reeling Technologies: The English East India Company and the Bengal Silk Industry." In *Threads of Global Desire: Silk in the Pre-Modern World*, edited by Dagmar Schäfer, Giorgio Riello, and Luca Molà, 281–294.

Pasold Studies in Textile History. Woodbridge, Suffolk, UK: The Boydell Press, 2018.

Hyde, Charles K. *Technological Change in the British Iron Industry.* Princeton, NJ: Princeton University Press, 1977.

Ifrah, Georges. *The Universal History of Computing.* New Yok: John

Wiley, 2001.

Ikram, S. M. *Muslim Civilization in India*. New York: Columbia University Press, 1964.

Inoue, Tatsuo. "Tatara and the Japanese Sword: The Science and Technology." *Acta Mechanica* 214, no. 1 (2010): 17–30.

Intergovernmental Panel on Climate Change (IPCC). *Global Warming of 1.5 °C*. Special report. Incheon, South Korea: IPCC, 2018. https://www.ipcc.ch/sr15/.

Irwin, J., and K. B. Brett. *Origins of Chintz, with a Catalogue of Indo-European Cotton Paintings*. London: Victoria and Albert Museum, 1970.

Ishino, Tohru. *How the Great Image of Buddha at Nara Was Constructed*. Tokyo: Komine Shoten Publishing, 1983.

Issawi, Charles. *The Economic History of Turkey, 1800–1914*. Chicago: Chicago University Press, 1980.

Ito, Mizuko. "Introduction: Personal, Portable, Pedestrian." In *Personal, Portable, Pedestrian: Mobile Phones in Japanese Life*, edited by Mizuko Ito, Daisuke Okabe, and Misa Matsuda, 1–16. Cambridge, MA: MIT Press, 2005.

Ito, Mizuko, Daisuke Okabe, and Misa Matsuda, eds. *Personal, Portable, Pedestrian: Mobile Phones in Japanese Life*. Cambridge, MA: MIT Press, 2005.

Jevons, W. S. *The Coal Question*. 3rd ed. Edited by A. W. Flux. London: Macmillan, 1906. First published 1865.

Jiao Bingzhen. *Agriculture and Sericulture Illustrated* [Yuzhi gengzhi tu]. Kangxi imperial edition. Beijing, 1696. Facsimile edition. Shanghai: Dianshi zhai, 1886. https://www.britishmuseum.org/collection/object/A_1949-0709-0-1.

Johnston, Kevin J. "The Intensification of Pre-Industrial Cereal Agriculture in the Tropics: Boserup, Cultivation Lengthening, and the Classic Maya." *Journal of Anthropological Archaeology* 22, no. 2 (June 1, 2003): 126–161. https://doi.org/10.1016/S0278-4165(03)00013-8.

Juma, C. "Ecological Complexity and Agricultural Innovation." Paper delivered at a workshop on Farmers and Agricultural Research, Brighton, UK, July 1987. Based on C. Juma, *Genetic Resources and Biotechnology in Kenya* (Nairobi: Public Law Institute, 1987).

Juvet-Michel, A. "The Controversy over Indian Prints." *CIBA Review* 31, no. Textile printing in eighteenth-century France (1940): 1090–1097.

Kang, B. T. "Alley Cropping." *Agroforestry Systems* 23 (1993): 141–155.

Kang, B. T., G. F. Wilson, and F. Simkins. "Alley Cropping Maize and Leucaena in Southern Nigeria." *Plant and Soil* 63 (1981): 165–179.

Katz, Sylvia. *Classic Plastics*. London: Thames and Hudson, 1984.

Katz, Victor J. *A History of Mathematics: An Introduction*. 3rd ed. Boston: Pearson/Addison Wesley, 2004.

Keeling, Charles D., Stephen C. Piper, Robert B. Bacastow, Martin Wahlen, Timothy P. Whorf, Martin Heimann, and Harro A. Meijer. "Exchanges of Atmospheric CO2 and 13CO2 with the Terrestrial Biosphere and Oceans from 1978 to 2000. I. Global Aspects," June 1, 2001. Scripps Digital Collection, UC San Diego Library. https://escholarship.org/uc/item/09v319r9.

Kelly, Dominic. "Ideology, Society, and the Origins of Nuclear Power in Japan." *East Asian Science, Technology and Society* 9, no. 1 (2015): 47–64. https://doi.org/10.1215/18752160-2846105.

Kennedy, Thomas L. "Chang Chih-Tung and the Struggle for Strategic Industrialization: The Establishment of the Hanyang Arsenal, 1884–1895." *Harvard Journal of Asiatic Studies* 33 (1973): 154–182. https://doi.org/10.2307/2718888.

Kieschnick, John. *The Impact of Buddhism on Chinese Material Culture.* Buddhisms. Princeton, NJ: Princeton University Press, 2003.

Kim, Tae-Ho. "Making a Miracle Rice: Tongil and Mobilizing a Domestic 'Green Revolution' in South Korea." In *Engineering Asia: Technology, Colonial Development, and the Cold War Order*, edited by Hiromi Mizuno, Aaron S. Moore, and John DiMoia, 189–208. London: Bloomsbury, 2018.

King, David A. *World Maps for Finding the Direction and Distance of Mecca.* Leiden, Netherlands: Brill, 1999.

Kinkela, David. *DDT and the American Century: Global Health, Environmental Politics, and the Pesticide That Changed the World.* Chapel Hill: University of North Carolina Press, 2011.

Kinyanjui, Max. "The Jiko Industry in Kenya." In *Wood Stove Dissemination,* edited by R. Clarke, 150–162. London: Intermediate Technology Publications (now Practical Action Publishing), 1985.

Kitsikopoulos, Harry. *Innovation and Technological Diffusion: An Economic History of Early Steam Engines.* London: Routledge, 2015.

Klemm, Friedrich. *A History of Western Technology.* London: George Allen & Unwin, 1959.

Kloppenburg, Jack R. *First the Seed: The Political Economy of Plant Biotechnology, 1492–2000.* Cambridge: Cambridge University Press, 1988.

Knight, Edward H. *The Practical Dictionary of Mechanics.* London: Cassell, n.d.

Köll, Elisabeth. *From Cotton Mill to Business Empire: The Emergence of Regional Enterprises in Modern China.* Cambridge, MA: Harvard University Asia Center, 2003.

Krige, John. "Atoms for Peace, Scientific Internationalism, and Scientific Intelligence." *Osiris* 21, no. 1 (2006): 161–181. https://doi.org/10.1086/507140.

Kriger, Colleen E. "Mapping the History of Cotton Textile Production in Precolonial West Africa." *African Economic History* 33 (2005): 87–116.

Kuhn, Dieter. *Science and Civilisation in China.* Vol. 5, *Chemistry and Chemical Technology, Part 9, Textile Technology: Spinning and Reeling.* Cambridge: Cambridge University Press, 1986.

Kumar, Dharma, and Meghnad Desai, eds. *The Cambridge Economic History of India.* Vol. 2, *c.1757–c.1970.* Cambridge: Cambridge University Press, 1983.

Kumar, Prakash. *Indigo Plantations and Science in Colonial India.* Cambridge: Cambridge University Press, 2012. https://doi.org/10.1017/CBO9781139150910.

Lal, R. "Soil Carbon Sequestration Impacts on Global Climate Change and Food Security." *Science* 304 (2004): 1623, 1625.

Landes, David S. *The Unbound Prometheus: Technological Change and Industrial Development in Western Europe from 1750 to the Present.* London: Cambridge University Press, 1969.

Laveaga, Gabriela Soto. "*Largo Dislocare:* Connecting Microhistories to Remap and Recenter Histories of Science," *History and Technology* 34, no. 1 (2018): 21–30.

Law, John. "On the Social Explanation of Technical Change: The Case of the Portuguese Maritime Expansion." *Technology and Culture* 28, no. 2 (1987).

Lechtman, Heather. "Andean Value Systems and the Development of Prehistoric Metallurgy." *Technology and Culture* 25, no. 1 (1984): 1–36. https://doi.org/10.2307/3104667.

Ledderose, Lothar. *Ten Thousand Things: Module and Mass Production in Chinese Art*. The A. W. Mellon Lectures in the Fine Arts 1998. Princeton, NJ: Princeton University Press, 2000.

Lee, Seung-Joon. *Gourmets in the Land of Famine: The Culture and Politics of Rice in Modern Canton*. Stanford, CA: Stanford University Press, 2011.

Liang, Ernest P. *China: Railways and Agricultural Development*. Chicago: University of Chicago Press, 1982.

Lilienthal, Otto. *Birdflight as the Basis of Aviation*. Reprint of English translation. Hummelstown, PA: Markowski International, 2001.

Littlefield, Daniel C. *Rice and Slaves: Ethnicity and the Slave Trade in Colonial South Carolina*. Blacks in the New World. Urbana: University of Illinois Press, 1991.

Liu Guojun and Zheng Rusi. *The Story of Chinese Books*. Beijing: Foreign Languages Press, 1985.

Lockwood, W. W. *The Economic Development of Japan: Growth and Structural Change, 1868–1938*. Princeton, NJ: Princeton University Press, 1968. First published 1954.

Lojek, Bo. *History of Semiconductor Engineering*. New York: Springer,

2007.

Long, Pamela O. *Openness, Secrecy, Authorship: Technical Arts and the Culture of Knowledge from Antiquity to the Renaissance*. Baltimore: Johns Hopkins University Press, 2001.

Long, Pamela O. *Technology and Society in the Medieval Centuries: Byzantine, Islam, and the West, 500–1300*. SHOT Historical Perspectives on Technology. Oxford: Oxford University Press, 2003.

Lorge, Peter A. *The Asian Military Revolution: From Gunpowder to the Bomb*. Cambridge: Cambridge University Press, 2008.

Lourdusamy, J. *Science and National Consciousness in Bengal: 1870–1930*. New Delhi: Orient Blackswan, 2004.

Lovejoy, Paul E. *Salt of the Desert Sun: A History of Salt Production and Trade in the Central Sudan*. African Studies Series 46. Cambridge: Cambridge University Press, 1986.

Low, Morris. "Displaying the Future: Techno-nationalism and the Rise of the Consumer in Postwar Japan." *History and Technology* 19, no. 3 (2003): 197–209. https://doi.org/10.1080/0734151032000123945.

Lucas, Adam. *Wind, Water, Work: Milling Technology in the Ancient and Medieval Worlds*. Technology and Change in History. Leiden, Netherlands: Brill, 2005.

Lyons, Malcolm C., Ursula Lyons, and Robert Irwin, trans. *Tales from 1,001 Nights*. London: Penguin Classics, 2011.

Malerba, Franco. *The Semiconductor Business: The Economics of Rapid Growth and Decline*. Madison: University of Wisconsin Press, 1985.

Manguin, Pierre-Yves. "Trading Ships of the South China Sea." *Journal of the Economic and Social History of the Orient* 36, no. 3 (1993): 253–280. https://doi.org/10.1163/156852093X00056.

Mann, Charles C. *1491: New Revelations of the Americas before Columbus*. New York: Vintage Books, 2006.

Mao, Yi-sheng. *Bridges in China*. Beijing: Foreign Language Press, 1978.

Marx, Leo. *The Machine in the Garden: Technology and the Pastoral Ideal in America*. New York: Oxford University Press, 1964.

Matheson, Ewing. *Works in Iron: Bridge and Roof Structures*. London and New York: E. and F. N. Spon, 1877.

Matten, Marc Andre. "Coping with Invisible Threats: Nuclear Radiation and Science Dissemination in Maoist China." *East Asian Science, Technology and Society* 12, no. 3 (2018): 235–256. https://doi.org/10.1215/18752160-6976023.

Maurya, D. M., and J. Farrington. "Improved Livelihoods, Genetic Diversity, and Farmer Participation." *Experimental Agriculture* 24 (1985): 311–320.

Mavhunga, Clapperton Chakanetsa, ed. "Introduction: What Do Science, Technology, and Innovation Mean from Africa." In *What Do Science, Technology, and Innovation Mean from Africa?*, 1–27. Cambridge, MA:

MIT Press, 2017. http://www.oapen.org/download/?type=document&d
ocid=631166.

Mavhunga, Clapperton Chakanetsa. *Transient Workspaces: Technologies
of Everyday Innovation in Zimbabwe*. Cambridge, MA: MIT Press,
2014.

Mavhunga, Clapperton Chakanetsa, ed. *What Do Science, Technology,
and Innovation Mean from Africa?* Cambridge, MA: MIT Press, 2017.
http://www.oapen.org/download/?type=document&docid=631166.

May, Timothy. *The Mongol Conquests in World History*. London:
Reaktion Books, 2015.

Maycock, W. Perrin. *Electric Lighting and Power Distribution*. London:
Whitaker, 1904.

Mazumdar, Sucheta. *Sugar and Society in China: Peasants, Technology,
and the World Market*. Cambridge, MA: Harvard University Press,
1998.

McCann, James C. *Maize and Grace: Africa's Encounter with a New
World Crop, 1500–2000*. Cambridge, MA: Harvard University Press,
2007.

McCarthy, Mike. *Ships' Fastenings: From Sewn Boat to Steamship*.
College Station: Texas A&M University Press, 2005.

McDonald, Kate. "Asymmetrical Integration: Lessons from a Railway
Empire." *Technology and Culture* 56, no. 1 (2015): 115–149. https://

doi.org/10.1353/tech.2015.0035.

McKeown, Thomas. *The Role of Medicine: Dream, Mirage or Nemesis?* Oxford: Blackwell, 1966.

McNeill, William H. "How the Potato Changed the World's History." *Social Research* 66, no. 1 (1999): 67–83.

McNeill, William H. *Plagues and Peoples.* New York: Anchor Books, 1998. First published 1977 by Doubleday (New York).

McNeill, William H. *The Pursuit of Power: Technology, Armed Force, and Society since A.D. 1000.* 2nd ed. Chicago: University of Chicago Press, 2013.

Meadows, Donella H., Dennis L. Meadows, and Jorgen Randers. *The Limits to Growth: The 30-Year Update.* White River Junction, VT: Chelsea Green Publishing, 2004.

Meadows, Donella H., Dennis L. Meadows, Jorgen Randers, and William W. Behrens. *The Limits to Growth: A Report for the Club of Rome's Project on the Predicament of Mankind.* Washington, DC: Potomac Associates, 1972.

Meikle, Jeffrey L. *American Plastic: A Cultural History.* New Brunswick, NJ: Rutgers University Press, 1995.

Melville, Herman. *Redburn: His First Voyage.* New York: Harper & Brothers, 1849.

Mentzel, Peter. *Transportation Technology and Imperialism in the*

Ottoman Empire, 1800–1923. SHOT Historical Perspectives on Technology. Oxford: Oxford University Press, 2006.

Menzies, Nicholas K. *Forest and Land Management in Imperial China*. London: St. Martin's Press, 1994.

Merchant, Carolyn. *The Death of Nature: Women, Ecology and the Scientific Revolution*. London: Wildwood House, 1982.

Merchant, Carolyn. "The Scientific Revolution and the Death of Nature." *Isis* 97 (2006): 513–533.

Miller, Duncan, Nirdev Desai, and Julia Lee-Thorp. "Indigenous Gold Mining in Southern Africa: A Review." *Goodwin Series* 8 (2000): 91–99. https://doi.org/10.2307/3858050.

Minsky, Lauren. "Of Health and Harvests: Seasonal Mortality and Commercial Rice Cultivation in the Punjab and Bengal Regions of South Asia." In *Rice: Global Networks and New Histories*, edited by Francesca Bray, Peter A. Coclanis, Edda L. Fields-Black, and Dagmar Schaefer, 245–274. Cambridge: Cambridge University Press, 2015.

Mintz, Sidney W. *Sweetness and Power: The Place of Sugar in Modern History*. New York: Viking, 1985.

Mitchell, B. R. *Statistical Appendix, 1700–1914* to *The Fontana Economic History of Europe*. Vol. 4, *The Emergence of Industrial Societies*, edited by Carlo M. Cipolla. London: Fontana/Collins, 1971.

Mokyr, Joel. *The Lever of Riches: Technological Creativity and Economic*

Progress. New York: Oxford University Press, 1992.

Mookerji, R. *Indian Shipping: A History of Seaborne Trade and Maritime Activity*. Bombay (Mumbai): Longman Green, 1912.

Moore, Aaron Stephen. *Constructing East Asia: Technology, Ideology, and Empire in Japan's Wartime Era, 1931–1945*. Stanford, CA: Stanford University Press, 2013. http://www.sup.org/books/title/?id=22812.

Morehart, Christopher T., and Charles Frederick. "The Chronology and Collapse of Pre-Aztec Raised Field (*Chinampa*) Agriculture in the Northern Basin of Mexico." *Antiquity* 88, no. 340 (2014): 531–548. https://doi.org/10.1017/S0003598X00101164.

Morgan, David. *The Mongols*. Oxford: Blackwell, 1986.

Morgan, Llewelyn. *The Buddhas of Bamiyan*. Cambridge, MA: Harvard University Press, 2012.

Morrison, Kathleen D. "Archaeologies of Flow: Water and the Landscapes of Southern India Past, Present, and Future." *Journal of Field Archaeology* 40, no. 5 (October 1, 2015): 560–580. https://doi.org/10.1179/2042458215Y.0000000033.

Morris-Suzuki, Tessa. *The Technological Transformation of Japan: From the Seventeenth to the Twenty-First Century*. Cambridge: Cambridge University Press, 1994.

Mote, Victor L. "The Cheliabinsk Grain Tariff and the Rise of the Siberian Butter Industry." *Slavic Review* 35, no. 2 (1976): 304–317.

https://doi.org/10.2307/2494595.

Mullaney, Thomas S. *The Chinese Typewriter: A History*. Studies of the Weatherhead East Asian Institute, Columbia University. Cambridge, MA: MIT Press, 2017.

Murphey, Rhoads. *Ottoman Warfare 1500–1700*. New Brunswick, NJ: Rutgers University Press, 1999.

Musson, A. E., and Eric Robinson. *Science and Technology in the Industrial Revolution*. Manchester, UK: Manchester University Press, 1969.

Nadal, J. "The Failure of the Industrial Revolution in Spain, 1830–1914." In *The Fontana Economic History of Europe*. Vol. 4, *The Emergence of Industrial Societies, Part 2*, edited by Carlo M. Cipolla, 532–626. London: Fontana/Collins, 1973.

Nasrallah, Nawal. *Annals of the Caliphs' Kitchens: Ibn Sayyar al-Warraq's Tenth-Century Baghdadi Cookbook*. Leiden, Netherlands: Brill, 2010.

Nath, Pratyay. *Climate of Conquest: War, Environment, and Empire in Mughal North India*. New Delhi: Oxford University Press, 2019. http://www.oxfordscholarship.com/view/10.1093/oso/9780199495559.001.0001/oso-9780199495559.

Naughton, Barry J. *The Chinese Economy: Transitions and Growth*. Cambridge, MA: MIT Press, 2006.

Needham, Joseph. *Science and Civilisation in China*. Vol. 1, *Introductory*

Orientations. Cambridge: Cambridge University Press, 1954.

Needham, Joseph. *Science and Civilisation in China*. Vol. 2, *History of Scientific Thought*. Cambridge: Cambridge University Press, 1956.

Needham, Joseph, Ho Ping-Yü, Lu Gwei-Djen, and Wang Ling. *Science and Civilisation in China*. Vol. 5, *Chemistry and Chemical Technology, Part 7, Military Technology: The Gunpowder Epic*. Cambridge: Cambridge University Press, 1986.

Needham, Joseph, and Lu Gwei-Djen. *Science and Civilisation in China*. Vol. 5, *Chemistry and Chemical Technology, Part 2, Spagyrical Invention and Discovery*. Cambridge: Cambridge University Press, 1974.

Needham, Joseph, and Wang Ling. *Science and Civilisation in China*. Vol. 4, *Physics and Physical Technology, Part 2, Mechanical Engineering*. Cambridge: Cambridge University Press, 1965.

Needham, Joseph, Wang Ling, and Derek J. de Solla Price. *Heavenly Clockwork: The Great Astronomical Clocks of Medieval China*. Antiquarian Horological Society Monograph No. 1. Cambridge: Cambridge University Press, 1960.

Needham, Joseph, Wang Ling, and Lu Gwei-Djen. *Science and Civilisation in China*. Vol. 4, *Physics and Physical Technology, Part 3, Civil Engineering and Nautics*. Cambridge: Cambridge University Press, 1971.

Needham, Joseph, and Robin D. S. Yates. *Science and Civilisation in China*. Vol. 5, *Chemistry and Chemical Technology, Part 6, Military Technology: Missiles and Sieges*. Cambridge, Cambridge University Press, 1994.

Nef, John U. "Mining and Metallurgy in Medieval Civilisation." In *The Cambridge Economic History of Europe from the Decline of the Roman Empire*. Vol. 2, *Trade and Industry in the Middle Ages*, edited by Edward Miller, Cynthia Postan, and M. M. Postan, 691–761. Cambridge: Cambridge University Press, 1987. https://www.cambridge.org/core/books/cambridge-economic-history-of-europe-from-the-decline-of-the-roman-empire/mining-and-metallurgy-in-medieval-civilisation/C6F2F213A42E191700B6A63C710F19D0.

Niñez, Vera K. *Household Gardens: Theoretical Considerations of an Old Survival Strategy*. Lima, Peru: International Potato Research Centre, 1984.

Nobel Media AB. "Press Release: The Nobel Prize in Chemistry 2019." The Nobel Prize. October 9, 2019. https://www.nobelprize.org/prizes/chemistry/2019/press-release/.

Noble, David F. "Social Choice in Machine Design: The Case of Automatically Controlled Machine Tools, and a Challenge for Labor." *Politics & Society* 8, no. 3–4 (1978): 313–347. https://doi.org/10.1177/003232927800800302.

North, Anthony. *An Introduction to Islamic Arms*. London: Victoria and
Albert Museum, 1985.

Nye, David E. *American Technological Sublime*. Cambridge, MA: MIT
Press, 1996.

Odumosu, Toluwalogo. "Making Mobiles African." In *What Do Science,
Technology, and Innovation Mean from Africa?*, edited by Clapperton
Chakanetsa Mavhunga, 137–149.

Cambridge, MA: MIT Press, 2017. http://www.oapen.org/download/?type
=document&docid=631166.

Ōhashi, Yukio. "Astronomical Instruments in India." In *Encyclopaedia of
the History of Science, Technology, and Medicine in Non-Western
Cultures*, 2nd ed., edited by Helaine Selin, 269–273. Berlin: Springer,
2008.

Okita, Saburo. "Choice of Techniques of Production: Japan's Experience
and Its Implications." In *Economic Development with Special
Reference to East Asia*, edited by Kenneth Berrill, 376–385. London:
Macmillan, 1966.

Oldenziel, Ruth, and Mikael Hård. *Consumers, Tinkerers, Rebels: The
People Who Shaped Europe*. London: Palgrave Macmillan, 2013.

Oldenziel, Ruth, and Karin Zachmann. *Cold War Kitchen: Americaniza-
tion, Technology, and European Users*. Inside Technology. Cambridge,
MA: MIT Press, 2009.

Olmstead, Alan L., and Paul W. Rhode. *Creating Abundance: Biological Innovation and American Agricultural Development*. New York: Cambridge University Press, 2008.

Ordway, F. I., and M. R. Sharpe. *The Rocket Team*. London: Heinemann, 1979.

Oudshoorn, Nelly E. J., and Trevor Pinch. *How Users Matter: The Co-Construction of Users and Technologies*. Cambridge, MA: MIT Press, 2003. https://research.utwente.nl/en/publications/how-users-matter-the-co-construction-of-users-and-technologies.

Pacey, Arnold. *The Maze of Ingenuity: Ideas and Idealism in the Development of Technology*. 2nd ed. Cambridge, MA: MIT Press, 1992.

Pacey, Arnold, and Adrian Cullis. *Rainwater Harvesting*. London: Intermediate Technology Publications, 1986.

Packard, Randall M. "Malaria Dreams: Postwar Visions of Health and Development in the Third World." *Medical Anthropology* 17, no. 3 (1997): 279–296. https://doi.org/10.1080/01459740.1997.9966141.

Pagani, Catherine. "Clockmaking in China under the Kangxi and Qianlong Emperors." *Arts Asiatiques* 50, no. 1 (1995): 76–84. https://doi.org/10.3406/arasi.1995.1371.

Pant, G. N. *Studies in Indian Weapons and Warfare*. Delhi: S. J. Singh, 1970.

Pearse, Andrew. *Seeds of Plenty, Seeds of Want: Social and Economic Implications of the Green Revolution*. Oxford: Clarendon Press, 1980.

Pedersen, Johannes. *The Arabic Book*. Translated by Geoffrey Finch. Princeton, NJ: Princeton University Press, 1984.

Penev, Michael, Chad Hunter, and Joshua D. Eichman. "Energy Storage: Days of Service Sensitivity Analysis." Golden, CO: National Renewable Energy Lab, 2019. https://www.osti.gov/biblio/1507686.

Perdue, Peter C. *China Marches West: The Qing Conquest of Central Eurasia*. Reprint ed. Cambridge, MA: Belknap Press, 2010.

Peters, Ann H., and Denise Arnold. "Paracas Necropolis: Communities of Textile Production, Exchange Networks, and Social Boundaries in the Central Andes, 150 BC to AD 250." In *Textiles, Technical Practice, and Power in the Andes*, 109–139. London: Archetype Publications, 2014.

Pinch, Trevor J., and Wiebe E. Bijker. "The Social Construction of Facts and Artefacts: Or How the Sociology of Science and the Sociology of Technology Might Benefit Each Other." *Social Studies of Science* 14, no. 3 (August 1, 1984): 399–441. https://doi.org/10.1177/030631284 014003004.

Pointereau, Philippe. "Agroforestry and Bocage Systems." In *Biodiversity and Local Ecological Knowledge in France*, edited by Laurence Bérard, 116–124. Paris: Éditions Quae, 2005.

Pomeranz, Kenneth. *The Great Divergence: Europe, China, and the Making of the Modern World Economy*. Princeton, NJ: Princeton University Press, 2000.

Poppick, Laura. "The Story of the Astrolabe, the Original Smartphone." *Smithsonian*, January 31, 2017. https://www.smithsonianmag.com/innovation/astrolabe-original-smartphone-180961981/.

Pringle, Peter, and James Spigelman. *The Nuclear Barons*. New York: Holt, Rinehart, and Winston, 1981.

Qaisar, A. J. *The Indian Response to European Technology and Culture*. Delhi: Oxford University Press, 1982.

Quilter, Jeffrey, and Gary Urton, eds. *Narrative Threads: Accounting and Recounting in Andean Khipu*. Austin: University of Texas Press, 2002. https://utpress.utexas.edu/books/quinar.

Rahman, A. Review of *Homo Faber: Technology and Culture in India, China and the West from 1500 to the Present Day*, by Claude Alvares. *Technology and Culture* 23, no. 3 (July 1982): 479–481.

Ray, Himanshul Prabha. "Warp and Weft: Producing and Consuming Indian Textiles across the Seas (First–Thirteenth Centuries CE)." In *Textile Trades, Consumer Cultures, and the Material Worlds of the Indian Ocean: An Ocean of Cloth*, edited by Pedro Machado, Sarah Fee, and Gwyn Campbell, 289–312. London: Palgrave Macmillan, 2018. https://www.palgrave.com/gb/book/9783319582641.

Ray, Prafulla Chandra. *History of Chemistry in Ancient and Medieval India: Incorporating the History of Hindu Chemistry.* Varanasi: Chowkhamba Krishnadas Academy, 2004. First published 1956 by Indian Chemical Society (Calcutta).

Raychaudhuri, Tapan, and Irfan Habib. *The Cambridge Economic History of India.* Vol. 1, *1200–1750.* Cambridge: Cambridge University Press, 1982.

Reed, Christopher A. *Gutenberg in Shanghai: Chinese Print Capitalism, 1876–1937.* Vancouver, Canada: UBC Press, 2004.

Rees, Abraham. *Cyclopaedia or Universal Dictionary of Arts, Sciences, and Literature.* London: Longman, Hurst, Rees, Orme, and Brown, 1819.

Reid, Anthony. *A History of Southeast Asia: Critical Crossroads.* New York: John Wiley & Sons, 2015.

Reij, Chris. *Food Security in the Sahel Is Difficult but Achievable.* Washington, DC: World Resources Institute, 2014.

Reij, Chris, Ian Scoones, and Camilla Toulmin, eds. *Sustaining the Soil: Indigenous Soil and Water Conservation in Africa.* London: Routledge, 2011.

Richards, Paul. *Indigenous Agricultural Revolution: Ecology and Food Production in West Africa.* Boulder, CO: Westview, 1985.

Riello, Giorgio. "Asian Knowledge and the Development of Calico

Printing in Europe in the Seventeenth and Eighteenth Centuries."
Journal of Global History 5, no. 1 (2010): 1–28. https://doi.
org/10.1017/S1740022809990313.

Riello, Giorgio. *Cotton: The Fabric That Made the Modern World*.
Cambridge: Cambridge University Press, 2013.

Riello, Giorgio, and Prasannan Parthasarathi, eds. *The Spinning World:
A Global History of Cotton Textiles, 1200–1850*. Pasold Studies in
Textile History 16. Oxford: Oxford University Press, 2009.

Riello, Giorgio, and Tirthankar Roy, eds. *How India Clothed the World:
The World of South Asian Textiles, 1500–1850*. Leiden, Netherlands:
Brill, 2009.

Rijke-Epstein, Tasha. "The Politics of Filth: Sanitation, Work, and
Competing Moralities in Urban Madagascar 1890s–1977." *Journal of
African History* 60, no. 2 (2019): 229–256. https://doi.org/10.1017/
S0021853719000483.

Roberts, J. M. *The Pelican History of the World*. Harmondsworth:
Penguin, 1983.

Robertson, Jennifer. *Robo Sapiens Japanicus: Robots, Gender, Family, and
the Japanese Nation*. Berkeley: University of California Press, 2017.
http://california.universitypressscholarship.com/view/10.1525/californ
ia/9780520283190.001.0001/upso-9780520283190.

Rogaski, Ruth. *Hygienic Modernity: Meanings of Health and Disease in*

Treaty-Port China. Berkeley: University of California Press, 2014.

Roland, Alex. *The Military-Industrial Complex*. SHOT Historical Perspectives on Technology. Oxford: Oxford University Press, 2001.

Rolt, L. T. C. *George and Robert Stephenson*. London: Longman, 1969.

Rolt, L. T. C. *Isambard Kingdom Brunel*. London: Longman, 1957.

Rosen, George. *A History of Public Health*. 2nd ed. Baltimore: Johns Hopkins University Press, 2015.

Rosenberg, Nathan. *Perspectives on Technology*. Cambridge: Cambridge University Press, 1976.

Rosenberg, Nathan. *Technology and American Economic Growth*. New York: Harper and Row, 1972.

Rosenfeld, Boris A. "Umar Al-Khayyām." In *Encyclopaedia of the History of Science, Technology, and Medicine in Non-Western Cultures*, edited by Helaine Selin, 2175–2177. Dordrecht: Springer Netherlands, 2008. https://doi.org/10.1007/978-1-4020-4425-0_9775.

Ross, Corey. "The Plantation Paradigm: Colonial Agronomy, African Farmers, and the Global Cocoa Boom, 1870s–1940s." *Journal of Global History* 9, no. 1 (March 2014): 49–71. https://doi.org/10.1017/S1740022813000491.

Rostoker, William, Bennet Bronson, and James Dvorak. "The Cast-Iron Bells of China." *Technology and Culture* 25, no. 4 (1984): 750–767. https://doi.org/10.2307/3104621.

Roth, H. Ling. *Studies in Primitive Looms*. Bedford, UK: Ruth Bean, 1977. First published 1918 by Bankfield Museum (Halifax, UK).

Routt, David. "The Economic Impact of the Black Death." Edited by Robert Whaples. EH.Net Encyclopedia (Economic History Association). July 20, 2008. https://eh.net/encyclopedia/the-economic-impact-of-the-black-death/.

Royal Academy of Engineering. *Greenhouse Gas Removal Could Make the UK Carbon Neutral by 2050*. Joint report by the Royal Academy of Engineering and the Royal Society. September 12, 2017. https://www.raeng.org.uk/news/news-releases/2018/september/greenhouse-gas-removal-could-make-the-uk-carbon-ne.

Salter, Brian. "Biomedical Innovation and the Geopolitics of Patenting: China and the Struggle for Future Territory." *East Asian Science, Technology and Society* 5, no. 3 (2011): 341–357.

Santos, G. "Rethinking the Green Revolution in South China: Technological Materialities and Human-Environment Relations." *East Asian Science, Technology and Society* 5, no. 4 (December 13, 2011): 479–504. https://doi.org/10.1215/18752160-1465479.

Sastu, Pandit Natesa. "The Decline of the South Indian Arts." *Journal of Indian Art* 3, no. 28 (1890): 28–56.

Savage-Smith, Emilie. "Islam." In *The Cambridge History of Science*. Vol. 4, *EighteenthCentury Science*, edited by Roy Porter, 647–668.

Cambridge: Cambridge University Press, 2003.

Schäfer, Dagmar. *The Crafting of the Ten Thousand Things: Knowledge and Technology in Seventeenth-Century China*. Chicago: Chicago University Press, 2011.

Schäfer, Dagmar, ed. *Cultures of Knowledge: Technology in Chinese History*. Sinica Leidensia vol. 103. Leiden, Netherlands: Brill, 2012.

Schäfer, Dagmar, Giorgio Riello, and Luca Molà, eds. *Threads of Global Desire: Silk in the Pre-Modern World* . Pasold Studies in Textile History. Woodbridge, Suffolk, UK: The Boydell Press, 2018.

Schafer, R. Murray. *The Tuning of the World*. New York: Knopf, 1977.

Schaffer, Simon. "The Show That Never Ends: Perpetual Motion in the Early Eighteenth Century." *British Journal for the History of Science* 28, no. 2 (1995): 157–189. https://doi.org/10.1017/S0007087400032957.

Schmalzer, Sigrid. *Red Revolution, Green Revolution*. Chicago: University of Chicago Press, 2016.

Schumacher, E. F. *Small Is Beautiful: A Study of Economics as If People Mattered*. London: Blond and Briggs, 1973.

Schwab, Klaus. *The Fourth Industrial Revolution*. New York: Crown Business, 2017.

Schwartz, Kathryn A. "Did Ottoman Sultans Ban Print?" *Book History* 20, no. 1 (2017): 1–39. https://doi.org/10.1353/bh.2017.0000.

Scott, J. D. *Siemens Brothers, 1858–1958: An Essay in the History of Industry*. London: Weidenfeld and Nicolson, 1958.

Selin, Helaine, ed. *Encyclopaedia of the History of Science, Technology, and Medicine in Non-Western Cultures*. 2nd ed. Springer Reference. Berlin: Springer, 2008.

Sesan, Temilade, Mike Clifford, Sarah Jewitt, and Charlotte Ray. "'We Learnt That Being Together Would Give Us a Voice': Gender Perspectives on the East African Improved-Cookstove Value Chain." *Feminist Economics* 25, no. 4 (2019): 240–266.

Shah, Eshah. "Telling Otherwise: A Historical Anthropology of Tank Irrigation in South India." *Technology and Culture* 49, no. 2 (2008): 658–674.

Sheales, Fiona. *African Goldweights*. London: British Museum Press, 2014.

Shiva, Vandana. *The Violence of the Green Revolution: Third World Agriculture, Ecology, and Politics*. Lexington: University Press of Kentucky, 2016.

Siddiqi, Asif A. *The Red Rockets' Glare: Spaceflight and the Russian Imagination, 1857–1957*. New York: Cambridge University Press, 2010.

Simkin, C. G. F. *The Traditional Trade of Asia*. London: Oxford University Press, 1968.

Smith, Cyril Stanley. *A History of Metallurgy*. Chicago: Chicago University Press, 1960.

Smith, Norman. *A History of Dams*. London: Peter Davies, 1971.

Smith, Pamela H. "Nodes of Convergence, Material Complexes, and Entangled Itineraries." In *Entangled Itineraries: Materials, Practices, and Knowledge across Eurasia*, edited by Pamela H. Smith, 5–24. Pittsburgh: University of Pittsburgh Press, 2019.

Smith, Thomas C. "The Introduction of Western Industry to Japan during the Last Years of the Tokugawa Period." *Harvard Journal of Asiatic Studies* 11, no. 1/2 (1948): 130–152. https://doi.org/10.2307/2718077.

Smith, Thomas C. *Native Sources of Japanese Industrialization, 1750–1920*. Berkeley: University of California Press, 1988.

Springmann, Marco, Michael Clark, Daniel Mason-D'Croz, Keith Wiebe, Benjamin Leon Bodirsky, Luis Lassaletta, Wim de Vries, et al. "Options for Keeping the Food System within Environmental Limits." *Nature* (October 10, 2018). https://doi.org/10.1038/s41586-018-0594-0.

Staudenmaier, John M. *Technology's Storytellers: Reweaving the Human Fabric*. Cambridge, MA: MIT Press, 1985.

Stavros, Matthew. "Military Revolution in Early Modern Japan." *Japanese Studies* 33, no. 3 (December 1, 2013): 243–261. https://doi.org/10.1080/10371397.2013.831733.

Steffen, Will, Johan Rockström, Katherine Richardson, Timothy M.

Lenton, Carl Folke, Diana Liverman, Colin P. Summerhayes, et al. "Trajectories of the Earth System in the Anthropocene." *Proceedings of the National Academy of Sciences of the United States of America* 115, no. 33 (2018): 8252–8259. https://doi.org/10.1073/pnas .1810141115.

Summers, Roger. *Ancient Mining in Rhodesia and Adjacent Areas.* National Museums of Rhodesia Memoirs 3. Salisbury (Harare), Zimbabwe: National Museums of Rhodesia, 1969.

Sun, Laichen. "Chinese Gunpowder Technology and Dai Viet, ca. 1390–1497." In *Viet Nam: Borderless Histories*, edited by Nhung Tuyet Tran and Anthony Reid, 72–120. Madison: University of Wisconsin Press, 2006.

Sung, Ying-hsing. *T'ien-Kung K'ai-Wu: Chinese Technology in the Seventeenth Century.* Translated by E. T. Sun and H. C. Sun. University Park: Pennsylvania State University Press, 1966.

Swoboda, Christoph. *Building the Naga Pelangi, a Malay Junk Schooner.* YouTube. May 7, 2015. https://www.youtube.com/ watch?v=WwwkWvqvON4.

Tandeter, Enrique. "The Mining Industry." In *The Cambridge Economic History of Latin America.* Vol. 1, *The Colonial Era and the Short Nineteenth Century*, edited by Victor Bulmer-Thomas, John Coatsworth, Roberto Cortes-Conde, 315–356. Cambridge:

Cambridge University Press, 2006.

Theroux, Paul. *The Great Railway Bazaar*. London: Hamish Hamilton, 1975.

Thomson, J. *China, the Land and Its People*. Hong Kong: John Warner Publications, 1977. First published by 1873 Sampson Low, Marston, Low, and Searle (London).

Thorsheim, Peter. *Inventing Pollution: Coal, Smoke, and Culture in Britain since 1800*. Athens: Ohio University Press, 2006.

Trinder, Barrie. *The Industrial Revolution in Shropshire*. Chichester, UK: Phillimore, 1973.

Tsien Tsuen-Hsuin. *Science and Civilisation in China*. Vol. 5, *Chemistry and Chemical Technology, Part 1: Paper and Printing*. Cambridge: Cambridge University Press, 1985.

Turner, Graham M. "A Comparison of *The Limits to Growth* with 30 Years of Reality." *Global Environmental Change* 18, no. 3 (2008): 397–411. https://doi.org/10.1016/j.gloenvcha.2008.05.001.

Uekötter, Frank. *The Age of Smoke: Environmental Policy in Germany and the United States, 1880–1970*. Pittsburgh: University of Pittsburgh Press, 2009.

Vogel, Ezra F. *China and Japan: Facing History*. Cambridge, MA: Harvard University Press, 2019.

Vogel, Ezra F. *Japan as Number One*. Cambridge, MA: Harvard

University Press, 1979. https://www.hup.harvard.edu/catalog.php?isbn=9780674366299.

Volti, Rudi. *Technology, Politics and Society in China*. Westview Special Studies on China and East Asia. Boulder, CO: Westview, 1982.

Wadia, Ruttonjee Ardesher. *The Bombay Dockyard and the Wadia Master Builders*. Bombay (Mumbai): R. A. Wadia, 1957.

Wadsworth, Alfred P., and Julia de Lacy Mann. *The Cotton Trade and Industrial Lancashire, 1600–1780*. Manchester, UK: Manchester University Press, 1931.

Wagner, Donald B. *Science and Civilisation in China*. Vol. 5, *Chemistry and Chemical Technology, Part 11: Ferrous Metallurgy*. Cambridge: Cambridge University Press, 2007.

Wagner, Donald B. "Some Traditional Chinese Iron Production Techniques Practiced in the Twentieth Century." *Historical Metallurgy* 18 (1984): 95–104.

Wagner, Donald B. *The Traditional Chinese Iron Industry and Its Modern Fate*. Richmond, Surrey, UK: Curzon, 1997.

Waley-Cohen, Joanna. *The Sextants of Beijing: Global Currents in Chinese History*. New York: W. W. Norton, 1999.

Wang, Zuoyue. "The Chinese Developmental State during the Cold War: The Making of the 1956 Twelve-Year Science and Technology Plan." *History and Technology* 31, no. 3 (2015): 180–205. https://doi.

org/10.1080/07341512.2015.1126024.

Watson, Andrew M. *Agricultural Innovation in the Early Islamic World*. Cambridge: Cambridge University Press, 2009.

Weart, Spencer R. *The Discovery of Global Warming*. 2nd ed. New Histories of Science, Technology, and Medicine. Cambridge, MA: Harvard University Press, 2008.

Wei, Chunjuan Nancy. "Barefoot Doctors: The Legacy of Chairman Mao's Healthcare." In *Mr. Science and Chairman Mao's Cultural Revolution: Science and Technology in Modern China*, edited by Chunjuan Nancy Wei and Darryl E. Brock, 251–280.

Lanham, MD: Lexington Books, 2013.

Weller, Jac. *Wellington in India*. London: Longman, 1972.

Westwood, J. N. *A History of Russian Railways*. London: Allen & Unwin, 1964.

Whyte, Ian. *World without End? Environmental Disaster and the Collapse of Empires*. London: I.B. Tauris, 2008.

Willetts, William. *Chinese Art*. Vol. 1. Harmondsworth, UK: Penguin, 1958.

Wilson, Monica, and Leonard Thompson. *The Oxford History of South Africa*. Vol. 1. London: Oxford University Press, 1969.

Wise, M. Norton, and Elaine M. Wise. "Reform in the Garden." *Endeavour* 26, no. 4 (2002): 154–159. https://doi.org/10.1016/S0160-

9327(02)01459-X.

Wittfogel, Karl A. *Oriental Despotism: A Comparative Study in Total Power*. New Haven, CT: Yale University Press, 1957.

Wittner, David. *Technology and the Culture of Progress in Meiji Japan*. New York: Routledge, 2008.

Wootton, David. *The Invention of Science: A New History of the Scientific Revolution*. London: Penguin, 2016.

World Bank. *Information and Communications for Development 2012: Maximizing Mobile*. Washington, DC: World Bank, 2012. https://doi.org/10.1596/978-0-8213-8991-1.

Worsley, Peter. *The Three Worlds: Culture and World Development*. London: Weidenfeld and Nicolson, 1984.

Wright, Tim. "An Economic Cycle in Imperial China? Revisiting Robert Hartwell on Iron and Coal." *Journal of the Economic and Social History of the Orient* 50, no. 4 (2007): 398–423. https://doi.org/10.1163/156852007783244963.

Wulff, Hans E. *The Traditional Crafts of Persia*. Cambridge, MA: MIT Press, 1966.

Wynne, Brian. "May the Sheep Safely Graze? A Reflexive View of the Expert-Lay Knowledge Divide." In *Risk, Environment and Modernity: Towards a New Ecology*, edited by Scott Lash, Bronislaw Szerszynski, and Brian Wynne, 27–43. London: Sage, 1996.

Zaouali, Lilia. *Medieval Cuisine of the Islamic World: A Concise History with 174 Recipes*. Berkeley: University of California Press, 2007.

Zelin, Madeleine. *The Merchants of Zigong: Industrial Entrepreneurship in Early Modern China*. New York: Columbia University Press, 2005.